实用选矿技术疑难问题解答

浮游选矿技术问答

印万忠　白丽梅　荣令坤　编著

化学工业出版社

·北京·

本书针对浮游选矿过程的基本理论和实践，以问答的形式详细介绍了浮选的基本知识、浮选的基本原理、浮选药剂、浮选机械与操作、浮选工艺和浮选生产实践，除了介绍基本概念性的知识之外，也加入了一些最新的研究成果。

本书可供选矿工程技术人员使用，也可作为大、中专等高等院校矿物加工工程专业的本科生、研究生和教师的参考书，还可供从事矿业开发利用的管理人员参考。

图书在版编目（CIP）数据

浮游选矿技术问答/印万忠，白丽梅，荣令坤编著．北京：化学工业出版社，2012.8（2023.9重印）
（实用选矿技术疑难问题解答）
ISBN 978-7-122-14517-8

Ⅰ.①浮… Ⅱ.①印… ②白… ③荣… Ⅲ.①浮游选矿-问题解答 Ⅳ.①TD923-44

中国版本图书馆 CIP 数据核字（2012）第 124232 号

责任编辑：刘丽宏　　文字编辑：李　玥
责任校对：宋　夏　　装帧设计：刘丽华

出版发行：化学工业出版社（北京市东城区青年湖南街 13 号　邮政编码 100011）
印　　装：北京天宇星印刷厂
850mm×1168mm　1/32　印张 9½　字数 222 千字
2023 年 9 月北京第 1 版第 2 次印刷

购书咨询：010-64518888（传真：010-64519686）　售后服务：010-64518899
网　　址：http://www.cip.com.cn
凡购买本书，如有缺损质量问题，本社销售中心负责调换。

定　　价：39.00 元

浮选，是根据矿物颗粒表面物理化学性质的不同，按矿物可浮性的差异进行分选的方法，是应用最广泛的选矿方法。几乎所有的矿石都可用浮选分选。如金矿、银矿、方铅矿、闪锌矿、黄铜矿、辉铜矿、辉钼矿、镍黄铁矿等硫化矿物，孔雀石、白铅矿、菱锌矿、异极矿和赤铁矿、锡石、黑钨矿、钛铁矿、绿柱石、锂辉石以及稀土金属矿物、铀矿等氧化矿物的选别，还有石墨、硫黄、金刚石、石英、云母、长石等非金属矿物和硅酸盐矿物及萤石、磷灰石、重晶石等非金属盐类矿物和钾盐、岩盐等可溶性盐类矿物的选别。浮选的另一重要用途是降低细粒煤中的灰分和从煤中脱除细粒硫铁矿。全世界每年经浮选处理的矿石和物料有数十亿吨。大型选矿厂每天处理矿石达十万吨。浮选的生产指标和设备效率均较高，选别硫化矿石回收率在90%以上，精矿品位可接近纯矿物的理论品位。用浮选处理多金属共生矿物，如从铜、铅、锌等多金属矿矿石中可分离出铜、铅、锌和硫铁矿等多种精矿，且能得到很高的选别指标。浮选适于处理细粒级微细粒物料，用其他选矿方法难以回收小于10μm的微细矿粒，也能用浮选法处理。一些专门处理极细粒的浮选技术，可回收的粒度下限更低，超细浮选和离子浮选技术能回收从胶体颗粒到呈分子、离子状态的各类物质。浮选还可选别火法冶金的中间产品、挥发物及炉渣中的有用成分，处理湿法冶金

浸出渣和置换的沉淀产物，回收化工产品（如纸浆、表面活性物质等）以及废水中的无机物和有机物。

由于需浮选处理的矿石中的有用成分含量越来越低，浸染粒度越来越细，成分越来越复杂难选，同时，浮选领域不断扩大，包括其他选矿方法难于奏效的细泥物料的处理，老选矿厂尾矿的再处理，各种废旧金属材料的回收以及各种废料的处理、利用，以及污水的净化等。因此必须做到：

① 继续发展新的浮选工艺和大型高效的浮选设备；

② 研究作用力强，选择性好，用量少，无毒或毒性小的浮选药剂；

③ 研究浮选数学模型以及过程的自动控制，使过程最佳化，达到最好的分选效果，以提高经济效益；

④ 进一步从矿物工艺学、化学、物理学、表面化学、流体动力学、概率统计等方面深入研究浮选机理，以指导浮选生产实践，进一步发展浮选理论体系。

因此，对于浮选技术的理解和认知是选矿技术里面最重要的内容之一。为了提高矿物加工工程专业技术人员和学生浮选基础知识和工艺实践知识的水平，本书采用问答的形式进行介绍，通俗易懂，针对性强，内容包括浮选的基本概念、浮选药剂、浮选机械及操作、浮选工艺和浮选工艺实践等。

本书由东北大学印万忠教授、河北联合大学白丽梅博士和内蒙古科技大学荣令坤博士编著，其中第一～第三章由印万忠编写，第四章、第五章、第六章第一节和第二节由白丽梅编写，第六章第三节和第四节由荣令坤编写。

由于编者水平有限，书中疏漏之处难免，敬请广大读者批评指正。

编著者

第一章　浮选基本知识

第二章　浮选的基本原理

第三章 浮选药剂

第四章 浮选机械及操作

第五章 浮选工艺

第六章 浮选工艺实践

参考文献

浮选基本知识

第一节　浮选基本定义

1 什么是浮选?

浮选即泡沫浮选，或称浮游选矿，是依据各种矿物表面物理化学性质的差异，从矿浆中借助于气泡的浮力，分选矿物的过程，是从水的悬浮液中（通常称矿物悬浮液为矿浆）浮出固体矿物的精选过程，是气-液-固三相界面的选择性分离过程。

2 浮选方法的发展历史是什么?

浮选方法经历了四个发展阶段。

① 表层浮选阶段。利用矿物的天然疏水性和表面张力原理，使其漂浮在水面，从而与亲水性的下沉的脉石分离。1673年我国明代出版的《天工开物》中记载用该法处理辰砂，1892年开始在工业上应用，用来处理硫化铜矿物。但该法生产能力太小，而且分选的矿物种类极为有限，故未能得到大规模工业应用。

② 全油浮选阶段。根据矿物亲油性和亲水性的不同，通过加入大量油与矿浆搅拌，将黏附于油层中的亲油矿物刮出，与亲水

性的脉石矿物分离。《天工开物》中记载用该法来选金，上古时代在地中海一带有人用黏土油脂的鹅毛从砂金中选金，称“鹅毛刮金”，1898 年在工业中应用，用于处理硫化铅锌矿的工业生产。但该法生产能力小，分选效果差，油耗较大，未能得到大规模工业应用。

③ 团粒浮选阶段。在有少量油和皂类药剂的条件下，将矿浆中的矿物（指硫化矿）选择性絮凝成团粒，从而冲走不能形成团粒的呈分散状态的脉石，使之与呈团粒的矿物分离。1902 年该法被提出用于处理硫化矿。

④ 泡沫浮选阶段。即现在所说的浮选，是从水的悬浮液中（通常称矿物悬浮液为矿浆）浮出固体矿物的精选过程，是气-液-固三相界面的选择性分离过程。该法在矿冶科技发展史中被称为“奇迹”，于 1924 年提出，首先在澳大利亚用来处理含锌 20%的重选尾矿，目前在工业广泛应用。

第二节　浮选的过程及特点

3　浮选包括哪几个作业？

浮选包括矿浆准备、加药调整和充气浮选三个作业。矿浆准备作业包括磨矿、分级、调浆，目的是得到单体解离的矿粒，以及适宜浓度的矿浆；加药调整作业目的是调节与控制相界面的物理化学性质，促使气泡与不同矿粒的选择性附着，达到彼此分离的目的；充气浮选作业中，调制好的矿浆引入浮选机内，通过浮选机的充气搅拌，产生大量弥散的气泡，可浮性好的矿粒附着于气泡上，形成矿化泡沫。可浮性差的矿粒，不能附着于气泡上而留在槽中，作为尾矿从浮选机中排出。

4 浮选的过程是什么？

浮选的过程可用图 1-1 来表示。破碎后的矿石首先磨矿分级，细粒级物料给入搅拌槽，在搅拌槽中与加入的浮选药剂发生作用。调浆后的矿浆进入浮选槽进行浮选。浮选机将空气吸入并弥散成气泡后与矿粒发生碰撞，疏水性的矿粒与气泡碰撞后黏附到气泡上，形成矿化泡沫，浮升至浮选机液面后形成泡沫层，将泡沫层分离出后就获得浮选精矿。与气泡碰撞后不能黏附到气泡上的脉石，就会留在槽中，形成浮选尾矿。

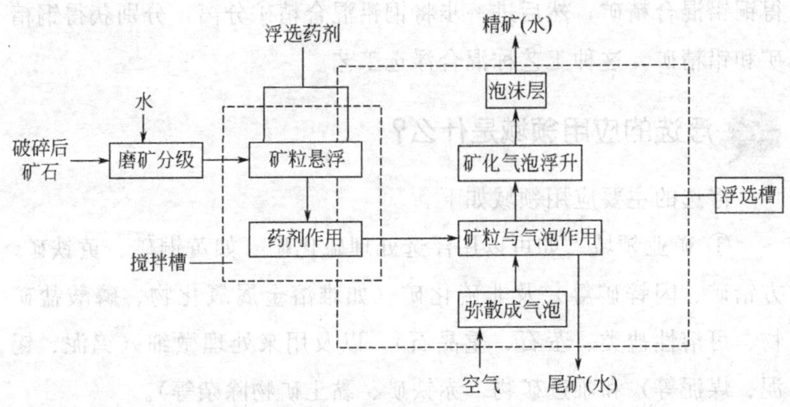

图 1-1　浮选过程

5 什么是正浮选和反浮选？

正浮选是将有用矿物浮入泡沫产品中，将脉石矿物留在矿浆中。正浮选是最常用的浮选方法，大部分硫化矿的浮选均采用正浮选。

反浮选是将脉石矿物浮入泡沫产品中，将有用矿物留在矿浆中。目前赤铁矿和菱镁矿的脱硅浮选普遍采用反浮选工艺。

6 什么是优先浮选和混合浮选?

优先浮选是将有用矿物依次一个一个地选出为单一的精矿。如某含方铅矿、闪锌矿、黄铁矿的多金属混合矿石，先抑制闪锌矿和黄铁矿将方铅矿浮出获得铅精矿，然后浮选闪锌矿抑制黄铁矿获得锌精矿，最后活化黄铁矿浮选黄铁矿获得硫精矿。这种工艺就属于优先浮选工艺。

混合浮选是将有用矿物共同选出为混合精矿，随后再把混合精矿中的有用矿物分离。如某方铅矿、黄铜矿混合矿石，由于方铅矿和黄铜矿的可浮性均较好，故首先将方铅矿和黄铜矿共同浮出，获得铜铅混合精矿，然后进一步将铜铅混合精矿分离，分别获得铜精矿和铅精矿，这种工艺称混合浮选工艺。

7 浮选的应用领域是什么?

浮选的主要应用领域如下。

① 矿业领域。如可以用浮选处理硫化矿（如黄铜矿、黄铁矿、方铅矿、闪锌矿等）及非硫化矿（如难溶金属氧化物、磷酸盐矿物、可溶性盐类、萤石、重晶石），以及用来处理微细（钨泥、锡泥、煤泥等）和难选矿物（赤铁矿、黏土矿物除杂等）。

② 综合利用领域。如冶金工业（冶炼炉渣、阳极泥中有用金属元素的浮选法回收）、化学工业、造纸工业（如从纸浆废液中回收纤维素、废纸再生中脱油墨等）、农产品、食品工业、医药微生物工业中综合回收有用物质。

③ 废物及废水处理领域。如采用离子浮选除去废水中的重金属离子。

8 浮选的优缺点是什么?

浮选的主要优点如下：

① 处理细粒难选贫矿石时比其他选矿方法效率高；

② 适应性强，应用范围广。浮选工艺适应性强，在很多领域中使用。可以应用于各种有色金属、稀有金属及非金属等各个矿产部门，在化工、建材、环保、农业、医药等领域得到了广泛应用；

③ 有利于矿产资源的综合回收。可进一步处理其他选矿方法得到的粗精矿、中矿或尾矿，以提高精矿品位、回收率及综合回收其中的有用成分。

浮选的缺点是选矿成本高，且易污染环境。具体表现在以下几个方面：

① 矿石要磨得很细，消耗大量电能和钢材；

② 使用各类浮选药剂，这些药剂有的有毒，从而污染环境；

③ 操作、控制技术要求较高，因为影响浮选过程的工艺因素太多；

④ 浮选产品脱水效率较低，因此其辅助生产过程较复杂。

浮选的基本原理

第一节　矿物表面的润湿性和可浮性

1 什么是润湿现象?

润湿是自然界中的常见现象，发生在固-液界面上，如图 2-1 所示。在石蜡表面滴一滴水，水呈球状；而在石英表面滴一滴水，水则迅速展开。通常把水在矿物表面上展开和不展开的现象称为润湿和不润湿现象。易被水润湿的表面称为亲水性表面，这种矿物称亲水性矿物；不易被水润湿的表面称为疏水性表面，这种矿物称疏水性矿物。例如，石英、长石、云母、方解石等很容易被水润湿，是亲水性矿物；而石墨、辉钼矿、煤、硫黄等不易被水润湿，是疏水性矿物。

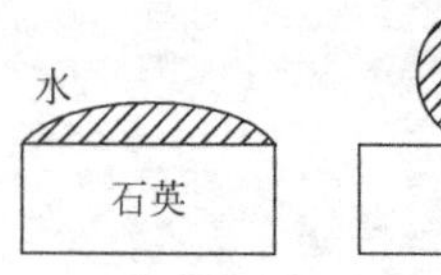

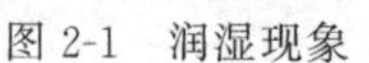
图 2-1　润湿现象

2 润湿现象中的沾湿、铺展和浸湿三种类型有何区别和联系?

（1）沾湿

固-气界面和水-气界面系统消失，新生成了固-水界面，单位面积上位能降低为：

$$W = g_{SG} + g_{LG} - g_{SL} = -\Delta G$$

如果 $g_{SG} + g_{LG} > g_{SL}$，则位能的降低是正值，沾湿将会发生。

(2) 铺展

固-气界面系统消失，新生成了固-水界面和水-气界面，单位面积上位能降低为：

$$W = g_{SG} - g_{SL} - g_{LG} = -\Delta G$$

若 $g_{SG} > g_{SL} + g_{LG}$，水将排开空气而铺展。为了达到很好的润湿，须使 g_{LG} 和 g_{SL} 降低，而不降低 g_{SG}。

(3) 浸没

固-气界面系统消失，新生成了固-水界面，单位面积上位能降低为：

$$W = g_{SG} - g_{SL}$$

因此，自发浸没的必要条件是 $g_{SG} > g_{SL}$，使每个连续阶段成为可能的必要条件是：

由阶段Ⅰ到阶段Ⅱ　$g_{SG} + g_{LG} > g_{SL}$；

由阶段Ⅱ到阶段Ⅲ　$g_{SG} > g_{SL}$；

由阶段Ⅲ到阶段Ⅳ　$g_{SG} > g_{LG} + g_{SL}$。

如果第三阶段是可能的，则其他阶段亦皆可能。因此浸没润湿的主要条件是：$g_{SG} - g_{SL} > g_{LG}$。所以浸没润湿与铺展润湿的条件相同。

3 什么是接触角、三相润湿周边？

在一浸于液体中的矿物表面上附着一个气泡，当达平衡时气泡在矿物表面形成一定的接触周边，称为三相润湿周边。通过三相平衡接触点，固-液与液-气两个界面所包之角（包含水相）称为接触角，以 θ 表示。如图 2-2 所示。

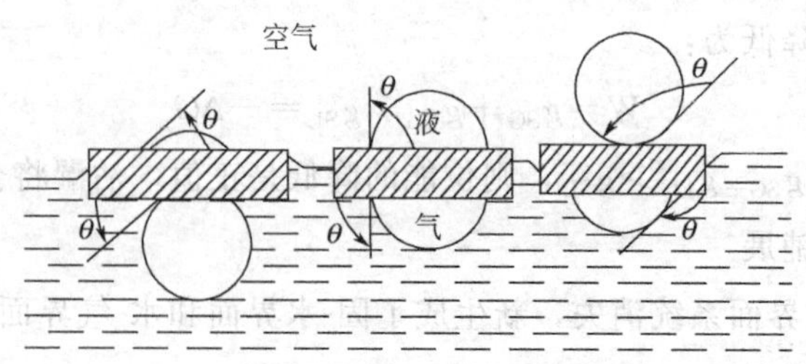

图 2-2 气泡在水中与矿物表面相接触的平衡关系

4 如何通过接触角鉴别颗粒表面的润湿性?

在不同矿物表面接触角大小是不同的，接触角可以标志矿物表面的润湿性：如果矿物表面形成的 θ 角很小，则称其为亲水性表面；反之，当 θ 角较大，则称其为疏水性表面。亲水性与疏水性的明确界限是不存在的，只是相对的。θ 角越大，则矿物表面疏水性越强；θ 角越小，则矿物表面亲水性越强。

5 润湿方程的物理意义是什么?

润湿方程：$\gamma_{SG}=\gamma_{SL}+\gamma_{LG}\cos\theta$ 或 $\cos\theta=(\gamma_{SG}-\gamma_{SL})/\gamma_{LG}$

上式表明了平衡接触角与三个相界面之间表面张力的关系，平衡接触角是三个相界面张力的函数。接触角的大小不仅与矿物表面性质有关，而且与液相、气相的界面性质有关。凡能引起任何两相界面张力改变的因素都可能影响矿物表面的润湿性。但上式只有在系统达到平衡时才能使用。

6 什么是矿物的润湿阻滞现象？产生润湿阻滞现象的因素是什么？润湿阻滞现象对浮选有何影响?

矿物晶体的显微结构缺陷、嵌布不均、表面粗糙及污染等，使润湿周边移动受阻，影响接触角达到平衡值，这种现象被称为润湿阻滞现象。

产生润湿阻滞现象主要与下列因素有关。

① 三相润湿周边的移动方向不同。水润湿矿物排挤空气的摩擦力大于气泡在矿物表面展开排挤水的摩擦力，由于三相润湿周边移动方向不同，因而所受的摩擦阻力不同，形成的接触角亦不相同。

② 矿物表面的粗糙程度。矿物表面凹凸不平是引起润湿阻滞现象的重要原因之一，矿物表面光滑时，摩擦力小，润湿阻滞亦小，反之，随着表面粗糙程度的增大，润湿阻滞也随之增大。

③ 矿物晶体结构引起物理化学性质的不均匀性。

④ 矿物表面吸附浮选药剂的不同。在大多数情况下，捕收剂能增加润湿阻滞，而抑制剂则相反。

⑤ 矿物表面的水化性。一般来说，摩擦力的大小与矿物表面水化层的厚度有关系，水化层越薄，摩擦力越大，润湿阻滞也越大。

在空气状态下的液滴表面接触并达到平衡时，其接触角大小一定。若矿物表面倾斜一个 α 角，且 α 很小时，矿物表面上的液滴可改变形状，接触角也发生变化，但此时润湿周边并不发生移动，如图 2-3 所示。

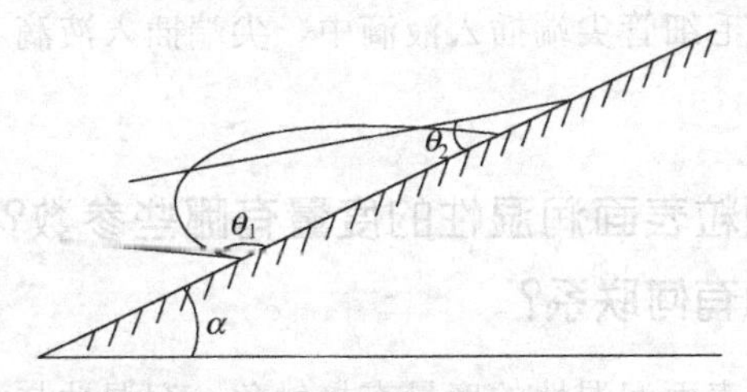

图 2-3　润湿阻滞现象

水滴前移方向所形成的接触角 θ_1 称为前角或称阻滞角（接触前角）。水滴后方形成的接触角 θ_2 称为后角或称阻滞后角（接触后角)，则有 $\theta_1>\theta>\theta_2$。发生润湿阻滞现象时，总存在一个阻滞前角和后角。实质是，这两个角分别代表两种不同的阻滞效应：前角代表阻滞过程中的“水排气”的阻滞效应；后角代表“气排水”的阻滞效应。

润湿阻滞现象对浮选的影响：随着矿物润湿阻滞的增加，接触角变大，矿物可浮性增强，此外，还可防止或降低已黏附在气泡上的矿粒因受外力作用而从气泡表面脱落的概率。但润湿阻滞的存在也会使矿粒与气泡黏附增加困难。

7 接触角的测量方法有哪些？躺滴法测润湿角应注意什么？

接触角的测量方法有躺滴或气泡法、吊片法和水平液体表面法。如果液滴很小，重力作用引起液滴的变形可以忽略，这时的躺滴可认为是球形的一部分。实际固体表面几乎都是非理想的，或大或小总是出现接触角滞后现象。因此需同时测定前进角（θ_a）和后退角（θ_r）。对于躺滴法，可用增减液滴体积的办法来测定，增加液滴体积时测出的是前进角，减少液滴体积时测出的为后退角。为了避免增减液滴体积时可能引起液滴振动或变形，在测定时可将改变液滴体积的毛细管尖端插入液滴中，尖端插入液滴不影响接触角的数值。

8 固体颗粒表面润湿性的度量有哪些参数？与颗粒浮选行为有何联系？

固体颗粒表面润湿性的度量有接触角、润湿功与润湿性、黏着功与可浮性。

接触角可以标志固体表面的润湿性。如果固体表面形成的 θ 角很小，则称其为亲水性表面；反之，当 θ 角较大，则称其为疏水性表面。θ角越大，则固体表面疏水性越强；θ角越小，则固体表面亲水性越强。

润湿功亦可定义为：将固-液接触自交界处拉开所需做的最小功。显然，W_{SL}越大，即$\cos\theta$越大，则固-液界面结合越牢，固体表面亲水性越强。

W_{SG}表征着矿粒与气泡黏着的牢固程度。显然，W_{SG}越大，即$1-\cos\theta$越大，则固-气界面结合越牢，固体表面疏水性越强。

当矿物完全亲水时，$\theta=0°$，润湿性$\cos\theta=1$，可浮性$1-\cos\theta=0$。此时矿粒不会附着气泡上浮。当矿物疏水性增加时，接触角θ增大，润湿性$\cos\theta$减小，可浮性$1-\cos\theta$增大。

9 矿物的表面润湿性是如何分类的？

矿物的表面润湿性，实际上反映了水化作用的强弱，其中价键性质是水化作用能的主要影响因素，因而矿物价键与其表面润湿性直接相关，依据价键特性，可以把矿物的自然润湿性分为4个类型，即强亲水性、弱亲水性、疏水性、强疏水性。

10 如何改变固体间表面的天然润湿性差异，创造出较大的人工润湿性差异，从而有利于实现浮选？

矿物或某些物料的浮选分离就是利用矿物间或物料间润湿性的差别，并用调节自由能的方法扩大差别来实现分离的。常用添加特定浮选药剂的方法来扩大物料间润湿性的差别。

捕收剂：其分子结构为一端是亲固基团，另一端是烃链疏水基团（石油烃、石蜡等具有天然强疏水性），主要作用是使目的矿物表面疏水、增加可浮性，使其易于向气泡附着。

起泡剂：主要作用是促使泡沫形成，增加分选界面，与捕收剂也有联合作用。

调整剂：主要用于调整捕收剂的作用及介质条件，其中促进目的矿物与捕收剂作用的，为活化剂；抑制非目的矿物可浮性的，为抑制剂；调整介质 pH 的，为 pH 调整剂。

11 什么是矿物的可浮性指标？为什么矿物与气泡的黏附是一种热力学自发过程？

矿物的可浮性指标，或称矿物的黏附功，是指矿物与气泡附着前后自由能的变化值。

浮选的基本行为是矿粒向气泡附着，此过程是否是一个自发过程，要进行热力学分析。在矿物向气泡附着时，假定体系是一个等温等压体系，且气泡比矿粒大得多，假定接触前后气泡的大小形状不变，无其他释放能量的效应，当附着面积为单位面积时：

附着前 $W_1 = S_{LG}\sigma_{LG} + S_{SL}\sigma_{SL}$

附着后 $W_2 = (S_{LG}-1)\sigma_{LG} + (S_{SL}-1)\sigma_{SL} + \sigma_{SG} \times 1$

式中，W_1、W_2 为体系附着前后自由能；S_{LG}为气泡在液体中的表面积；S_{SL}为矿物在液体中的表面积；σ_{LG}为液-气界面表面自由能；σ_{SL}为固-液界面表面自由能；σ_{SG}为固-气界面表面自由能。

附着前后体系自由能变化为：

$$\Delta W = W_1 - W_2 = \sigma_{LG} + \sigma_{SL} - \sigma_{SG} = \sigma_{LG}(1-\cos\theta)$$

ΔW 即为矿物的可浮性指标（或黏附功），上述公式称为 Dupre 公式。

故当 $\Delta W = W_1 - W_2$ 大于零时，$W_1 > W_2$，即黏着过程体系自由能是降低的，即矿物粒在气泡上的黏着是一个自发过程，且 ΔW 越大，附着的可能性越大。但黏附功计算公式未考虑矿粒附着于气泡的中间过程，故只能进行定性分析。

第二节 矿物的表面能和水化作用

12 矿物表面的极性与矿物可浮性之间的关系是什么?

矿物实际上都是晶体，是原子、分子和离子在空间以一定键联系起来，并进行排列。矿物内部键能是平衡的，表面原子、分子或离子朝向内部的一方与内层是平衡的，但朝向外部的一方，键能没有得到饱和。故表面不饱和键的性质决定了矿物的润湿性，进而决定了矿物的可浮性。

矿物表面的离子能发生极化现象，离子价数越高，离子半径越小，极化越难。因此负离子较易极化，阳离子较难极化。不同矿物表面极性不同，导致与极性水分子的作用程度不同，使润湿性存在差异。当表面是离子键或共价键时，由于极性强，易与极性水分子发生作用，故亲水；表面是分子键时，极性小，与极性水分子的作用弱，故表面疏水。

13 非极性矿物与极性矿物的矿物内部结构与价键特性是什么?

一般来说，矿物内部结构与表面键性有如下关系。

① 由分子键构成分子键晶体的矿物，沿较弱的分子键层面断裂，其表面是弱的分子键。这类表面对水分子引力弱。接触角都在60°～90°之间，划分为非极性矿物（如石墨、辉钼矿、煤、滑石等)。

② 凡内部结构属于共价键晶格和离子晶格的矿物，其破碎断面往往呈现原子键或离子键，这类表面有较强的偶极作用或静电力。因而亲水，天然可浮性小。具有强共价键或离子键合表面的矿物称为极性矿物。

14 矿物表面自由能的数值取决于晶体断裂面的几何形状及表面原子所处的位置，在矿物颗粒表面不同的位置，即晶面上、棱面上和尖角上的表面张力的关系如何？

表面自由能的数值取决于晶体断裂面的几何形状及表面原子所处的位置。棱边及尖角处的原子的配位数 K 小于表面平台处的原子配位数，故拥有较大的表面自由能，表现出较强的活性。例如，立方晶格表面上不同位置处的离子结合能分别为：

晶面上 $0.0662e^2/a$

棱边上 $0.0903e^2/a$

尖角上 $0.249e^2/a$

可以预料，不平整的破裂面上，棱边及尖角较多，比平整的破裂面具有更大的活性；再者，晶体破碎得愈细小，它的棱边能、尖角能在表面能中所占的比例亦逐步增大。

15 矿物表面的极性与矿物水化作用之间的关系是什么？

矿物在水中，表面与极性水分子发生水化作用，使矿物表面不饱和键力得到一定补偿。

水化作用的强弱与矿物表面不饱和键的性质和极性的强弱密切相关。放于水中的矿物由于不饱和键力或极性的影响吸引偶极水分子，使极性水分子在矿物表面产生定向、密集的有序排列，这种界面水就称为矿物表面的水化膜（水化层）。

极性矿物表面，水分子受强静电、氢键及偶极作用，这种作用远超过水分子间的氢键作用，迫使部分氢键断开，在矿物表面形成一个水分子的定向、密集的有序排列。这种作用较强，可达几千、几万个水分子。非极性表面水分子在矿物表面发生诱导效应、分散效应，这种作用较弱。

16 矿物表面水化层厚度与矿物润湿性之间的关系是什么？

水分子作定向、密集排布，形成水化层。水化层黏度高，稳定性好，其厚度与矿物的润湿性成正比，亲水性矿物（如石英、云母）水化层的厚度较厚，可达 10^{-3} cm，疏水性矿物（如辉钼矿）表面水化膜的厚度薄，只有 $10^{-6} \sim 10^{-7}$ cm，如图 2-4 所示。

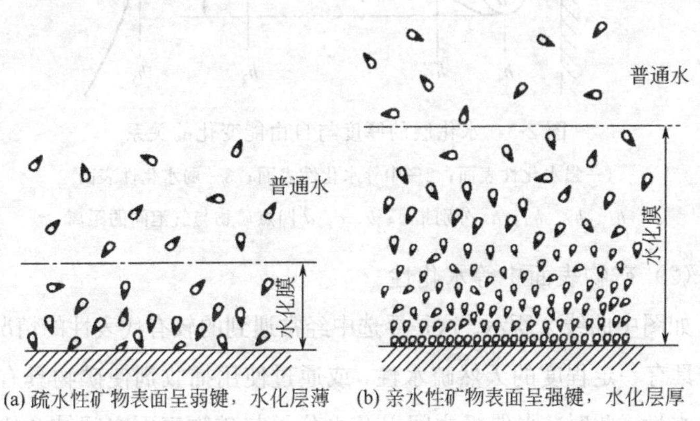

图 2-4　水化层

17 表面水化性不同的矿物在水化层变薄过程中自由能变化与水化层厚度的关系是什么？

水化层的厚度与自由能变化的关系如图 2-5 所示，可分为三种类型。

(1) 矿物表面强水化性

如图中曲线 1 所示，随着水化层的变薄（如矿粒向气泡靠近），体系自由能不断增高。表明，矿物表面的水化层很牢固，亲水性矿物不易和气泡接触与黏附。因此，亲水性矿物表面除非有很大外力作用，否则不会自发薄化。

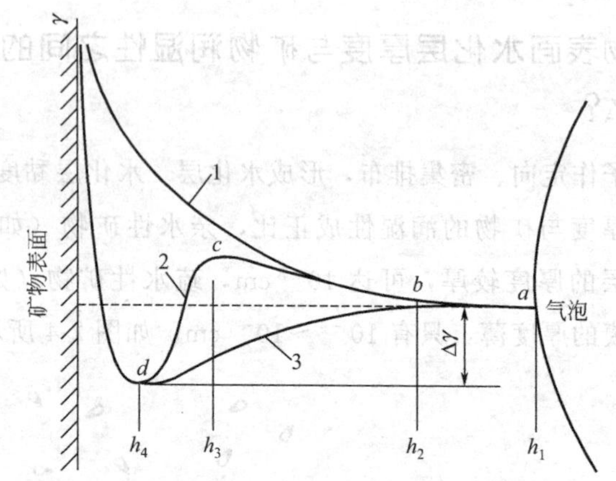

图 2-5 水化层的厚度与自由能变化的关系

1—强水化性表面；2—中等水化性表面；3—弱水化性表面

h_1、h_2、h_3、h_4 分别指 a、b、c、d 四点矿物与气泡间的距离

（2）矿物表面中等水化性

如图中曲线 2 所示。这是浮选中经常遇到的较有代表性的情况，即矿物具有一定程度的天然疏水性，或通过使用捕收剂使矿物具有一定的疏水性。此时，水偶极之间以及水分子与矿物表面之间结合比较强烈，在水化层减薄过程中存在一个能峰，只有越过这一能峰后，水化层才能部分自发破裂（即自发薄化）。此时，给以某种外力或某种能量克服能峰阻碍，水化层才能自发而迅速地破裂，使矿粒黏附在气泡上。

（3）矿物表面的水化性极小

如图中曲线 3 所示，随着水化层变薄，自由能相应降低。疏水性矿物的水化层是极不稳定的，会自发破裂。水化层厚度与自由能变化的这种关系表明，疏水性矿物较易与气泡接触黏附。

18 矿粒向气泡附着的过程可分为哪几个阶段？各阶段水化膜是如何变化的？

在浮选过程中，矿粒与气泡相互接近，先排除隔于两者夹缝间的普通水，由于普通水的分子是无序而自由的，所以易被挤走。当矿粒向气泡进一步接近时，矿物表面的水化膜受气泡的排挤而变薄。矿粒向气泡附着的过程，可分为三个阶段，如图 2-6 所示。

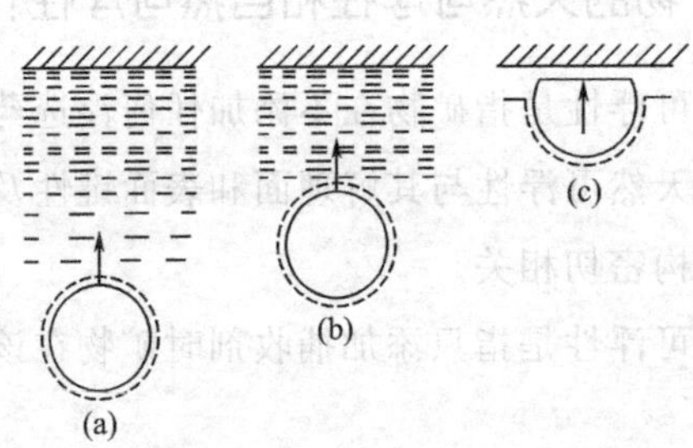

图 2-6　矿粒向气泡附着的三个阶段

第一阶段（a）为矿粒相互接近与接触阶段。在浮选过程中，由于浮选机的机械搅拌及充气作用，矿粒与气泡不断发生碰撞，矿粒与气泡的附着并不是碰撞一次就可实现，而需要碰撞到数十次才能实现。然后，矿粒与气泡间的普通水层被逐渐挤走，直至矿粒表面的水化膜与气泡表面的水化膜相互接触。

第二阶段（b）为矿粒与气泡之间的水化膜变薄与破裂阶段。矿粒表面有一层稳定的水化膜，气泡表面也存在类似的水化膜。当矿粒与气泡靠近，并使彼此的水化膜减薄，最后减薄到水化膜很不稳定，并引起迅速破裂。

第三阶段（c）为矿粒在气泡上附着。矿粒与气泡接触后，从矿物表面排开大部分水化膜，接触周边逐渐展开。但是，在矿物表面上还留有极薄的残余水化膜。残余水化膜与矿物表面吸附牢固，性质似固体，难以除去。有观点认为，残余水化膜的存在，不影响矿粒在气泡上的附着。

第三节 矿物的结构与自然可浮性

19 什么是矿物的天然可浮性和自然可浮性?

矿物的天然可浮性是指矿物在不添加任何浮选药剂的情况下的浮游性，矿物的天然可浮性与其解理面和表面键性及矿物内部的价键性质、晶体结构密切相关。

矿物的自然可浮性是指只添加捕收剂时矿物在该捕收剂浮选体系中的可浮性。

20 矿物的晶体结构按其键型不同分为哪几种？各自的特点是什么？与可浮性有什么关系?

晶体化学中根据晶体内部质点和键的性质将矿物分为四类：离子晶体、原子晶体（共价晶体)、分子晶体和金属晶体。

(1) 离子晶体

离子晶体由阴离子和阳离子组成，阴、阳离子交替排列在晶格结点上。它们之间以静电引力相结合。这种结合力所形成的键称离子键。矿物断裂时，沿离子界面断开，断裂后表面露出的是不饱和的离子键。由于阴、阳离子的电子云可近似地看成是球形对称，故离子键没有方向性，一般配位数较高，硬度较大，极性较强。具有典型离子键的晶体矿物有岩盐（NaCl)、萤石（CaF_2)、闪锌矿（ZnS)、金红石（TiO_2）和方解石（$CaCO_3$）等。岩盐的晶体结构如图 2-7 所示。

(2) 原子晶体

原子晶体由原子组成，晶格结点上排列的是中性原子，靠共用电子对结合在一起，这种键称为原子键或共价键。共价键具有方向

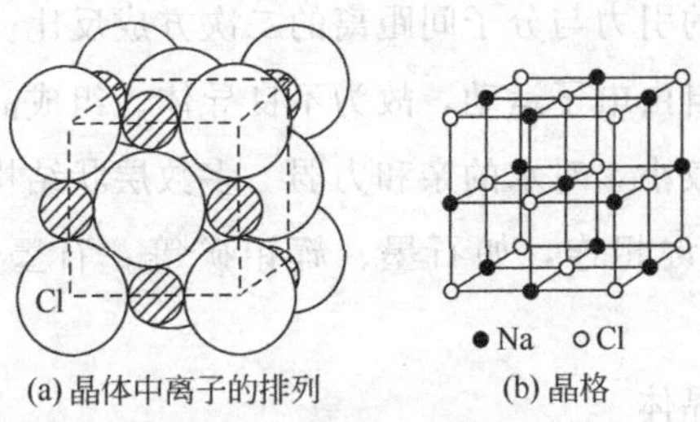

(a) 晶体中离子的排列　(b) 晶格

图 2-7　岩盐的晶体结构

性和饱和性，一般配位数很小，因此，该晶体结构的紧密程度远比离子晶格低。原子晶格中没有自由电子，故晶体是不良导体；晶格断裂时，必须破坏共价键，故极性较强。共价键键合强度比离子键高，因此晶体的硬度比离子晶体高。自然界单纯以共价键结合的晶体在矿物中较少见，最典型的如金刚石，其晶体结构如图 2-8 所示。多数晶体为离子键和共价键的混合键型，如石英（SiO_2）、锡石（SnO_2）等。

(3) 分子晶体

分子晶体的晶格中分子是结构的基本单元。分子间由极弱的范德华力（即分子间力）或分子键连接。晶体破裂时暴露出的是弱分

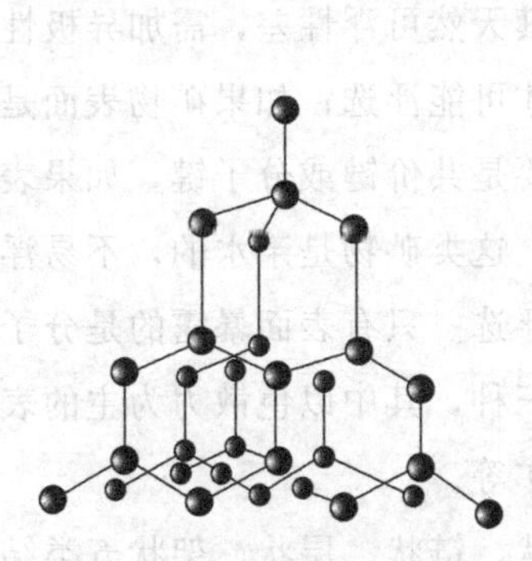
图 2-8　金刚石的晶体结构

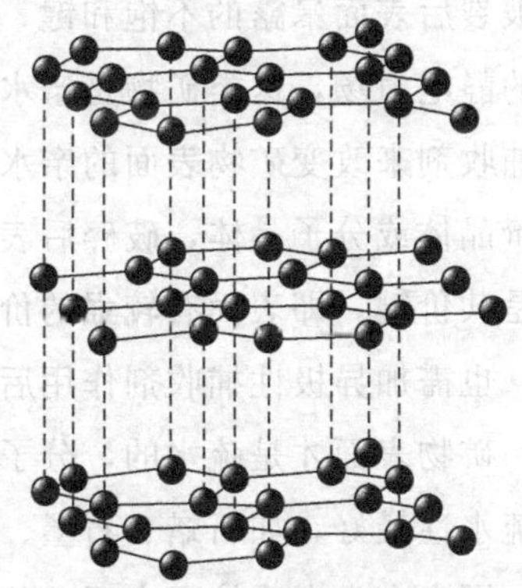
图 2-9　石墨的晶体结构

子键。分子间的引力与分子间距离的二次方成反比。分子晶体的特点：分子间无自由电子运动，故为不良导体。组成晶体的分子键很弱，因此硬度较小，对水的亲和力弱。多数层状结构矿物层与层之间常以弱分子键相连，如石墨、辉钼矿等。石墨的晶体结构如图 2-9 所示。

（4）金属晶体

金属晶体的结点上为金属阳离子，周围有自由运动的电子，阳离子与公有电子相互作用，结合成金属键。金属键无方向性和饱和性，具有最大的配位数和最紧密的堆积。晶格断裂后其断裂面上为强不饱和键。自然金和自然铜属于此类。但自然界中很少有矿物由单一的键组成，常见的矿物多为混合键或过渡键型晶体。例如，硫化矿物和氧化矿物多为离子-共价键或离子-共价-金属键；氢氧化物和含氧盐类矿物则多为离子-分子键和离子-共价键。多种元素所构成的晶体常同时存在几种不同性质的键。同一元素组成的晶体内，有时也有不同的键。因此，具体矿物的内部成键性质应作具体研究。

矿物的晶体结构与可浮性的关系：矿物的可浮性主要取决于矿物破裂后表面暴露的不饱和键，若表面呈离子键，即表面作用力很强的静电力场，这类矿物是亲水的，其天然可浮性差，需加异极性的捕收剂来改变矿物表面的亲水性，才可能浮选；如果矿物表面是共价晶体或分子晶体，破碎后表面主要是共价键或分子键，如果表面是共价键，即表面有较强的价键能，这类矿物是亲水的，不易浮选，也需加异极性捕收剂作用后才能浮选。只有表面暴露的是分子键，矿物表面才是疏水的，分子键有三种，其中以色散力为主的表面疏水性最好，如石蜡、石墨、辉钼矿等。

国内有学者系统研究了岛状、环状、链状、层状、架状五类结构中典型硅酸盐矿物的可浮性，以及各种硅酸盐矿物与捕收剂、抑制剂、活化剂的作用特征；多价金属离子和非金属离子对各类矿物的活化、抑制作用；含氟化合物对各类矿物的表面的溶蚀作用等，提供了完整系列的测试数据和结果，形成了规律性的看法。另外，运用基础科学的新成就研究讨论了硅酸盐矿物浮选问题，如用美国著名化学家 Pauling 的键价理论和量子化学、表面电化学计算结果讨论硅酸盐矿物的结构——浮选性能关系；并采用各种能谱光谱研究硅酸盐矿物浮选理论的方法和研究结果等；还将研究工作与丰富的生产经验相结合，提出硅酸盐矿物浮选流程制定的基础。研究认为：各类结构硅酸盐矿物的晶体化学特征及表面特性和浮游性具有密切的关系。不同结构类型硅酸盐矿物解离时 Si—O 键和 Al—O 键的断裂程度、Al^{3+} 对 Si^{4+} 的替代程度及 Al 的配位方式、矿物的化学组成及矿物的解离程度等晶体化学特征的差异，导致矿物表面电性（包括零电点）、暴露于矿物表面的阴阳离子的种类、性质和相对含量、表面多价金属阳离子对于阴离子的相对密度（$\Sigma M^{n+}/\Sigma O^{2-}$）、表面不均匀性、表面金属阳离子的溶解度及表面键合羟基的能力等诸多表面特性的不同，进一步导致矿物在阴、阳离子捕收剂浮选体系中在不加活化剂和抑制剂时的自然可浮性及多价金属阳离子、无机阴离子调整剂、有机高分子调整剂及有机络合调整剂对矿物可浮性影响的差异，得出了不同浮选条件下矿物可浮性与矿物主要晶体化学特征和表面特性之间的某些相关规律。

21 矿物结构与天然可浮性之间有何关系?

由分子键构成分子键晶体的矿物，沿较弱的分子键层面断裂，其表面不饱和键是弱的分子键，此时矿物表面以定向力、诱导力为主。其极性及化学活性较弱，对水分子吸引力较小，不易被水润湿，故称为疏水性表面。疏水性表面的接触角大，天然可浮性好。但这类矿物断裂面的边缘、棱角、端头等处，就不一定呈现疏水性。这类表面对水分子引力弱，接触角都在60°～90°之间，划分为非极性矿物，如辉钼矿、叶蜡石、滑石等。

凡内部结构属于共价键晶格和离子晶格的矿物，其破碎断面往往呈现原子键或离子键，这类表面有较强的偶极作用或静电力，为强不饱和键。这类矿物表面极性和化学活性强，对极性的水分子有较大的吸引力，因而表现出强亲水性，称亲水性表面。这种表面易被润湿，接触角小，天然可浮性较差。具有强共价键或离子键合的表面的矿物称为极性矿物，如方解石、重晶石、磷灰石等。

第四节 矿物在水中的溶解与氧化

22 什么是难免离子？难免离子对矿物浮选有何影响？

矿物在水中要受到氧化和水化作用，导致矿物晶格内部键能削弱、破坏，从而使表面一些离子溶解下来。这些离子与水中固有的离子，如K^+、Na^+、Ca^{2+}、Mg^{2+}、Cl^-、SO_4^{2-}、HCO_3^-等，统称为“难免离子”。

难免离子对浮选的影响：

① 难免离子与捕收剂发生反应，从而消耗捕收剂，如使用脂肪酸类捕收剂时，Ca^{2+}、Mg^{2+}等离子与捕收剂反应生成沉淀；

② 难免离子对矿物产生活化作用，从而使矿物的分离产生困难，如多金属分离时，Cu^{2+}对闪锌矿的活化；

③ 季节性变化时，一些积雪融化带来的腐烂植物的分解产物对浮选要产生影响。

23 消除难免离子对矿物浮选影响的措施有哪些？

消除难免离子影响的方法包括：

① 通过水的软化等方法，消除难免离子与捕收剂发生的沉淀反应；

② 控制充气氧化条件，尽量减少矿物氧化溶解而产生难免离子；

③ 控制磨矿时间和细度，减少微细粒矿物溶解产生难免离子；

④ 调节 pH 值，使某些难免离子形成不溶性沉淀物。

24 矿物溶解对浮选过程有何影响?

矿物溶解对浮选过程在以下几个方面存在影响。

(1) 矿浆 pH 值及其缓冲性质

硫化物矿物溶解后对溶液 pH 值一般无影响。氧化物矿物溶解后，对溶液 pH 值的影响也不大。盐类矿物的矿浆 pH 值一般维持在某一狭小范围，这就是盐类矿物矿浆的缓冲性质。这意味着，无论矿浆的初始 pH 值是多大，经过一定时间平衡后，盐类矿物矿浆的 pH 值最终会趋于某一狭小范围。

(2) 可浮性

水化能大的，其溶解度大，矿物亲水性大，可浮性差。因此，较难溶的纯净的硫化矿表现出一定的天然可浮性，而溶解度较大的氧化矿是亲水的，没有天然可浮性。

(3) 矿物溶解离子的活化作用

由于矿物的溶解，使矿浆中溶入了各种离子，这些离子会对矿物的浮选产生重要影响。例如溶解的 Cu^{2+} 会使闪锌矿、黄铁矿的浮选明显改善，此时认为 Cu^{2+} 起了活化作用。

25 矿物的氧化对其可浮性的影响是什么? 采取什么措施控制矿物的氧化?

矿物在堆放、运输、破碎、浮选过程中都受到空气的氧化作用。矿物的氧化对浮选有重要影响，特别对易发生氧化的硫化矿物，影响更为显著。硫化矿适度氧化有利于其浮选，但深度氧化会使其可浮性下降。如未氧化的纯方铅矿表面是亲水的，但其表面初步氧化后，表面与黄药的作用能力增强，使其易浮，但深度氧化后，可浮性降低。铜、镍、锌等硫化矿的可浮性也有同样的规律。

为了控制矿物的氧化程度以调节其可浮性，可采取的措施如下。

① 调节矿浆搅拌强度和时间。充气搅拌的强弱与时间长短，是控制矿浆表面氧化的重要因素。

② 调节矿浆槽和浮选机的充气量。短期适量充气，对一般硫化矿浮选有利，但长时间过分充气，可使硫化矿的可浮性下降。

③ 调节矿浆的pH值。在不同的pH值范围内，矿物的氧化速度不同，所以调节矿浆的pH值可以控制氧化程度。

④ 加入氧化剂（如高锰酸钾、二氧化锰、双氧水等）或还原剂（如硫化钠等）控制矿物表面氧化程度。

26 硫化矿物表面氧化的几种形式及规律是什么？

硫化矿物的表面氧化反应有如下几种形式。氧化产物有两类，一是硫氧化合物，如 S^0、SO_3^{2-}、SO_4^{2-} 和 $S_2O_3^{2-}$ 等；二是金属离子的羟基化合物，如 Me^+、$Me(OH)_n^{-(n-1)}$。

$$MeS+\frac{1}{2}O_2+2H^+ = Me^{2+}+S^0+H_2O$$

$$2MeS+3O_2+4H_2O = 2Me(OH)_2+2H_2SO_3$$

$$MeS+2O_2+2H_2O = Me(OH)_2+H_2SO_4$$

$$2MeS+2O_2+2H^+ = 2Me^{2+}+S_2O_3^{2-}+H_2O$$

研究表明，氧与硫化物相互作用过程分阶段进行。第一阶段，氧的适量物理吸附，硫化物表面保持疏水；第二阶段氧在吸收硫化物晶格的电子之间发生离子化；第三阶段离子化的氧化学吸附并进而使硫化物发生氧化生成各种硫氧化基。

第五节 两相界面双电层

27 矿物表面荷电的起源是什么？

在水溶液中矿物表面荷电的原因主要有以下几个方面。

① 矿物表面组分的选择性解离或溶解作用。离子型物料在水介质中细磨时，由于断裂表面上的正、负离子的表面结合能及受水偶极子的作用力不同，会发生离子的非等量解离或溶解作用，有的离子会从矿物表面选择性地优先解离或溶解而进入液相，结果使表面荷电。若阳离子的溶解能力比阴离子大，则固体矿物荷负电，反之，矿物表面荷正电。阴、阳离子的溶解能力差别越大，矿物表面荷电就越多。

表面离子的水化自由能 ΔG_{h} 可由离子的表面结合能 ΔU_{s} 和气态离子的水化自由能 ΔF_{h} 计算。

即对于阳离子 M^+：$\Delta G_{\mathrm{h}}(M^+)=\Delta U_{\mathrm{s}}(M^+)+\Delta F_{\mathrm{h}}(M^+)$ (2-1)

对于阴离子 X^-：则 $\Delta G_{\mathrm{h}}(X^-)=\Delta U_{\mathrm{s}}(X^-)+\Delta F_{\mathrm{h}}(X^-)$ (2-2)

根据 $\Delta G_{\mathrm{h}}(M^+)$ 和 $\Delta G_{\mathrm{h}}(X^-)$ 何者负值较大，相应离子的水化程度就较高，该离子将优先进入水溶液。于是表面就会残留另一种离子，从而使表面获得电荷。

对于表面上阳离子和阴离子呈相等分布的 1-1 价离子型矿物来说，如果阴、阳离子的表面结合能相等，则其表面电荷符号可由气态离子的水化自由能相对大小决定。

例如碘银矿（AgI），气态银离子 Ag^+ 的水化自由能为

$-441kJ/mol$，气态碘离子 I^- 的水化自由能为 $-279kJ/mol$，因此 Ag^+ 优先转入水中，故碘银矿在水中表面荷负电。

相反，钾盐矿（KCl）气态钾离子 K^+ 的水化自由能为 $-298kJ/mol$，氯离子 Cl^- 的水化自由能为 $-347kJ/mol$，Cl^- 优先转入水中，故钾盐矿在水中表面荷正电。

对于组成和结构复杂的离子型矿物，则表面电荷将决定于表面离子水化作用的全部能量，即式（2-1）和式（2-2）。

例如萤石（CaF_2）。已知：$\Delta U_s(Ca^{2+})=6117kJ/mol$，$\Delta F_h(Ca^{2+})=-1515kJ/mol$，$\Delta U_s(F^-)=2573kJ/mol$，$\Delta F_h(F^-)=-460kJ/mol$。

由式（2-1）和式（2-2）得：

$$\Delta G_h(Ca^+)=-1515+6117=4602kJ/mol$$

$$\Delta G_h(F^-)=-460+2573=2113kJ/mol$$

即表面氟离子 F^- 的水化自由能比表面钙离子 Ca^{2+} 的水化自由能（正值）小。故氟离子 F^- 优先水化并转入溶液，使萤石表面荷正电。转入溶液中的氟离子 F^- 受表面正电荷的吸引，集中于靠近矿物表面的溶液中，形成配衡离子层：

Ca^{2+}		Ca^{2+}		
F^-			F^-	H_2O
Ca^{2+}		Ca^{2+}		H^+
F^-	$+H_2O$ ⟶	F^-		OH^-
Ca^{2+}	(H^+	Ca^{2+}		
F^-	OH^-)		F^-	
矿物表面		矿物表面	配衡离子层	

其他的例子有：重晶石（$BaSO_4$）、铅矾（$PbSO_4$）的负离子优先转入水中，表面阳离子过剩而荷正电；白钨矿（$CaWO_4$）、方铅矿（PbS）的正离子优先转入水中，表面负离子过剩而荷负电。

② 矿物表面对溶液中正、负离子的不等量吸附作用。矿物表

面对水溶液中阴、阳离子的吸附往往也是非等量的，当某种电荷的离子在矿物吸附偏多时，即可引起矿物表面荷电。如当溶液中正定位离子较多时，矿物表面因吸附较多的正定位离子而使表面荷正电，反之荷负电。故矿物固-液界面的荷电状态与溶液中离子的组成密切相关。

例如前述白钨矿在自然饱和溶液中，表面钨酸根离子 WO_4^{2-} 较多而荷负电。如向溶液中添加钙离子 Ca^{2+}，因表面优先吸附钙离子 Ca^{2+} 而荷正电。又如，在用碳酸钠与氯化钙合成碳酸钙时，如果氯化钙过量，则碳酸钙表面荷正电（+3.2mV）。

③ 矿物表面生成两性羟基化合物吸引 H^+ 或 OH^-。某些难溶极性氧化物（如石英等），经破碎、磨碎后与水作用，在界面上生成含羟基的两性化合物，此时矿物表面电性与矿物零电点 PZC 有关，当 pH＜PZC 时，矿物表面因电离较少 H^+ 而呈正电性，pH＞PZC 时，矿物表面会因强电离呈负电荷。

以石英（SiO_2）在水中为例，其过程可示意如下。

石英破裂：

$$-O-\underset{\substack{|\\O\\|}}{\overset{\substack{|\\O\\|}}{Si}}-O-\underset{\substack{|\\O\\|}}{\overset{\substack{|\\O\\|}}{Si}}-O- \longrightarrow -O-\underset{\substack{|\\O\\|}}{\overset{\substack{|\\O\\|}}{Si}}-O^- + {}^+\underset{\substack{|\\O\\|}}{\overset{\substack{|\\O\\|}}{Si}}-O-$$

H^+ 和 OH^- 吸附：

$$\rangle Si-O^- + H-O-H + {}^+Si\langle \longrightarrow \rangle Si-OH + HO-Si\langle$$

电离：

$$\rangle Si-OH \rightleftharpoons \rangle SiO^- + H^+$$

其他难溶氧化物，例如锡石（SnO_2）也有类似情况。

因此，石英和锡石在水中表面荷负电。

④ 晶格置换。一些硅酸盐矿物由铝氧八面体和硅氧四面体组成，铝氧八面体中的 Al^{3+} 会被低价的 Mg^{2+}、Ca^{2+} 等，或硅氧四面体中的 Si^{4+} 被 Al^{3+} 所取代，从而使晶格由于正电荷不足而带负电。为了维持电中性，矿物表面就会吸附一些低电价阳离子（如 K^+、Na^+ 等）以补偿电荷。

除此之外，一些电中性矿物表面的低价金属阳离子，如 K^+、Na^+ 等，在水溶液中这些阳离子易溶于水中，从而使矿物表面荷负电。

28 为什么会形成双电层？双电层的主要模型有哪些？

矿物表面荷电后，由于静电引力作用，吸引水溶液中符号相反离子与之配衡，从而在矿物表面形成双电层。

双电层的主要模型如下。

① 平板双电层模型。这种模型过分强调离子环境的稳定性，把固体表面上的过量电荷与溶液中的反向电荷的分布状态视为平板电容器，该模型简单，仅适用于描述金属和高溶解度的盐类电解质溶液系统。

② 扩散双电层模型。这种模型过分强调离子的移动性，认为点电荷的浓度，自固体表面向溶液内部随距离增加而递减。

③ 斯特恩（Stern）模型。该模型较为实际地反映了双电层的真实结构，在浮选理论上得到了广泛应用。

29 斯特恩双电层模型结构是什么？

矿物表面的双电层结构可用斯特恩（Stern）双电层模型表示，如图 2-10 所示。

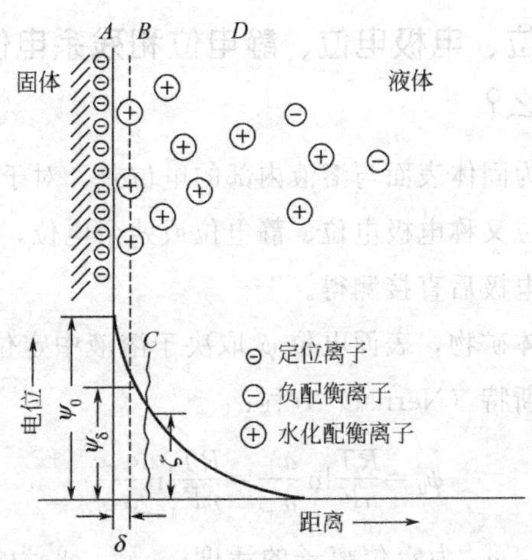

图 2-10　双电层中的电位

A—内层（定位离子层）；*B*—紧密层（Stern 层）；*C*—滑移面；*D*—扩散层；ψ_0—表面总电位；ζ—动电位；δ—紧密层的厚度

在两相间可以自由转移，并决定矿物表面电荷（或电位）的离子称“定位离子”。定位离子所在的矿物表面荷电层称“定位离子层”或“双电层内层”。如图 2-10 中的 *A* 层。

溶液中起电平衡作用的反号离子称“配衡离子”或“反离子”。配衡离子存在的液层称“配衡离子层”或“反离子层”、“双电层外层”。

在通常的电解质浓度下，配衡离子受定位离子的静电引力作用，在固-液界面上吸附较多而形成单层排列。随着离开表面的距离增加，配衡离子浓度将逐渐降低，直至为零。

因此，配衡离子层又可用一假设的分界面将其分成“紧密层”（或称“斯特恩层”，如图中的 *B* 层）和“扩散层”［或称“古依（Gouy）层”，如图中的 *D* 层］，该分界面称为“紧密面”。紧密面离矿物表面的距离等于水化配衡离子的有效半径（δ）。

30 表面电位、电极电位、静电位和残余电位之间的关系是什么？

表面电位为固体表面与溶液内部的电位差。对于导体和半导体矿物，表面电位又称电极电位、静电位或残余电位，该电位可以通过将矿物做成电极后直接测得。

对于非导体矿物，表面电位 ψ_0 取决于溶液中定位离子的浓度，其关系服从能斯特（Nernst）方程：

$$\psi_0=\frac{RT}{nF}\ln\frac{a_+}{a_+^0}=\frac{RT}{nF}\ln\frac{a_-^0}{a_-}$$

式中，a_+，a_- 为定位离子的活度；a_+^0，a_-^0 为表面电位为零时定位离子的活度；R 为气体常数，$R=8.314\text{J/(K}\cdot\text{mol)}$；$F$ 为法拉第常数，$F=96500\text{C/mol}$；T 为热力学温度；n 为定位离子价数。

31 什么是矿物的定位离子？硫化矿、氧化矿、盐类矿物的定位离子是什么？

定位离子是指决定矿物表面荷电性质和数量的离子。定位离子常化学吸附于矿物表面，一般来说，氧化物的定位离子是 OH^-、H^+，硫化物的定位离子是同名类质同象离子和难溶化合物离子，盐类矿物的定位离子是同名离子和离子在水中的反应产物。

32 什么是固体的电动电位？电动电位的测定方法有哪些？

固体的电动电位（Zeta 电位）是指当固体与溶液在外力（如电场力、重力、机械力等）作用下发生相对运动时，滑移面与溶液间产生的电位差。动电位的测定方法为电渗法和电泳法。

由电渗法测定 ζ 电位通常是测出电渗电流和液体的电渗流出体

积 V（mL/s），由下式求出 ζ 电位：

$$\zeta=\frac{4\pi\eta\kappa V}{Di}\times300^2(\mathrm{V})$$

式中，κ 为溶液电导率，$\Omega^{-1}\cdot\mathrm{cm}^{-1}$；$300^2$ 为换算因子；η 为黏度，P（1P＝0.1Pa・s）；D 为液体的介电常数；i 为电流强度，A；V 为电渗时液体流过多孔性物质的体积，mL/s。

电泳法测 ζ 电位通常由所施加的电场强度 i，测得界面移动速度 u，然后求得电泳迁移率 u_0，便可根据下式求得 ζ 电位：

$$\zeta=\frac{\pi\eta u_0}{fD}\times300^2(\mathrm{V})$$

式中，f 指的是数值因子，取决于离子半径 a 与扩散层有效厚度 κ^{-1} 之比（a/κ^{-1}）。当 a/κ^{-1} 比较大（即与扩散层厚度比较，粒子大）时，不论粒子形状如何，f 取 1/4；当 a/κ^{-1} 比较小时，对平行电场的圆柱粒子 f 取 1/4，对球形粒子 f 取 1/16。

33 什么是矿物的零电点和等电点？两者的区别是什么？

零电点（point of zero charge）是指当固体表面电位 ψ_0 为零时，溶液中定位离子浓度的负对数。常用 PZC 来表示。

等电点（iso electro point）是指当存在特性吸附的体系中，电动电位为零时电解质浓度的负对数。常用 IEP 来表示，即电荷转换点。

当不存在特性吸附时，ζ 为零时，ψ_0 也为零，故此时 PZC＝IEP。但如果存在特性吸附，如捕收剂和金属离子在双电层外层紧密层发生吸附时，PZC≠IEP。

34 什么是特性吸附？特性吸附对双电层有何影响？

特性吸附是指一些电解质解离后的离子能克服静电斥力进入紧

密层，改变电动电位。特性吸附有时存在化学键力的作用。

药剂在矿物表面发生特性吸附后不会改变矿物的表面电位，但会改变电动电位的大小和符号，且这种吸附具有高度的选择性。

35 影响双电层的因素有哪些？

影响双电层的因素包括 pH 值、水中离子组成和电解质的浓度等。其中离子吸附对双电层的影响如下。

① 定位离子的吸附。定位离子主要在双电层内层发生吸附，故能改变矿物的表面电位，又可以改变电动电位。且吸附具有高度选择性，非定位离子不能吸附。

② 惰性电解质离子的吸附。惰性离子只起反离子的作用，主要集中在扩散层。当其浓度增加时，扩散层的厚度减小，此时过剩的反离子挤入紧密层中，导致电动电位减小，但ζ不会变化。这种吸附无选择性。

③ 特性吸附离子的吸附。一些离子如表面活性剂离子除了能通过静电力吸附外，还能通过化学键力和分子作用力在双电层紧密层吸附，从而改变电动电位的大小和符号。但矿物表面电位不会发生改变。这种吸附具有严格的选择性。

36 有机浮选药剂（指捕收剂）能否改变矿物（包括氧化矿和硫化矿）的表面电性质？为什么？能改变表面电位还是电动电位？为什么？

有机浮选药剂会改变矿物表面的电性质，因为捕收剂离子能通过静电力、化学键力或分子间作用力吸附于矿物表面双电层外层的紧密层。有机浮选药剂不会改变矿物的表面电位，因为药剂分子没有进入双电层的内层，但会改变电动电位的大小和符号，因为有机药剂的吸附是一种特性吸附。

颗粒表面电性与浮选药剂的吸附、颗粒可浮性的关系是什么？

PZC 和 IEP 是矿物表面电性质的重要特征参数，当用某些以静电力吸附作用为主的阴离子或阳离子捕收剂浮选矿物时，PZC 和 IEP 可作为吸附及浮选与否的判据。当 $pH > pH_{PZC}$ 时，矿物表面带负电，阳离子捕收剂能吸附并导致浮选，$pH < pH_{PZC}$ 时，矿物表面带正电，阴离子捕收剂可以靠静电力在双电层中吸附并导致浮选。

以浮选针铁矿为例，如图 2-11 所示。针铁矿的零电点 $pH_{PZC} = 6.7$，当 $pH_{PZC} < 6.7$ 时，其表面电位为正，此时用阴离子捕收剂，如烷基硫酸盐 RSO_4^- 或烷基磺酸盐 RSO_3^-，以静电力吸附在矿物表面，使表面疏水良好上浮。当 $pH_{PZC} > 6.7$ 时，针铁矿的表面电位为负，此时用阳离子捕收剂如脂肪胺 RNH_3^+，以静电力吸附在矿物表面，使表面疏水良好上浮。

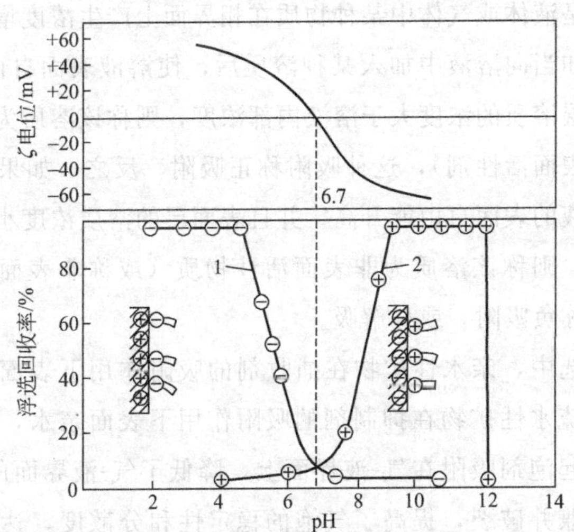

图 2-11　针铁矿的表面电位与可浮性的关系

1—用 RSO_4^- 作捕收剂；2—用 RNH_3^+ 作捕收剂

38 锡石的 $pH_{PZC}=6.6$，计算 pH=4 和 pH=8 时锡石表面电位的大小，并说明其表面电性质。分别在这两种不同条件下浮选锡石时，如何选择捕收剂？

根据公式 $\psi_0=0.059(pH_{PZC}-pH)$ (V)

pH=4 时锡石表面电位：$\psi_0=0.059(6.6-4)=0.153$ (V) 表面荷正电，故选择阴离子性捕收剂。

pH=8 时锡石表面电位：$\psi_0=0.059(6.6-8)=-0.083$ (V) 表面荷负电，故选择阳离子性捕收剂。

第六节　矿物表面的吸附

39 什么是吸附？按吸附本质分吸附可分为哪几种类型？

吸附是液体或气体中某种物质在相界面上产生浓度增高或降低的现象。如当向溶液中加入某种溶质后，使溶液表面自由能降低，并且表面层溶质的浓度大于溶液内部浓度，则称该溶质为表面活性物质（或表面活性剂），这种吸附称正吸附。反之，如果加入溶质后，使溶液的表面自由能升高，并且表面层的溶质浓度小于液体内部的浓度，则称该溶质为非表面活性物质（或称非表面活性剂），此种吸附称负吸附，或称解吸。

在浮选中，亲水性矿物在捕收剂的吸附作用下表面疏水，使其可浮。疏水性矿物在抑制剂的吸附作用下表面亲水，使其浮选被抑制。起泡剂吸附在气-液界面上，降低了气-液界面的自由能，防止气泡兼并破裂，提高了气泡的稳定性和分散度，达到促进泡沫和矿物形成稳定矿化泡沫层的目的，使目的矿物得到有效回收。

按吸附本质分，吸附可分为物理吸附和化学吸附。

物理吸附的吸附本质是物理作用，分子靠范德华力，离子靠静电力吸附，没有化学键的生成与破坏，也没有原子的重新排列。物理吸附的主要特征是：吸附作用力弱，吸附无选择性，吸附质与吸附剂连接不牢固，易于解吸，吸附进行速度快，且易达到平衡状态，吸附与脱附的可逆性强，吸附过程不需要高活化能，在低温条件下也可进行吸附过程；由于吸附质之间具有一定的作用力，在第一吸附层之上还可发生多分子层吸附。

化学吸附的吸附本质是化学作用，吸附质与吸附剂之间发生电子转移或共享，形成新的化学键合，与化学键相似。化学吸附在许多离子型捕收剂与矿物的作用中广为存在。化学吸附的基本特征是：吸附作用力强，具有很强的选择性，吸附能高，吸附的热效应大且与化学反应热大体接近，需在一定的温度条件下才易进行，且吸附进行速度较慢，化学吸附过程具有较强的选择性和不可逆性或只有缓慢的可逆反应，且不易解吸，化学吸附的产物通常是单分子层表面化合物。

40 按吸附产物形态分吸附可分为哪几种类型？各有何特点？

按吸附产物形态分类，吸附可分为分子吸附和离子吸附。分子吸附是对分子的吸附，如对弱电解质的吸附，非极性油在矿物表面的非极性吸附，其特点是不改变矿物表面电性。离子吸附是对离子的吸附，分交换吸附和定位吸附。交换吸附可发生在双电层内层，也可发生在外层。定位吸附具有强烈的选择性，只有定位离子才能产生，吸附的结果改变了矿物表面的电性（数量或符号）。

41 按吸附位置分吸附可分为哪几种类型?

按吸附位置进行分类，吸附可分为双电层内层吸附和双电层外层吸附。双电层内层吸附又称定位离子的吸附（或一次吸附），其吸附特点是高选择性，作用速度快，所需活化能小，决定表面电位（进入晶格中）。双电层外层吸附可分为一般二次吸附和特殊二次吸附。一般二次吸附，即静电吸附，如 NaCl、KCl、KNO_3 等惰性电解质的吸附。特殊二次吸附，即依靠范德华力和化学键力吸附，如多价金属离子的水合物、多价金属离子的氢氧络合物，某些捕收剂在紧密层内的吸附，其特点是选择性差，具有可逆性，作用速度快。

42 表面活性剂在矿物表面的吸附规律是什么?

表面活性剂根据吸附过程中化学位的变化，导出如下方程：

$$\Gamma_{\delta}=2rc\exp\left[\frac{-\Delta G_{\mathrm{ads}}^{\ominus}}{RT}\right]$$

式中，Γ_{δ} 为固-液界面对表面活性剂的吸附量，mol/cm^2；r 为吸附离子的有效半径；c 为表面活性剂在溶液中的浓度；R 为气体常数；$\Delta G_{\mathrm{ads}}^{\ominus}$ 为标准吸附自由能，即标准状态下 1mol 物质吸附过程自由能的变化。$\Delta G_{\mathrm{ads}}^{\ominus}$ 表示吸附能力的大小，在浮选中表示对有机捕收剂的吸附。

$\Delta G_{\mathrm{ads}}^{\ominus}$ 可分解为 $\Delta G_{\mathrm{ads}}^{\ominus}=\Delta G_{\mathrm{elec}}^{\ominus}+\Delta G_{\mathrm{chem}}^{\ominus}+\Delta G_{\mathrm{CH_2}}^{\ominus}+\Delta G_{\mathrm{H_2O}}^{\ominus}+\cdots=\Delta G_{\mathrm{elec}}^{\ominus}+\Delta G_{\mathrm{spec}}^{\ominus}$

式中，$\Delta G_{\mathrm{spec}}^{\ominus}$ 为特性吸附自由变量。

当吸附只有静电力时，标准吸附自由能 $\Delta G_{\mathrm{ads}}^{\ominus}=\Delta G_{\mathrm{elec}}^{\ominus}=ZF\psi_{\delta}=ZF\zeta$，其中，$Z$ 为离子价数；F 为法拉第常数。故：

$$\Gamma_{\delta}=2re\exp\left[\frac{-ZF\zeta}{RT}\right]$$

当同时存在静电力和烃基缔合能时，$\Delta G^{\ominus}_{CH_2}=n\phi$，其中，$\phi$ 为从水中移去 1mol CH_2 的标准自由能，亦称特殊吸附势，约为 0.6kcal/mol CH_2；n 为烃链中 CH_2 数目，此时：

$$\Gamma_\delta=2rc\exp\left[\frac{-(ZF\zeta+n\phi)}{RT}\right]$$

43 什么是半胶束吸附？其特点是什么？

长烃链的表面活性剂在固-液界面吸附时，当其浓度足够高时，吸附在矿物表面的捕收剂由于烃链间分子的相互作用产生吸引缔合，在矿物表面形成二维空间胶束的吸附产物，称半胶束吸附。

半胶束吸附是在静电力吸附基础上，又加上分子烃链间的范德华力的作用，可使矿物电动电位 ζ 变号，故是一种特性吸附形式。这种吸附有利于增强矿物表面的疏水性，强化药剂对矿物的捕收能力。如图 2-12 所示，发生半胶束吸附时，当有长烃链中性分子时，会加强烃链间的缔合作用，使极性端的斥力受到屏蔽，加强分子引力，降低半胶束的浓度，减少捕收剂用量；当捕收剂浓度太大时，能形成多层吸附，从而使矿物表面重新变成亲

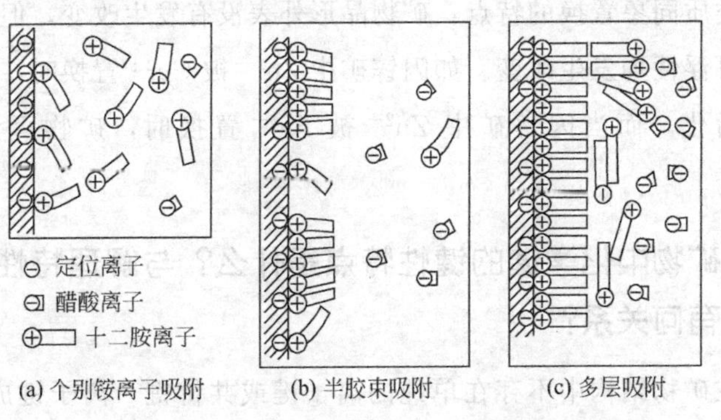

(a) 个别铵离子吸附　(b) 半胶束吸附　(c) 多层吸附

图 2-12　石英表面双电层结构与阳离子捕收剂吸附

水性；形成半胶束吸附捕收剂的浓度与烃基长度有关，烃基越长，形成半胶束时的药剂浓度越低。

第七节 矿物的晶体特征

44 什么是类质同象置换？发生类质同象置换必须具备的条件是什么？有何特点？

类质同象置换是指一种原子或离子可以置换某些矿物晶格内的原子或离子并形成固溶体的现象。

类质同象置换必须具备的条件如下。

① 原子或离子互相交换取代，其半径必须接近。互相取代的两种原子或离子的半径比<15%。这是由几何因素决定的，大的离子不可能进入晶格中比它更小的空间位置中。

② 离子的极化性质相近，即离子的外层电子结构相近。如 Na^{+} 和 Cu^{+} 的离子半径相同，但不能互相取代，其原因是两者的外层电子结构不一样。

③ 离子的电价相近。如 Pb^{2+} 置换 K^{+}，Al^{3+} 置换 Si^{4+}。

类质同象置换的特点：矿物晶形外表没有发生改变，但表面性质和可浮性均发生改变。如闪锌矿中 Zn^{2+} 被 Cu^{2+} 置换时，其浮游性被活化，而当闪锌矿中 Zn^{2+} 被 Fe^{2+} 置换时，矿物可浮性则降低。

45 矿物中化学键的键性特点是什么？与解理特性之间有何关系？

在矿物结构中不存在单纯的离子键或共价键。离子键成分大，键的极性就越强，键就越容易断裂，因此矿物表面与水的相互作用活性就越强，亲水性就越强。共价键成分越大，键的非极性程度越大，键就越难以断裂。矿物表面与水相互作用的活性就较弱，此时矿物表面疏水性越强。

矿石破碎时，矿物沿脆弱面（如裂缝、解理面、晶格间含杂质区等）裂开，或沿应力集中部位断裂。单纯离子晶格断裂时，常沿着离子界面断裂，岩盐的断裂面如图 2-13（a）所示；较复杂的离子晶格，则其解理面的规律是：

① 不会使基团断裂；

② 往往沿阴离子交界面断裂，如方解石就是沿 CO_3^{2-} 的交界面断开，只有当没有阴离子交界层时，才可能沿阳离子交界层断裂；

③ 当晶格中有不同的阴离子交界层或者各层间的距离不同时，常沿较脆弱的交界层或距离较大的层面间断裂，如图 2-13（b）萤石的解离；共价晶格的可能断裂面，常是相邻原子距离较远的层

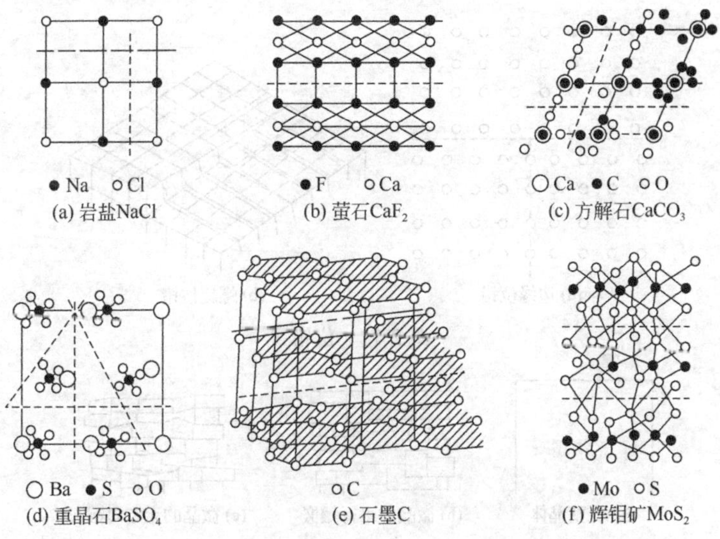

(a) 岩盐NaCl (b) 萤石CaF_2 (c) 方解石$CaCO_3$
(d) 重晶石$BaSO_4$ (e) 石墨C (f) 辉钼矿MoS_2

图 2-13 典型矿物晶格及可能的断裂面

面，或键能弱的层面，如石墨、辉钼矿沿层片间断裂，如图 2-13 (e)、(f) 所示。分子键是较弱的键，因此当矿物含有分子键时，常使分子键发生断裂。

46 矿物产生表面不均匀的原因是什么？举例说明对浮选有何影响？

矿物颗粒破裂后，表面上存在许多物理不均匀性、化学不均匀性和物理化学不均匀性（半导体性），从而使可浮性发生变化。产生不均匀性的原因如下。

① 物理不均匀性。由于矿物在生成及地质矿床变化过程中，表面的凹凸不平，或晶格存在各种缺陷、位错、嵌镶、孔隙和裂缝，导致矿物断裂时表面不规则，从而影响矿物可浮性。如图 2-14 和图 2-15 所示。

② 化学不均匀性。微缺陷存在，如空位和间隙离子的存在。如图 2-16 所示。

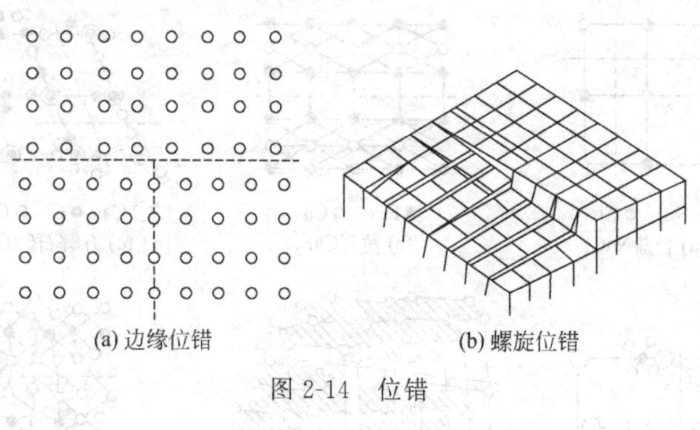

(a) 边缘位错　(b) 螺旋位错

图 2-14　位错

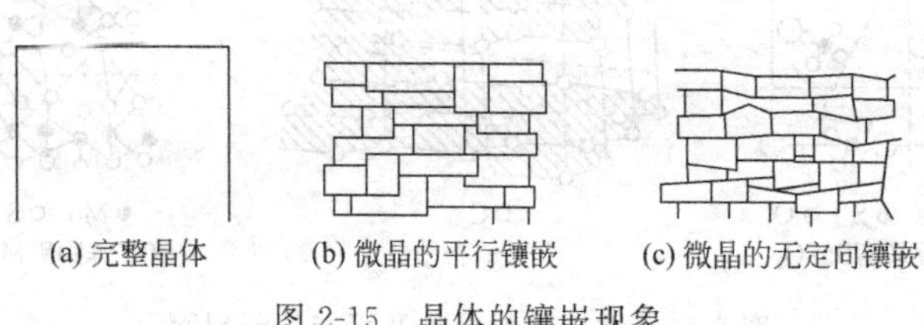

(a) 完整晶体　(b) 微晶的平行镶嵌　(c) 微晶的无定向镶嵌

图 2-15　晶体的镶嵌现象

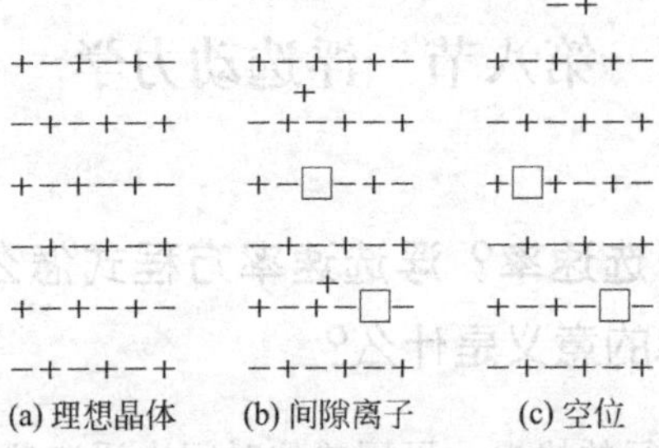

图 2-16　离子晶格的典型缺陷

③ 物理化学不均匀性。几乎所有的硫化矿物都具有半导体特性，其电导率比金属低得多，其中的载流子包括自由电子和空穴。电子半导体称 N 型半导体，靠电子导电；空穴半导体称 P 型半导体，靠空穴导电。阴离子空位或间隙阳离子，金属过量，呈正电性缺陷，电子密度增加，故晶体成为 N 型；间隙阴离子或阳离子空位，非金属过量呈负电性缺陷，故晶体成为 P 型。

如方铅矿的阳离子空位，使化合价、荷电状态失去平衡，空位附近 S^{2-} 产生对电子的强吸引力，而 Pb^{2+} 产生较高的荷电状态及较高的自由外层轨道，从而对黄原酸阴离子产生较强的吸附能力，成为吸附黄药的中心，如图 2-17 所示。

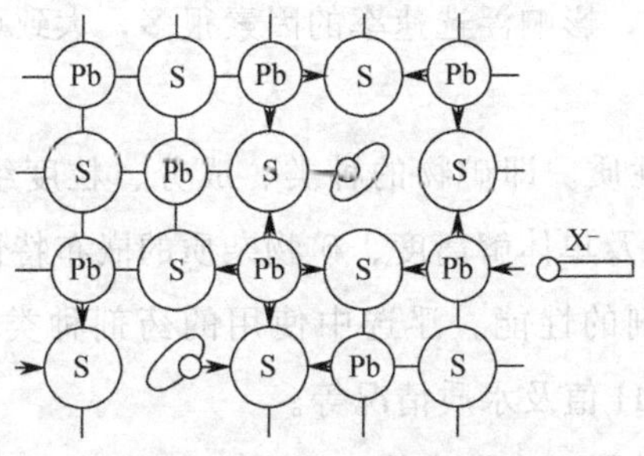

图 2-17　方铅矿的阳离子空位

第八节 浮选动力学

47 什么是浮选速率？浮选速率方程式怎么表示？研究浮选速率的意义是什么？

浮选过程进行的快慢，可用单位时间内浮选矿浆中被浮矿物的浓度变化或回收率变化来衡量，称为浮选速率（或浮选速度）。

某一瞬间被浮矿物的浓度或回收率的变化称为瞬时速率，以 $\mathrm{d}c/\mathrm{d}t$ 表示，浮选速率方程式可表示为：

$$\frac{\mathrm{d}c}{\mathrm{d}t}=-Kc^n$$

式中，c 为在任何指定时刻 t 时矿浆中被浮矿物的浓度；K 为速率常数，s^{-1} 或 min^{-1}；n 为浮选反应级数。

研究浮选速率，可评价浮选过程，分析各种影响因素，改善浮选工艺，改进浮选设计，并可根据实验室和半工业试验结果进行比拟放大，有利于浮选槽和浮选回路的最佳化控制和自动化等。

48 影响浮选速率的因素有哪些？

浮选过程中，影响浮选速率的因素很多，大致可归纳为以下四个因素。

① 矿物的性质。即矿物的种类、成分、粒度组成情况、表面性质、颗粒性状及单体解离度、矿物杂质的嵌布特性等。

② 浮选药剂的性能。浮选中使用的药剂种类、用量及性能，浮选中的介质 pH 值及水质情况等。

③ 浮选机性能。生产中使用的浮选机类型、结构和工艺性能，如搅拌强度、充气量的大小、气体的分散程度和气泡的分布均匀程

度、形成的泡沫层厚度、刮泡速度及液面稳定情况等。

④ 操作因素。浮选过程中对入料浓度、分选粒度、给矿量的控制、液面高度、泡沫层厚度和刮泡速度的调节和控制等，均会影响到浮选速率。

浮选生产中应在保持产品质量的前提下，尽量提高浮选速率，提高浮选机的处理能力，降低生产成本。

49 提高浮选速率的措施是什么?

提高浮选速率的主要措施如下。

① 合理的药方，特别要注意起泡剂的用量。一般来说，稍微增加起泡剂就会促进浮选速率。但必须注意，过量的起泡剂会减低选择性。所以，在精选时和捕收剂用量较大的情况下，起泡剂的用量更不能过量。

② 在适当范围内，增加浮选机叶轮转速、降低槽子深度、使叶轮和盖板间隙缩小等增加充气量的措施，都可促进浮选速度。

③ 尽快使矿浆通过浮选槽。串联槽要比并联槽快，也有利于提高浮选速率。

④ 精选槽的大小必须适当。一般来说，精选槽尺寸不能太大，精选槽太大，使矿浆在槽中停留时间过久，不仅会使精矿泡沫贫化，而且也降低了浮选速率。

⑤ 控制适当的矿浆浓度，可以得到最大的浮选速率。

第三章

浮选药剂

第一节 浮选药剂的分类和作用

1 什么是浮选药剂？浮选时为什么要使用浮选药剂？

在浮选工艺中所使用的各种药剂称为浮选药剂。

由于自然界的大部分矿物都是亲水的，为了使矿物之间分离，必须人为地控制矿物的浮选行为，如采用捕收剂就可以选择性提高某些矿物的疏水性，使用抑制剂可选择性提高某些矿物的亲水性，人为提高不同矿物之间的润湿性差异，从而达到分离矿物的目的。因此浮选药剂是浮选研究的核心。

2 什么是表面活性剂？

溶质加入到溶剂中可使其表面张力发生变化，有三种情形：有的物质如强电解质等物质使溶剂表面张力升高，有的物质如低碳醇等有机化合物使溶剂表面张力逐渐降低，另一些物质如油酸钠在其加入少量时会使溶剂表面张力急剧下降，但降到一定程度后便下降得很慢，或不再发生变化，并可能出现表面张力的最低值。通常，把能使溶剂表面张力降低的性质称为表面活性（对此溶剂而言）。而具有表面活性的物质称为表面活性物质。少量物质即能明显降低溶剂的表面张力，而且在某一浓度下表面张力曲线出现水平线，这类物质称为表面活性剂。

3 浮选药剂可分为哪几种类型？分别起什么作用？

浮选药剂可分为捕收剂、起泡剂和调整剂。

捕收剂是能选择性地作用于矿物表面并使之疏水的有机物质。如阴离子捕收剂油酸、阳离子捕收剂十二胺、非极性捕收剂煤油等。

起泡剂是能使空气在矿浆中弥散，增加分选气-液界面，并能促使气泡在矿化和升浮过程中增加机械强度的一类浮选剂。如常用的松醇油、2$^{\#}$油、MIBC等。

调整剂是调整（促进和阻碍）捕收剂与矿物表面的相互作用，调整矿浆性质，能提高浮选选择性的一类药剂。调整剂又可细分为抑制剂、活化剂和介质调整剂。抑制剂是能削弱或消除捕收剂与矿物的相互作用，从而降低或恶化矿物可浮性的一类药剂；活化剂是能增强捕收剂与矿物的相互作用，从而促进矿物可浮性的一类药剂；介质调整剂又可分为pH调整剂、矿泥分散剂、絮凝剂、团聚剂和凝聚剂。除此之外，还有一些润湿剂、乳化剂、增容剂等。

4 表面活性剂有何主要用途？浮选表面活性剂主要有哪些？

表面活性剂主要有润湿、增容、起泡、乳化、分散和去污作用。浮选表面活性剂，根据其用途并结合药剂的属性以及解离性质等，分为捕收剂、起泡剂两大类。

作为捕收剂的这类浮选表面活性剂，其极性基（亲固基）以羧酸基及氨基为主。这类药剂对矿物晶格表面有O原子的氧化物矿物有选择性捕收作用，同时也有较强的起泡性。

作为起泡剂的浮选表面活性剂，极性基通常是羟基—OH、醚氧基—O—等，一般用异构烷基、萜烯基、苯基和烷氧基作烃基，碳原子数多在6～9个。

5 浮选药剂的选择要求是什么?

在浮选工艺中，可用作浮选药剂的化合物很多，但在浮选实践中常用的浮选药剂不多，一般情况下，优异的浮选药剂必须符合以下要求：原料来源充足；成本低廉；浮选活性强；便于使用；毒性低或无毒等。

第二节 捕收剂

6 捕收剂的选择要满足什么要求?

一种优良捕收剂选择时要满足如下要求：

① 原料来源广，易于制取；

② 价格低，便于使用，尽量要做到易溶于水、无臭、无毒，且成分稳定、不易变质等；

③ 捕收作用强，具有足够的活性；

④ 有较高的选择性，最好只对某一种矿物具有捕收能力。

7 捕收剂可分为哪几种类型?

捕收剂可分为非极性油类捕收剂（如煤油、变压器油等）、异极性捕收剂和两性捕收剂。其中异极性捕收剂又可分为非离子型捕收剂（如酯、多硫化物等）和离子型捕收剂，离子型捕收剂又可细分为阴离子捕收剂（如黄药、黑药、脂肪酸等）和阳离子捕收剂（如胺类捕收剂）。

8 异极性浮选捕收剂的结构有何特点？主要有哪些类型？

异极性捕收剂的分子结构类似于表面活性剂，均由非极性的亲油（疏水）基团和极性的特定亲固基团构成，形成既有亲固性又有亲油（疏水）性的所谓“双亲结构”分子。异极性浮选捕收剂的疏水基通常是2～6个碳原子的脂肪族烃基、脂环族烃基和芳香族烃基，常写成R—；异极性浮选捕收剂的亲固基团中的亲固原子如果为S，这类药剂对矿物晶格表面有S原子的硫化矿物有选择性吸附捕收作用，主要有硫代化合物、硫代化合物的酯、多硫代化合物，如黄药（ROCSSNa）等；如果异极性浮选捕收剂的亲固基团中的亲固原子为O，这类药剂一般作氧化矿的捕收剂，如油酸（RCOOH）；还有一些异极性捕收剂的亲固原子是N，这类药剂对硅酸盐具有较好的捕收作用，如十二胺（RNH_2）。

以黄药为例，异极性捕收剂的结构与矿物表面的作用如图3-1所示。

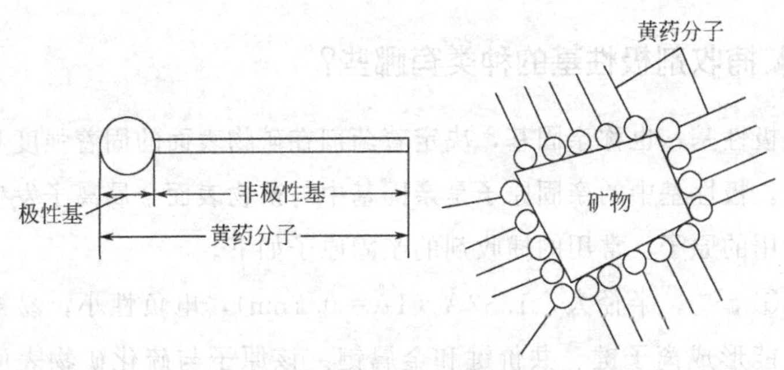

图3-1　黄药分子及与矿物表面作用

由于黄药分子有选择性地在矿物表面上吸附或发生化学固着，它有一定的取向，即以极性基朝向矿物，以非极性朝向水，因而在矿物表面形成一层疏水性薄膜。

9 影响捕收剂非极性作用的因素有哪些？

影响非极性基疏水能力的因素如下。

(1) 烃链长度

非极性基烃链长度增加，使非极性间分子的色散力提高，增加了药剂在矿物表面的固着强度，导致水化作用减弱，表面接触角增大，使矿物可浮性提高。但药剂的疏水性并不与烃链中的 CH_2 数成正比，烃链 CH_2 数增加，接触角增加，捕收剂用量下降，但接触角的增长幅度下降，或捕收剂用量的减小幅度下降。因此捕收剂长度要适当，以保证其有强的捕收能力和良好的选择性。

(2) 烃基支链

非极性基烃链长度越长，非极性应越强，故烃基支链对浮选不利。但有特例，如异丙基黄药比正丙基黄药的捕收能力强。支链越靠近亲固基，捕收能力越强。但也有例外，如环状链烃一般捕收能力弱，在实践中没有得到广泛应用。

10 捕收剂极性基的种类有哪些？

极性基，也称亲固基，决定着药剂在矿物表面的固着强度和选择性。极性基中的亲固原子是亲固基中与矿物表面金属离子发生键合作用的原子。常用的捕收剂的亲固原子如下。

① S^{2-}。半径大，1.82Å (1Å=0.1nm)，电负性小，易被极化，能形成离子键、共价键和金属键。该原子与硫化矿物表面的金属离子的键合作用较强，含有该原子的药剂用来浮选硫化矿物。

② O^{2-}。与氧化矿物表面离子键合能力强。

③ :N^{3+}。有孤对电子能与一些金属离子共用形成共价键，

可用于硅酸盐矿物浮选。

④ 没有亲固原子。如烃类油，用于天然疏水性矿物的浮选。

11 硫化矿捕收剂的特点是什么?

硫化矿捕收剂的特点是分子内部通常具有二价硫原子组成的亲固基，同时疏水基分子量较小，对硫化矿物具有捕收作用，而对脉石矿物如石英和方解石等没有捕收作用，所以这类捕收剂浮选硫化矿时，易将石英和方解石等脉石矿物分离除去。其主要代表药剂有黄药、黑药、氨基硫代甲酸盐、硫醇、硫脲及它们相应的酯类。

12 黄药的结构是什么?是怎么制备的?

黄药又称黄原酸盐，结构式为：

$$R-O-C(=S)-SMe$$

黄药的结构如图 3-2 所示。

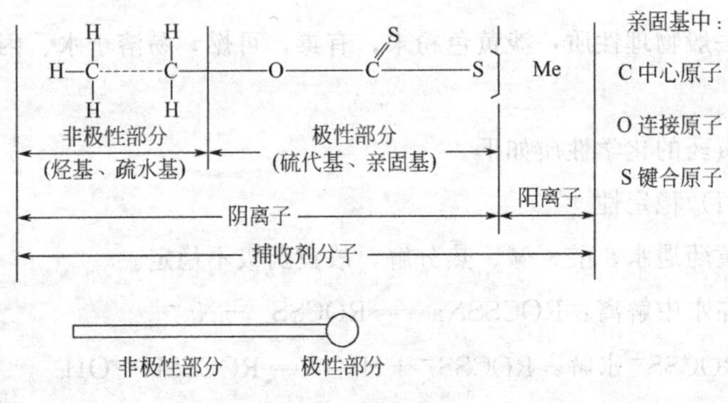

图 3-2 黄药的结构

常用黄药为乙基黄药（低级黄药）和丁基黄药（高级黄药）。

制法：$ROH+NaOH+CS_2 \longrightarrow ROCSSNa+H_2O$

13 为什么短烃链的黄药具有捕收作用?

短烃链具有捕收作用的原因：黄药在矿物表面附着，主要通过烃基起疏水作用，但黄药三维空间结构实体要占据矿物一定的表面积，如图 3-3 所示，这样减少了矿物表面与水分子的作用区域；此外它还能使水分子与表面相隔一定距离，从而有利于削弱表面与水分子的作用力，增强表面疏水性。

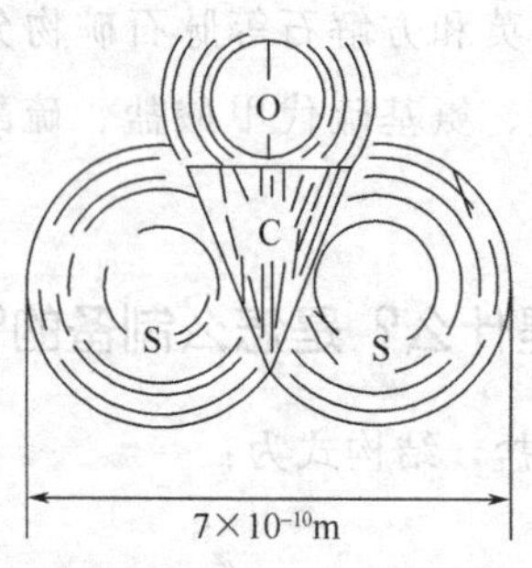

图 3-3 黄药的极性基结构

14 黄药有什么性质?

一般物理性质：淡黄色粉末，有毒，可燃，易溶于水、丙酮和乙醇。

黄药的化学性质如下。

(1) 稳定性

黄药遇水、酸、碱、热分解，故黄药极不稳定。

在水中解离：$ROCSSNa \longrightarrow ROCSS^- + Na^+$

$ROCSS^-$ 水解：$ROCSS^- + H_2O \longrightarrow ROCSSH + OH^-$

$$ROCSSH \longrightarrow ROH + CS_2$$

黄药分解速度远大于水解速度，故水解反应是决定步骤。

研究表明，分子量越大的黄原酸，由于斥电子能力强，S—H

键联结牢固，在水溶液中较稳定，因此在酸性矿浆中，低级黄药的分解速度比高级黄药快，故此时浮选时最好使用高级黄药。

(2) 氧化性

黄药是还原剂，易被空气或高价态金属阳离子氧化：$2ROCSS^{-}-2e = (ROCSS)_2$

即黄药易被氧化成双黄药（dixanthogen）。双黄药的结构式如下：

$$R-O-\underset{}{\overset{S}{\overset{\|}{C}}}-S-S-\overset{S}{\overset{\|}{C}}-O-R$$

双黄药是一种非离子型的多硫化合物，为极性捕收剂，它在酸性介质中稳定，在碱性特别是强碱性介质中会分解成黄药阴离子：

$$2ROCSS-SSCOR+4OH^{-} = 4ROCSS^{-}+O_2+2H_2O$$

即溶液中同时存在黄药阴离子和双黄药。

15 黄药使用时要注意什么问题?

由于黄药稳定性较差，故使用黄药时，要注意以下几点。

① 在碱性或弱碱性矿浆中使用。如需在酸性矿浆中使用，则需增加用量，且使用高级黄药，因为高级黄药在酸性矿浆中比低级黄药分解慢，或采用分批分段多次加药方式。

其主要原因是黄药在水中易解离，进而发生水解和分解，以钠黄药为例，反应式如下：

$$ROCSSNa \xlongequal{解离} ROCSS^{-} + Na^{+}$$

$$ROCSS^{-}+H_2O \xrightleftharpoons{水解} ROCSSH + OH^{-}$$

$$ROCSSH \xrightleftharpoons{水解} CS_2 + ROH$$

黄药阴离子在酸性矿浆中很易发生水解反应，而使黄药阴离子水解成黄原酸，进而水解成醇和二硫化碳而失效。故只有在碱性条件下，才能使水解反应往左进行，使矿浆中黄原酸阴离子的浓度较高，提高其捕收效果。

② 配制黄药不要用热水，且要随用随配，这是由于黄药易水解而失效，遇热水解得会更快。在生产现场黄药一般要配成1%的水溶液使用。

③ 黄药放置于密闭容器中，并置于阴凉处，防晒、防火，其主要目的是防止黄药分解失效，防止与潮湿的空气及水接触。

④ 不能保存很长时间，且黄药易燃，要注意不要受热，注意防火。

16 黄药的捕收性能与什么因素有关系?

黄药的捕收性能取决于烃基的长度、结构及亲固基的性质。

(1) 非极性基烃链越长，黄药的捕收能力越强

非极性强，色散力强，覆盖层越厚，疏水性越强。对戊基以上的长烃链黄药而言，异构体的捕收能力不如正构体强；而常用的短烃链黄药，异构体的捕收能力比正构体好些。

(2) 极性基（亲固基）的作用活性与极性基负二价活性硫原子的关系密切

S^{2-}的特点是：离子半径很大（1.84Å），极化率很高。它易和一些具有较强极化力和本身又容易被极化变形的金属阳离子、重金属离子和贵金属离子相结合，并形成比较牢固的化学键。

① 黄药与碱土金属离子（如Ca^{2+}、Mg^{2+}、Ba^{2+}等）反应生成的黄原酸盐易溶。即黄约在由碱土金属离子组成的矿物（如方解石、萤石、重晶石）表面不能形成牢固的吸附膜，因此黄药对碱土金属矿物也没有捕收作用。

② 黄药与许多重金属离子和贵金属离子反应能生成难溶化合物，如表3-1所示。

表 3-1　一些硫化矿捕收剂与金属离子的溶度积常数

金属	乙基黄原酸盐	丁基黄原酸盐	二乙基二硫代磷酸盐
Au	6.0×10^{-30}	4.8×10^{-31}	
Cu	5.2×10^{-20}	4.7×10^{-20}	5.0×10^{-17}
Hg	1.5×10^{-38}	1.4×10^{-40}	1.15×10^{-32}
Ag	8.5×10^{-19}	5.4×10^{-20}	1.3×10^{-16}
Pb	1.7×10^{-17}		7.5×10^{-12}
Cd	2.6×10^{-14}	2.08×10^{-16}	1.5×10^{-10}
Co	5.6×10^{-13}		
Zn	4.9×10^{-9}	3.7×10^{-11}	1.5×10^{-2}
Fe	8.0×10^{-8}		
Mn	$>10^{-2}$		

一般来说，金属黄原酸盐越难溶，则其相应的硫化矿物越易被黄药捕收。如 Au-Co，溶度积很小，故黄药对这些矿物捕收能力强，Zn、Fe、Mn 溶度积相对较大，故黄药对这些矿物的捕收能力弱。

17 黄药应用于捕收何种类型的矿物?

黄药的主要应用如下：

① 捕收金、银等贵金属和自然铜；

② 捕收有色金属硫化矿，如黄铜矿、方铅矿、闪锌矿等；

③ 捕收硫化后的有色金属氧化矿，如经硫化钠硫化后的菱锌矿、白铅矿等。

黄药对脉石硅酸盐矿物、氧化物及碱土金属盐类矿物的捕收性能较差，故该药剂具有良好的选择性。

18 什么是黄药酯? 有何用途? 常用的黄药酯有哪些?

黄药较易与各种烷基化试剂作用生成硫代酯，即黄药分子中碱金属被烃基取代生成黄药酯类，其通式是 RCOSSR′，可将其看成是黄药的衍生物。

黄药酯属于非离子型极性捕收剂，在水中的溶解度很低，大部分呈油状。对于铜、锌、钼等硫化矿具有较高的浮选活性，属于高选择性的捕收剂。在较低的 pH 值条件下，黄药酯也能浮选某些硫化矿。黄药酯类捕收剂常与水溶性捕收剂混合使用，以提高药效、降低用量和改善选择性。

常用的黄药酯类药剂有：乙黄腈酯（即乙黄酸氰乙烯酯 $C_2H_5OCSSCH{=\!=}CHCN$）、丁黄腈酯（$C_4H_9OCSSC_2H_4CN$）、丁黄烯酯（$C_4H_9OCSSCH_2CH{=\!=}CH_2$）、乙黄烯酯（$C_2H_5OCSSCH{=\!=}CH_2$）等。可作为铜、铅、锌和钼硫化矿捕收剂，对黄铁矿的捕收能力较弱，和黄药混用较好。

19 黑药的结构是什么，是怎么制备的?

黑药又称二烃基二硫代磷酸酯。结构式为：

$$\begin{matrix} R{-}O & & S \\ & \diagdown & /\!\!/ \\ & & P \\ & \diagup & \diagdown \\ R{-}O & & SM(H, Na \text{ 或 } NH_4) \end{matrix}$$

黑药由醇或酚与五氧化二磷反应制得：

$$4ROH + P_2S_5 {=\!=\!=} 2(RO)_2PSSH + H_2S\uparrow$$

其酸式产物为油状黑色液体，中和成钠盐或铵盐后可制成固体产品。

20 常用的黑药有哪些?有什么特点?

常用的黑药如下。

(1) 甲酚黑药（二甲酚二硫代磷酸）

甲酚黑药是甲酚与五氧化二磷混合加热制得，甲酚黑药的结构式为：

$$(C_6H_4CH_3-O)_2P(=S)SNa$$

甲酚黑药根据制造时配方的不同，有以下几种牌号。

① 15 号黑药：配方中按原料质量计加入 15% P_2S_5 制得，该黑药起泡性能强，捕收能力弱。

② 25 号黑药：加入 25% P_2S_5 制得。该黑药捕收性能强于 15 号黑药，起泡性能弱，较为常用。

③ 31 号黑药：25 号黑药中加入 6%白药制得。

(2) 丁基铵黑药（正丁基二硫代磷酸铵）

丁基铵黑药是正丁醇与 P_2S_5 按 4∶1 配比，先合成二丁基二硫代磷酸，然后通入氨气中和后制得：

$$4C_4H_9OH+P_2S_5 = 2(C_4H_9O)_2PSSH+H_2S\uparrow$$

$$(C_4H_9O)_2PSSH+NH_4OH = (C_4H_9O)_2PSSNH_4+H_2O$$

丁基铵黑药的结构式为：

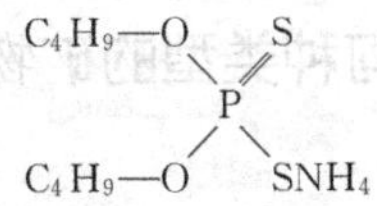

丁基铵黑药是白色、灰色粉末，易溶于水，性能稳定，不易变质。

丁基铵黑药适用于铜、铅、锌、镍等硫化矿物的浮选，其特点是弱碱性矿浆中对黄铁矿和磁黄铁矿的捕收性能较弱，而对方铅矿的捕收性能较强。

(3) 胺黑药

由 P_2S_5 与相应胺合成，分子式 $(RNH)_2PSSH$，结构式如下：

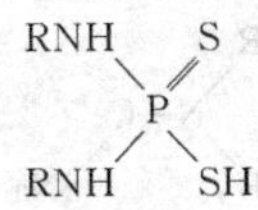

胺黑药包括苯胺黑药、甲苯胺黑药和环己胺黑药。均为白色粉

末，不溶于水。苯胺黑药对硫化铅、锌、铜矿物具有较强的捕收性能，选择性好，泡沫不黏，但用量较大。但胺黑药对光和热的稳定性差，易变质失效。

21 黑药的捕收性能如何？

黑药的捕收性能如下。

① 捕收性能弱于黄药，但选择性较好。这是由于烃基磷酸盐的溶解度大于相应的烃基碳酸盐。在实际生产中，黑药和黄药配合使用。

② 黑药比黄药稳定。这是由于磷酸的酸性比碳酸强，使黑药在水溶液中比黄药稳定，不易分解失效，故可用于酸性浮选。

③ 黑药不像黄药那样容易氧化。但遇到铜、铁等易还原的高价金属阳离子，或长时间与空气接触，或受热时，部分黑药也会氧化成双黑药。

22 黑药应用于捕收何种类型的矿物？

黑药的应用如下。

① 与黄药应用相同；

② 选择性强，对闪锌矿、黄铁矿捕收能力弱，可用于多金属分离，从闪锌矿、黄铁矿中分离出方铅矿、黄铜矿；

③ 可在酸性介质中使用。

23 硫氮类捕收剂的结构和特点是什么？

硫氮类捕收剂的学名为烃基二硫代氨基甲酸盐，其结构式为：

$$\begin{matrix} R & & & & S \\ & \diagdown & & \diagup\!\!\diagup & \\ & & N—C & & \\ & \diagup & & \diagdown & \\ R & & & & SNa \end{matrix}$$

式中，R 为 C_2H_5 时即为乙硫氮；R 为 C_4H_9 时即为丁硫氮。

乙硫氮是白色粉剂，因反应时有少量黄药生成，工业品常呈淡黄色。易溶于水，在酸性介质中容易分解。乙硫氮也能与重金属生成不溶性沉淀，捕收能力比黄药强。乙硫氮对方铅矿、黄铜矿的捕收能力强，对黄铁矿的捕收能力较弱，选择性好，浮选速度快，用量比黄药少，对硫化矿的粗粒连生体有较强的捕收性。该药剂用于铜铅硫化矿分选时，能够得到比黄药更好的分选效果。

24 硫氨酯类捕收剂的结构和特点是什么?

硫氨酯类捕收剂的学名为烃基硫代氨基甲酸酯，其结构为：

$$R-\underset{\displaystyle H}{\underset{|}{N}}-\overset{\displaystyle S}{\overset{\|}{C}}-OR' \qquad R-\underset{\displaystyle H}{\underset{|}{N}}-\overset{\displaystyle S}{\overset{\|}{C}}-SR'$$

烃基一硫代氨基甲酸酯　　烃基二硫代氨基甲酸酯

硫氨酯类捕收剂属于非离子极性捕收剂，该类药剂的特点是可与硫化矿物表面的金属离子 Cu^{2+}、Pb^{2+} 等形成螯合作用，故药剂的选择性强，捕收性能较好。对黄铜矿、辉铜矿和活化后闪锌矿的捕收作用较强，但对黄铁矿的捕收作用较弱，故是分选铜、铅、锌等硫化矿的选择性捕收剂，可降低抑制黄铁矿所用的石灰用量。

25 Z-200 的结构和特点是什么?

Z-200 的学名为 *O*-异丙基-*N*-乙基一硫代氨基甲酸酯，其结构为：

$$C_2H_5-\underset{\displaystyle H}{\underset{|}{N}}-\overset{\displaystyle S}{\overset{\|}{C}}-OC_3H_7$$

该药剂的特点是通过螯合作用与矿物发生作用，故捕收能力强，特别对铜、铅、锌矿物具有很强的捕收能力，但对黄铁矿的捕收能力较弱。故是多金属硫化矿选厂的良好选择性捕收剂。

26 硫代化合类捕收剂的作用机理是什么？

20世纪50年代提出了化学假说和吸附假说，而后当认识到氧和氧化作用的重要性后，又发现氧对黄药与硫化矿物相互作用有影响，故提出半氧化假说和半导体见解，即矿物适度轻微氧化对浮选有利，而深度氧化对浮选不利。而后进一步对双黄药的作用、黄药与重金属离子的生成物对硫化矿物的捕收作用、黄药及其产物在硫化矿物表面吸附固着形式多样化等进行了分析和解释。

(1) 化学假说

该假说认为黄药与硫化表面发生化学反应，反应产物的溶度积越小，反应越易发生，即认为黄药与硫化矿物表面的作用，类似于溶液中所发生的一般化学反应，如下式所示：

$$PbS+O_2 \longrightarrow PbS_mO_n + X^- \longrightarrow Pb(X)_2$$

该假说解释了黄药离子在方铅矿表面固着的事实，并解释了黄药对不同硫化矿物发生选择性作用的原因。

(2) 吸附假说

认为黄药与硫化矿物的作用不是一般的化学反应，而是黄药阴离子与矿物表面阴离子（OH^-）发生了离子交换吸附，如果溶液中黄药离子与矿物表面金属离子的浓度超过吸附溶度积时，黄药离子就能在矿物表面发生吸附，也有人认为黄药分子在矿物表面发生吸附。

(3) 半氧化假说（或称溶度积观点）

认为氧可使矿物表面形成半氧化状态，有利于黄药类捕收剂进行反应，因而提高矿物可浮性。

主要观点：

① 完全没有氧化的硫化矿物由于其溶度积很小，所以不能直

接与黄药作用；

② 经适度轻微氧化后生成介于硫化物与硫酸盐的一些中间产物（—S_xO_y），这些中间产物转入溶液后，可提高矿物表面晶格金属阳离子化学键力的不饱和性，促使黄药与晶格金属阳离子发生化学反应，生成溶度积很小的捕收剂金属盐，提高黄药阴离子的化学吸附活性，使矿物可浮；

③ 过分氧化的硫化矿物，晶格外层甚至深部的S将完全或绝大部分都被氧化成 SO_4^{2-} 离子，虽然矿物表面易和黄药起化学反应生成黄原酸盐，但由于重金属硫酸盐溶解度大，极易从矿物表面溶解脱落，故黄原酸盐也极易从矿物表面脱落，使矿物可浮性变坏，即水化超过氧的积极作用，使氧的有利因素转化成不利的因素。

近代被人们认可的主要是化学吸附机理和电化学氧化机理。

(1) 化学吸附机理

化学吸附机理认为，硫化矿物表面首先轻微氧化，生成硫酸盐，进而部分硫酸根离子与碳酸根离子发生交换吸附，当溶液中有黄原酸根离子时，硫化矿物表面的氧化物与黄原酸根离子发生交换吸附，从而使黄药以化学吸附形式在硫化矿物表面发生吸附。

(2) 电化学氧化（双黄药见解）机理

硫化矿物与黄药类捕收剂的作用为电化学反应，在浮选过程中，当黄药类捕收剂与硫化矿物接触时，捕收剂在矿物表面的阳极区被氧化，即阳极反应过程是捕收剂转移电子到硫化矿物直接参与阳极反应而生成疏水物质，同时，氧化剂在阴极区被还原，即阴极反应过程为液相中的氧气从矿物表面接受电子而被还原。当矿物在溶液中的静电位大于黄药氧化成双黄药的可逆电位时，黄药能氧化成双黄药在矿物表面吸附，反之，则生成金属黄原酸盐。

如在硫化矿表面存在两个相互独立的电化学反应：

a. X^- 被氧化，即 $2X^- = X_2 + 2e$

b. O_2 被还原，即 $1/2O_2 + H_2O + 2e = 2OH^-$

总反应为：$2X^- + 1/2O_2 + H_2O = X_2 + 2OH^-$

黄药氧化成双黄药的平衡电位可以测定，硫化矿物在该溶液的静电位（电极电位）也可测定，所以能斯特公式：

$$E_h = E^{\ominus} + \frac{0.059}{2}\lg\frac{a_{X_2}}{a_{X^-}}$$

如果矿物在溶液中的静电位大于黄药氧化成双黄药的平衡电位 E_h，则生成 X_2；反之，生成 MX（或 X^-）。

27 硫化矿可浮性大小与溶度积判据的关系是什么?

用药剂与硫化矿金属离子反应产物的溶度积大小衡量药剂对硫化矿的作用能力：溶度积小时，药剂对矿物的捕收能力强，反之则弱。例如按照乙基黄原酸盐溶度积依次增大的顺序排列，常见硫化矿金属离子顺序如下（用当量溶度积 $K_{sp}^{1/m}$ 比较）：

Au^+，Cu^+，Hg^{2+}，Ag^+，Bi^{3+}，Pb^{2+}，Ni^{2+}，Zn^{2+}，Fe^{2+}

这也大体上是这些金属硫化矿用乙黄药浮选时可浮性依次降低的顺序。

28 根据硫化矿浮选电化学原理，如何强化浮选过程中硫化矿的浮选和抑制行为?

根据硫化物矿物与巯基类捕收剂相互作用的电化学机理和混合电位模型，硫化物矿物、捕收剂、氧气三者的相互作用如图 3-4 所示。

曲线 O 代表阳极过程，捕收剂离子 X^- 与矿物作用或捕收剂离子 X^- 的自身氧化：

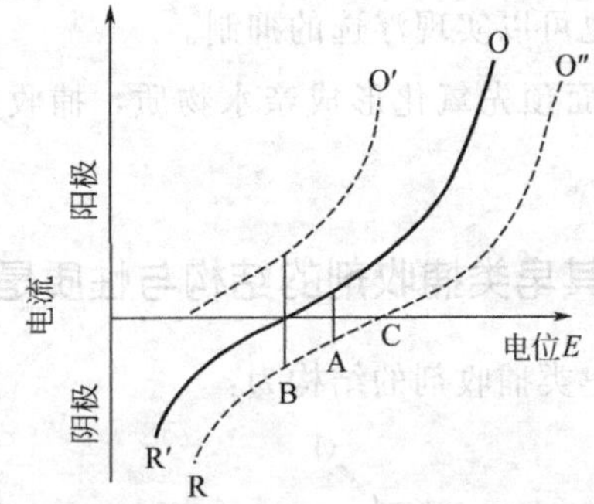

图 3-4 硫化物矿物、捕收剂、氧气三者的相互作用

$$MS+2X^{-}\longrightarrow MX_2+S^0+2e$$

$$2X^{-}\longrightarrow X_2+2e$$

曲线 R 表示阴极过程，氧的还原：

$$O_2+2H_2O+4e\longrightarrow 4OH^{-}$$

图中 A 处于表示实际的混合电位，此时阳极电流和阴极电流大小相等，方向相反。根据硫化矿浮选电化学理论，可以从以下五个方面强化或抑制浮选。

① 当加入还原剂，如亚硫酸盐、SO_2 气体等，或减少悬浮液中的氧含量时，氧的还原电流降低，R 曲线变为 R′，混合电位由 A 处移至 B 处。表明氧化反应（O 线表示）难以进行，即捕收剂不能在矿物表面形成疏水产物，浮选受到抑制。

② 若增大捕收剂浓度，或者加入长烃链的同系列捕收剂（较短链同系捕收剂易氧化），氧化电流（O 线）增大至 O′线，从图 3-4 可知在 B 处仍有捕收剂与硫化物矿物的作用，表明浮选加强。

③ 提高捕收剂与矿物作用的氧化电位（如降低捕收剂浓度），使捕收剂的氧化需要更高的电位，即将 O 线移至 O″线，则浮选难以进行，矿物受到抑制。

④ 浮选过程中加入比捕收剂更易氧化的药剂，与 O_2 形成共轭

反应，消耗氧，也可以实现浮选的抑制。

⑤ 硫化矿表面预先氧化形成亲水物质，捕收剂难以吸附，浮选受到抑制。

29 脂肪酸及其皂类捕收剂的结构与性质是什么？

脂肪酸及其皂类捕收剂的结构为：

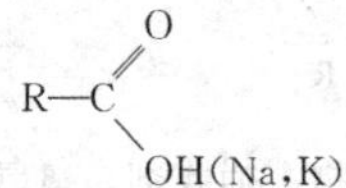

脂肪酸及其皂类捕收剂的性质如下。

① 烃基长度为 $C_{12}\sim C_{17}$。结构中的羰基极性强，与水分子作用能力强，故短碳链无捕收能力。

② 溶解度小。故使用时要用有机溶剂溶或乳化使用，也可皂化后使用或加温使用（20～30℃）。

③ 捕收剂达到临界胶束浓度（CMC）时能形成胶束，当达到临界半胶束浓度（HMC），在矿物表面开始形成半胶束时的浓度，为浮选的起始浓度。

④ 在水溶液中解离。在强酸性条件下主要以分子形式存在，中性及碱性条件下以离子形式存在，一定浓度时存在胶束，分子离子共存。

⑤ 与碱土金属能生成难溶化合物。

30 脂肪酸及其皂类捕收剂的主要应用领域是什么？

脂肪酸及其皂类捕收剂的主要应用领域如下：

① 捕收含碱土金属阳离子的极性盐类矿物，如方解石、萤石、重晶石、白钨矿等；

② 捕收氧化矿物，如赤铁矿、氧化锰等；

③ 捕收活化后的硅酸盐矿物，如钙镁离子活化后的硅酸盐

矿物；

④ 捕收可溶性盐类矿物，如岩盐、硼矿物等。

应用时应注意的问题：药剂具有起泡性；选择性差，故应严格控制用量，或与调整剂搭配使用；溶解性差，加温浮选。

31 常用的脂肪酸及其皂类捕收剂有哪些？各有何特点？

常用的脂肪酸及其皂类捕收剂特点如下。

① 油酸（$C_{17}H_{33}COOH$）和油酸钠（$C_{17}H_{33}COONa$）：一般用于稀有金属选别及萤石等含钙矿物的浮选。浮选温度≥14℃。由于价格贵，主要用于试验研究。

② 塔尔油：是一种不饱和脂肪酸，是碱法造纸废液中提取的。具有起泡性强、捕收能力强、选择性差等特点。

③ 氧化石蜡皂：捕收能力差、起泡性较弱，经常与塔尔油混用。

④ 环烷酸和碱渣：石油工业副产品，用于磷灰石和赤铁矿浮选。

32 烃基磺酸盐和硫酸盐的特点是什么？

烃基磺酸盐（RSO_3Na）和烃基硫酸盐（RSO_4Na）为烃类油或醇与浓硫酸反应制得。该类药剂的特点是，起泡性较好，捕收能力不强，选择性好。酸性介质中的浮游性较好。耐硬水，温度对其影响小。

烃基磺酸盐按其溶解性可分为水溶性和油溶性两大类。水溶性磺酸盐烃基分了量较小，含支链较多或含有烷芳基混合烃链的产品，水溶性好，捕收力不太强，起泡性较好，可用作起泡剂使用，如十二烷基磺酸钠，也可用于非硫化矿的浮选中，如十六烷基磺酸钠。油溶性磺酸盐烃基分子量较大，烃基为烷基时烃链中含碳 20 个以上，基本不溶于水，可溶于非极性油中，捕收性较强，主要用作非硫化矿的捕收剂，常用于浮选氧化铁矿和非金属矿（如萤石和磷灰石）。

烃基磺酸盐由于选择性较好，在铁矿石的浮选中已引起广泛重视，常作为铁矿石正浮选时赤铁矿的捕收剂。

33 羟肟酸钠的结构和特点是什么？

羟肟酸钠的结构为：

$$\begin{array}{c} \text{OH} \\ | \\ \text{R—C═N—O—Na} \end{array}$$

该药剂的特点是：对赤铜矿、氧化铁、铝土矿及某些稀土矿物具有良好捕收性。

34 甲苯胂酸的结构和特点是什么？

甲苯胂酸的结构为：

$$CH_3-C_6H_4-As(=O)(OH)_2$$

该药剂可用于回收细泥中的锡石，但成本较高，且污染环境。

35 RA 系列捕收剂的结构与特点是什么？

RA 系列阴离子反浮选捕收剂是以脂肪酸及石油化工副产品等为原料经改性制成的，现已有 RA-315、RA-515、RA-715、RA-915 等多个品种供应，已成功用于调军台、齐大山、东鞍山、舞阳、胡家庙等多个红矿选矿厂，RA 系列药剂捕收能力强，选择性好，其分选效率及用量可与胺类等阳离子捕收剂相媲美，对矿泥有较好的耐受性，是红矿选矿取得技术突破的关键因素之一。

早在“七五”期间，RA-315 药剂用作铁矿反浮选，采用弱磁-强磁-反浮选工艺流程选别鞍钢齐大山铁矿石获得成功，为开拓磁选-反浮选工艺流程选别我国鞍山式红铁矿选矿奠定了基础。

RA 系列捕收剂的结构模型：

$$\begin{array}{ccc} R' — & R — & R'' \\ | & | & | \\ M_1 & M & M_2 \end{array}$$

式中，R′—R—R″为烃基结构（包括烷基和芳基，结构中有饱和键和不饱和键，有直链也有支链）；M 为原料分子中的亲矿物基团；M_1、M_2 为经化学反应引进的活性基团。

RA-315 的结构模型如下：

$$\begin{array}{ccc} R' — & R ——— & R'' \\ | & | & | \\ Cl & COOH & X \end{array}$$

X 为原料的另一活性基团。试验研究表明，用 RA-315 药剂选别齐大山铁矿石比使用油酸、塔尔油和氧化石蜡皂具有更好的选别效果。

RA-515 和 RA-715 是由化工副产品为原料，经氯化等反应制得。两种药剂的化学成分基本一样，不同之处在于：①反应物（原料）配比及工艺操作有所不同；②药剂产品浓度不同，RA-515 药剂有效成分为 70%，RA-715 有效成分为 98%以上。

制取 RA-515 和 RA-715 的主体原料为化工副产品，即有机羧酸类与小部分脂肪酸混合物，其他原料为氯化剂、催化剂和少量添加剂，制取工艺流程如图 3-5 所示。

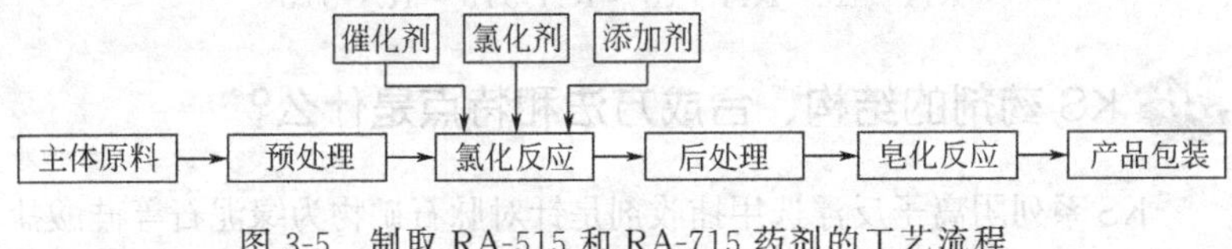

图 3-5 制取 RA-515 和 RA-715 药剂的工艺流程

RA-515 和 RA-715 的结构模型如下：

$$\begin{array}{ccc} R' — & R ——— & R'' \\ | & | & | \\ Cl & COOH & M_2 \end{array}$$

活性基团在烃基上的位置及其数量直接影响了它们的选矿性能，因此在制取过程中必须严格控制反应物料的配比和操作条件。

RA-915是RA系列捕收剂的第三代，主要是针对贫细、难磨和难选铁矿物的浮选而研制的，用RA-915选别舞阳铁矿石的工业试验和祁东铁矿石的扩大连选，均比RA-515和RA-715更好。

制取RA-915的原料与RA-515和RA-715不同，主要原料为非脂肪酸类化工副产品，其他原料为氯化剂、氧化剂、催化剂和少量添加剂。制取工艺流程如图3-6所示。

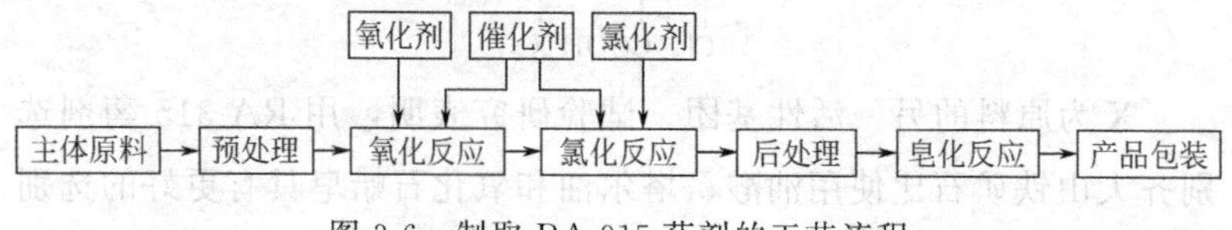

图3-6 制取RA-915药剂的工艺流程

RA-915的结构模型如下：

$$\begin{array}{ccccc} R' & — & R & — & R'' \\ | & & | & & | \\ Cl & & M & & OH \end{array}$$

氯基、羟基等活性基团的引入提高了药剂活性同时还能与矿物形成环状螯合物而提高了其捕收性能。

RA系列捕收剂对不同铁矿石的选矿效果不同，对难选铁矿石的适应性大小顺序如下：

$$RA\text{-}915 > RA\text{-}715 \approx RA\text{-}515 > RA\text{-}315$$

36 KS药剂的结构、合成方法和特点是什么？

KS系列阴离子反浮选用捕收剂是针对脉石矿物为绿泥石等硅酸盐矿物而设计研制的，药剂具有一定的分散性，故具有选择性好的优点。

合成分两步，第一步先合成助剂，然后助剂再与其他添加剂合成捕收剂。

KS-Ⅱ的结构为：

$$\begin{array}{ccccc} R & — & CH & — & CH_2 \\ & & | & & | \\ & & OH & & COOH \end{array}$$

KS-Ⅱ在对鞍山齐大山选厂混合磁选精矿的实验室浮选和工业浮选表明，该药与生产用药相比，药剂用量不变，在保证精矿品位的同时，可使浮选作业尾矿品位降低 1.17%，目前已在齐选厂全面推广应用，2009 年创经济效益 1036.64 万元。

KS-Ⅱ的合成过程：

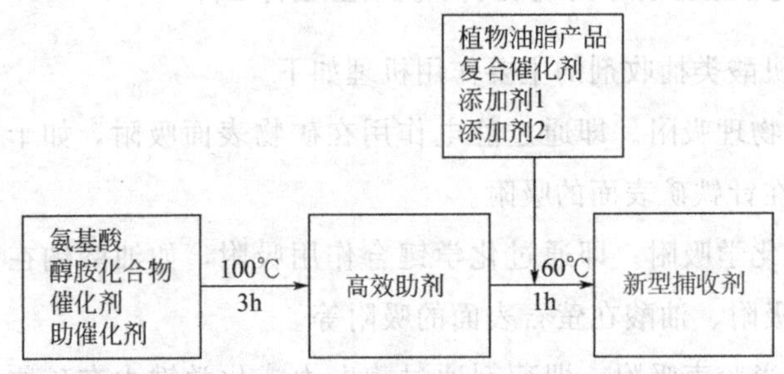

KS-Ⅲ的结构为：

$$\begin{array}{l} \text{R—CH—CH—SO}_3\text{H} \\ \quad\ \ |\qquad\ \ | \\ \quad\ \text{NH}_2\ \ \text{COOH} \end{array}$$

KS-Ⅲ捕收剂是一种具有多种功能的复合型阴离子捕收剂，以来源广泛的石油化工副产品、植物油脂产品和常用化工产品为主要原料，采用精细化工合成工艺合成，多功能捕收剂的产收率达到 98%以上（气相色谱检测结果)。KS-Ⅲ药剂的特点是既有阴离子基团（羧基和磺酸基)，又有阳离子基团（氨基)，故是一种两性捕收剂，三个极性亲固基与石英表面活化离子钙可以形成六环螯合型络合物，从而增加药剂的选择性和捕收性能，降低尾矿品位。药剂结构中 R 基团的碳原子数为 14～18。将合成的多功能捕收剂与植物脂肪酸在复合催化剂的催化下部分生成缩合产物。这样，KS-Ⅲ捕收剂中含有了多功能捕收剂、缩合物捕收剂和植物脂肪酸阴离子捕收剂。多功能捕收剂、缩合物捕收剂和植物脂肪酸阴离子捕收剂的比值在 4∶1∶3 时，浮选的效果达到最好。

KS-Ⅲ在东鞍山烧结厂进行了工业试验，结果表明，与生产用药相比，药量基本相同，浮选精矿品位提高了0.27%，浮选尾矿降低了0.36%。新药剂已在东鞍山烧结厂全面推广使用，2009年获得经济效益284.10万元。

37 有机酸类捕收剂的作用机理是什么？

有机酸类捕收剂的主要作用机理如下。

① 物理吸附。即通过静电作用在矿物表面吸附，如十二烷基硫酸钠在针铁矿表面的吸附。

② 化学吸附。即通过化学键合作用吸附，如油酸钠在金红石表面的吸附、油酸在萤石表面的吸附等。

③ 半胶束吸附。即药剂通过静电力或化学键力在矿物表面双电层紧密层发生的一种特性吸附，如十二烷基磺酸钠在刚玉表面的吸附。

④ 离子分子络合物吸附。如油酸在pH=8时离子分子络合物的浓度最大，而此时也正是油酸捕收能力最强时的pH值，即油酸在矿物表面发生的离子分子络合物吸附是导致矿物浮选的主要原因。

38 胺类捕收剂的结构和性质是什么？

胺类捕收剂是NH_3的衍生物，按照NH_3中的氢原子被烃基取代的数目不同，分为第一胺盐（伯胺盐）RNH_3Cl、第二胺盐（仲胺盐）$RR'NH_2Cl$、第三胺盐（叔胺盐）$R(R')_2NHCl$和第四胺盐（季铵盐）$R(R')_3NCl$。其中伯胺盐用的最为广泛。

胺类捕收剂的性质如下。

① 难溶于水，常用C_8～C_{18}胺，溶于酸中使用。

② 属长烃链捕收剂，能形成半胶束吸附，十二胺的CMC=1.3×10^{-2}mol/L。

③ 对 pH 值较敏感。酸性条件下以氨离子形式存在，碱性条件下主要以分子形式存在，如图 3-7 所示。

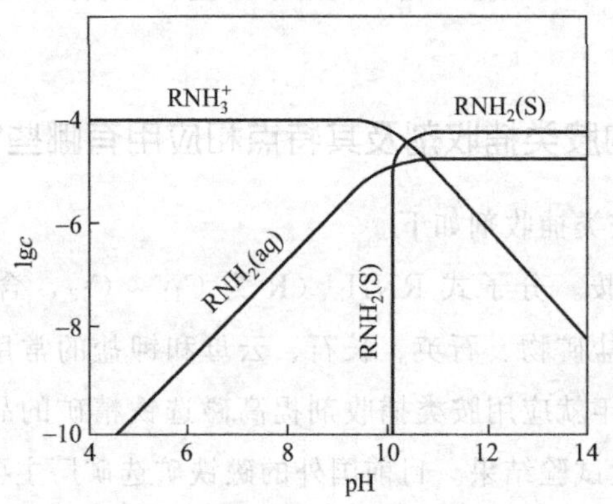

图 3-7　十二胺的浓度对数-pH 关系

39 胺类捕收剂的应用和作用机理是什么？

胺类捕收剂的主要应用领域如下。

① 捕收硅酸盐矿物，如石英、绿柱石、锂辉石、云母等。

② 捕收菱锌矿。

③ 捕收钾盐。

胺类捕收剂的作用机理如下。

① 物理吸附。如十二胺在针铁矿表面发生静电吸附。

② 半胶束吸附。胺类捕收剂可以在矿物表面双电层外层紧密层发生特性吸附，非极性缔合形成半胶束吸附。

③ 离子分子共吸附。当 pH＝10.63 时，胺类捕收剂形成的离子分子络合物浓度最大，而此时其捕收能力最强，即胺类捕收剂发生离子分子共吸附时，使极性基间的排斥力减小，能显著改善浮选效果。

④ 化学吸附。如胺类捕收剂结构中：N 的孤对电子能与菱锌矿表面锌离子生成络合物，从而化学吸附于矿物表面；胺类捕收剂根据晶格参数相近理论而化学吸附于钾盐矿物表面，从而可以捕收钾盐矿物。

40 常用的胺类捕收剂及其特点和应用有哪些？

常用的胺类捕收剂如下。

① 十二胺。分子式 RNH_2（R 为 $C_{11}\sim C_{13}$，含碳个数平均 12)，是含氧盐矿物、石英、长石、云母和钾盐的常用捕收剂。我国早在 1978 年就应用胺类捕收剂提高磁选铁精矿的品位，并取得了满意的工业试验结果。目前国外的磁铁矿选矿厂主要使用阳离子胺类捕收剂来提高铁精矿质量，降低 SiO_2 含量。但该药剂捕收矿物时，存在泡沫较黏难以处理的缺点。

② GE 系列阳离子捕收剂。GE-601 和 GE-609 捕收剂是由武汉理工大学研制生产的新型捕收剂，已在磁铁矿反浮选脱硅和提高铁精矿方面取得了良好的效果，且已用于生产。运用 GE-609 在胶磷矿脱硅与长石也取得了良好的效果，特别是对细粒含硅矿物更显示其选择性优于十二胺的特点。

阳离子捕收剂 GE-601 和 GE-609 与十二胺相比，反浮选铁矿石时泡沫量大大减少，且泡沫性脆、易消泡，泡沫产品很好处理。GE-601 的选择性也优于十二胺，尾矿品位低、精矿品位高，有利于提高铁的回收率。

③ 混合胺。RNH_2（R 为 $C_6\sim C_{20}$），可用于赤铁矿反浮选，但效果不如十二胺。

④ 醚胺。是烷基丙基醚胺系列的简称，化学式为 $RO(CH_2)_3NH_2$（R 为 $C_7\sim C_9$、$C_{10}\sim C_{13}$、$C_{10}\sim C_{16}$），该药剂具有水溶性好、浮选速度快、选择性好等特点，也常用于铁矿石的反浮选工

艺中。

⑤ 其他阳离子捕收剂。除此之外，国内外对醚胺、*N*-十二烷基-1,3-丙二胺、*N*-十二烷基-β-氨基丙酰胺、酰胺、多胺、缩合胺及其盐等也进行了研究，取得了一定的研究成果。

胺类捕收剂的主要特点如下：

① 选择性差，用量必须严格控制（0.1～0.5kg/t）；

② 矿泥对其影响较大，胺能静电吸附于矿泥上，故需脱泥，才能改善浮选过程，降低药剂消耗；

③ pH 值对其影响大，不同矿物有不同的适宜 pH 值，必须严格控制 pH 值。

41 怎样有效地使用胺类捕收剂？

要有效使用胺类捕收剂，使用时要注意以下几点。

① 使用前先制成易溶于水的胺盐。可以用盐酸（或醋酸）以 1∶1 的比例配成胺盐，胺盐易溶于水。胺盐加热水溶化后，再用水稀释成 0.1%～1%的水溶液使用。

② 要控制好矿浆的 pH 值。当矿浆的 pH 值大于 10.65 时，胺在矿浆中呈分子状态（RNH_2）存在，当矿浆的 pH 值小于 10.65 时，胺在矿浆中主要以阳离子状态（RNH_3^+）存在。有的矿物（如菱锌矿）主要以分子态的胺作用，浮选时要求矿浆的 pH 值大于 11，而有的矿物主要与胺的阳离子作用（如铁矿石反浮选时用胺来捕收石英），则要求矿浆的 pH 值为 8～9。因此，在用胺类捕收剂时，一定要针对不同的矿物确定不同的 pH 值，才能起到好的捕收效果。

③ 浮选前要脱泥。如果物料中含有矿泥，胺优先被矿泥吸附，降低其选择性。另外，胺兼有起泡性，它与矿泥会形成大量黏性泡沫，造成操作过程难以控制和脱水困难。

④ 胺类捕收剂尽量不要与阴离子捕收剂同时加入。因为这两类药剂的离子在溶液中会发生反应，生成较高分子量的不溶性盐，降低了胺的捕收作用。

⑤ 胺可以与中性油（醇类有机物或非极性烃类油）共用，可以提高捕收效果，降低胺的用量。

42 非极性油类捕收剂的来源和应用是什么？

非极性油类捕收剂主要来源于石油工业产品，如煤油、柴油、变压器油等，有的非极性油类捕收剂来源于炼焦工业产品，如焦油等。

非极性油类捕收剂的主要应用如下。

① 捕收天然疏水性矿物，如煤、石墨、辉钼矿等。

② 作为辅助捕收剂，与离子型捕收剂共用，此时的主要作用如下。

a. 强化粗粒浮选。首先离子型捕收剂在粗粒矿物表面形成疏水捕收剂层后，烃类油覆盖在其表面，加强表面疏水性，使离子型捕收剂的固着加强。

b. 强化细粒浮选。非极性油可使细粒矿物产生疏水性团聚，从而强化细粒矿物的浮选。

c. 背负浮选。亦称载体浮选。利用聚团疏水原理，利用非极性油使细粒在易浮粗粒矿物表面黏附，以粗粒为载体与气泡附着而上浮。

d. 球团聚浮选。利用非极性油将细粒物料团聚在一起，从而使团粒与分散的物料进行分离。

43 非极性油类捕收剂的作用机理是什么？

非极性油类捕收剂无极性基，故一般在矿物表面发生物理吸附，或分子吸附，不能与矿物表面发生化学吸附或化学反应。烃类油的固着过程如下。

① 油滴展开。当接触角 $\theta>90℃$时，矿物疏水性强时，$\sigma_{固水}>\sigma_{固油}$，从而使油在矿物表面铺展开。

② 油滴合并。当接触角 $\theta<90℃$时，油在矿物表面以油滴形式存在，两个小油滴合并形成一个大油滴，进一步合并，最终使油在整个矿物表面铺展开。

44 什么是 HLB 值？它主要有何应用？

HLB值（Hydrophile Lipophile Balance Number）为亲水亲油平衡值，也称水油度。它既与表面活性剂的亲水亲油性有关，又与表面活性剂的表面（界面）张力、界面上的吸附性、乳化性及乳状液稳定性、分散性、溶解性、去污性等基本性能有关，还与表面活性剂的应用性能有关。

第三节 调 整 剂

45 调整剂可分为哪几种类型？

调整剂可分为抑制剂、活化剂和介质调整剂。介质调整剂又可分为 pH 调整剂、矿泥分散剂、絮凝剂、团聚剂和凝聚剂。

46 活化剂的作用机理是什么？

活化剂的主要作用机理如下。

① 生成活化膜。如硫化剂与一些有色金属氧化矿表面的阳离子作用，生成溶度积很小的硫化物膜，牢固地吸附在矿物表面上，进一步使硫化矿捕收剂吸附在硫化膜的外面，从而活化矿物的

浮选。

② 活化离子吸附。如硫酸铜对闪锌矿的活化，铜离子通过与闪锌矿表面的锌离子发生离子交换吸附，使其在闪锌矿表面固着，增加了对硫化矿捕收剂离子的吸附，从而强化了闪锌矿的浮选。在铁矿石反浮选工艺中，通过在浮选体系中加入石灰，使钙离子以羟基络合物的形式在石英吸附，在钙离子的“桥梁”作用下，使脂肪酸类捕收剂在石英表面吸附，从而强化了对石英的捕收。

③ 消除矿浆中的有害难免离子，提高捕收剂的浮选活性。如用脂肪酸类捕收剂采用正浮选工艺捕收赤铁矿时，矿浆中的 Ca^{2+} 和 Mg^{2+} 等难免离子具有明显的活化脉石矿物石英的作用，降低浮选分离的效果，同时由于这些离子可与脂肪酸类捕收剂反应生成沉淀从而消耗了大量的捕收剂，通过预先在矿浆中加入碳酸钠，可使碳酸钠与这些难免离子反应生成沉淀而消除这些离子的有害影响，从而提高捕收剂的浮选活性。

④ 消除亲水膜。如用酸处理可洗去黄铁矿表面的氢氧化铁膜，从而恢复黄铁矿新鲜的表面，从而活化黄铁矿的浮选。又如在被石灰所抑制的黄铁矿体系中加入碳酸钠，此时碳酸钠与黄铁矿表面的硫酸钙作用，从而在黄铁矿表面生成碳酸钙，碳酸钙较易从黄铁矿表面脱落，从而恢复黄铁矿的新鲜表面，而活化其浮选。

47 硫化钠作为活化剂是用于活化什么矿物？其活化作用机理是什么？使用硫化钠活化剂时要注意什么问题？

硫化钠，分子式为 $Na_2S \cdot 9H_2O$，在实践中常用它活化有色金属氧化矿物，如白铅矿、铅矾、菱锌矿、氧化铜等矿物，主要通过生成硫化膜而活化矿物。

使用硫化钠作活化剂时，要注意以下问题。

① 用量要严格控制。硫化钠是一种活化剂，同时它又是一种

抑制剂。当用量适宜时可作为有色金属氧化矿的活化剂，但当其用量大时，它又是有色金属氧化矿的抑制剂。故一般通过试验来确定其适宜用量。

② 氧化矿活化时，每种氧化矿都有适宜的活化 pH 值。如氧化铜矿物硫化时的适宜 pH 值为 8.5～9.5，白铅矿活化时的适宜 pH 值为 9～10。当 pH 值过高时，形成易脱落的胶质硫化物。

③ 用硫化钠活化矿物时，要注意选择适宜的活化时间和搅拌强度，以及适宜的活化温度，有的情况下可使用加温硫化来强化活化效果。

48 硫酸铜活化剂常用于什么浮选场合？其活化作用机理是什么？使用硫酸铜活化剂时要注意什么？

硫酸铜，分子式为 $CuSO_4 \cdot 5H_2O$，是闪锌矿的典型活化剂，亦可活化黄铁矿和磁黄铁矿。在实践中，闪锌矿经常先受氰化物抑制，此时加硫酸铜可再使闪锌矿活化，其活化机理如下：

$$CuSO_4 + 2CN^- = Cu(CN)_2 + SO_4^{2-}$$

$$2Cu(CN)_2 = Cu_2(CN)_2 \downarrow + (CN)_2$$

使用硫酸铜活化剂时应注意以下问题。

① 硫酸铜的用量要适当。当其用量大时，也可活化黄铁矿，会影响闪锌矿与黄铁矿的分离选择性。

② 搅拌时间不要太长，否则会生成 $CuSO_4 \cdot Cu(OH)_2$ 碱式盐而影响活化效果。

③ 硫酸铜要在捕收剂和起泡剂添加之前加，这样有利于生成也具有捕收作用的黄原酸铜。

49 碱土金属和重金属阳离子活化矿物的机理是什么？

Ca^{2+}、Mg^{2+}、Ba^{2+}等碱土金属以及 Cu^{2+}、Pb^{2+}、Fe^{3+}等重

金属阳离子是使用脂肪酸类捕收剂时硅酸盐矿物的活化剂。研究表明，碱土金属起活化作用的是羟基络合物，而重金属离子主要以氢氧化物表面沉淀形成在矿物表面吸附。如石英，在中性和碱性介质中呈负电，不能吸附脂肪酸类捕收剂，当金属离子以羟基络合物或氢氧化物沉淀形式在矿物表面吸附时，捕收剂能借助碱土金属阳离子而吸附并使石英浮选。

50 酸和碱作为活化剂时的作用机理是什么?

酸的主要活化作用是溶去矿物表面的氧化物膜，从而恢复矿物本来的疏水表面。如硫酸可使黄铁矿表面的氢氧化铁膜消除，从而活化黄铁矿的浮选。碱的主要作用也是消除矿物表面的一些氧化物和盐膜，如碳酸钠可以使被石灰抑制的黄铁矿活化，主要是碳酸钠可与黄铁矿表面亲水性硫酸钙膜反应生成碳酸钙膜，碳酸钙膜易从黄铁矿表面脱落，从而恢复黄铁矿的表面疏水性。

51 抑制剂的主要作用机理有哪些?

抑制剂的主要作用机理如下。

① 溶去原有的捕收剂膜。如氰化物可以将闪锌矿表面的金属黄原酸铜膜溶去，从而抑制闪锌矿的浮选。

② 将捕收剂离子由矿物表面排出。如在硫化钠的作用下，硫化矿物表面的金属黄原酸离子就可从矿物表面排出，从而使硫化矿的可浮性受到抑制；方铅矿在强碱性条件下，OH^-将与黄药阴离子发生竞争吸附，从而使黄原酸阴离子从方铅矿表面排出而抑制其浮选；亚硫酸及其盐可以将硫化矿表面的金属黄原酸盐离子解吸，从而抑制硫化矿的浮选。

③ 吸附于无捕收剂处，本身强亲水性超过捕收剂的疏水性。如重铬酸盐水解产生的 CrO_4^{2-} 在 PbS 表面吸附，并不排除黄原酸

阴离子，而是在没有黄原酸阴离了吸附的地方吸附，由于 CrO_4^{2-} 亲水性极强，尽管 PbS 表面黄原酸阴离子吸附量达到 30%～33% 单分子层，PbS 亦被强烈抑制，即 CrO_4^{2-} 产生的亲水性远远超过了黄原酸阴离子产生的疏水性，从而抑制了矿物的浮选。

④ 亲水胶粒吸附于无捕收剂处超过其捕收作用。如淀粉、单宁、糊精、羧甲基纤维素、木质素等有机抑制剂在一些硅酸盐矿物表面吸附后，其分子结构中的一些亲水基朝外，故亲水性极强，这些药剂在硅酸盐矿物表面没有捕收剂吸附的地方吸附后，超过了吸附于硅酸盐矿物表面的捕收剂所产生的疏水作用，从而使矿物受抑制。水玻璃在酸性条件下生成 H_2SiO_3 胶粒、硫酸锌在碱性条件下生成 $Zn(OH)_2$ 胶粒、硫酸锌与碳酸钠作用生成的 $ZnCO_3 \cdot Zn(OH)_2$ 胶粒在矿物表面吸附后，可起到同样的作用。

⑤ 消除活化膜。如氰化物可以将闪锌矿表面的铜活化膜消除，白铅矿表面的硫化膜在氧化作用下再生成氧化亲水膜等，使矿物表面失去活化膜而被抑制。

⑥ 形成亲水膜。如黄铁矿表面在氧化剂的作用下生成氢氧化铁亲水膜而失去可浮性。

⑦ 吸附离子阻碍捕收剂的吸附。如硫化钠产生的 S^{2-}、HS^-，水玻璃产生的 SiO_3^{2-}、$HSiO_3^-$，亚硫酸产生的 SO_3^{2-}、HSO_3^-，这些离子在矿物表面吸附后，阻碍了捕收剂离子的吸附，从而对矿物起到抑制作用。

⑧ 改变捕收剂的状态，减小或消除其活性。如溶液中的钙、镁离子与脂肪酸类捕收剂反应，生成脂肪酸钙和脂肪酸镁沉淀，从而使矿浆中捕收剂阴离子的浓度降低，从而影响了捕收剂对矿物的捕收作用。

⑨ 消除溶液中的活化离子。如碳酸钠通过与矿浆中的钙、镁

离子反应生成碳酸钙和碳酸镁沉淀，从而消除钙、镁离子在脂肪酸类捕收剂浮选体系中对硅酸盐矿物的活化，通过在矿浆中加入硫化钠使矿浆中的铜、铅离子以硫化铜和硫化铅的形式沉淀下来，从而消除铜、铅离子对闪锌矿和黄铁矿的活化作用。

⑩ 通过在矿浆中进行化学反应生成胶体化合物覆盖气泡表面，使气泡表面屏蔽，使浮选过程受到抑制，浮选速度减慢。

52 有机抑制剂的抑制机理是什么？

有机抑制剂对矿物发生抑制作用的原因大致有以下内容。

① 改变矿浆离子组成及去活作用。在浮选矿浆中存在的各种难免离子，有一些将会使矿物受到活化，从而破坏矿物浮选的选择性。如含有次生铜矿物或氧化蚀变的铜-锌矿石浮选时，溶解的铜离子将对闪锌矿产生活化作用而使抑锌浮铜难于实现。含有多羧基、多羟基、氨基、巯基等高化学活性基团的有机抑制剂，许多都能沉淀或络合金属离子，从而减少矿浆中这些难免离子的浓度，起到防止活化的作用。

② 使矿物表面亲水性增大。有机抑制剂分子中都带有多个极性基，其中包括对矿物的亲固基和其他亲水基，当极性基与矿物表面作用后，亲水基则趋向水使之呈较强的亲水性，降低可浮性。例如羟基白药对方铅矿的抑制作用，当羟基白药吸附后两个亲水性的羟基向外，使矿物表面亲水性提高。

③ 使吸附于矿物表面的捕收剂解吸或防止捕收剂吸附。如水杨酸钠对长石的抑制作用就是阻止油酸捕收剂在矿物上吸附。

53 氰化物抑制剂是什么矿物的典型抑制剂？有什么性质？其抑制作用机理是什么？应用于什么场合？

氰化物（KCN，NaCN）是闪锌矿、黄铁矿和黄铜矿的典型抑制剂，能溶去矿物表面的活化离子和捕收剂膜，但对方铅矿的抑制作用不大。

氰化物（cyanide）性质和抑制作用机理如下。

① 易溶于水，可以水解。

$$NaCN = Na^{+} + CN^{-}$$

$$CN^{-} + H_2O = HCN\uparrow + OH^{-}$$

故酸性条件下产生大量有毒 HCN 气体，只能在碱性矿浆中使用。

② 和很多金属离子（Zn^{2+}、Cu^{2+}、Fe^{2+}等）生成络合物（离子），消除矿浆中的活化离子，如：

$$2Cu^{2+} + 4CN^{-} \longrightarrow Cu_2(CN)_2\downarrow + (CN)_2$$

$$Cu_2(CN)_2 + 2CN^{-} \longrightarrow 2Cu(CN)_2^{-}$$

故可抑制被 Cu^{2+} 活化的 ZnS，消除矿浆中或 ZnS 表面的 Cu^{2+}。

③ 溶解矿物表面 MX 膜和活化离子。

$$CuX + 2CN^{-} = Cu(CN)_2^{-} + X^{-}$$

$$Cu^{2+} + 3CN^{-} = Cu(CN)_2^{-} + 1/2(CN)_2$$

④ CN^{-}在矿物表面吸附后，增强矿物亲水性，并阻止捕收剂作用。

氰化物的主要应用如下。

① 铅锌多金属分离中抑制闪锌矿。

② 铅锌分离中抑制铜矿物。

③ 钼矿浮选时抑制其他硫化矿物。

④ 少量氰化物（<10g/t）就具有特效，能改善选择性和提高回收率。

但由于氰化物有剧毒，且溶解金、银等贵金属，目前逐渐被其他药剂所取代。

54 硫化钠是什么矿物的有效抑制剂？其抑制作用机理是什么？应用于什么场合？

硫化钠，分子式为 $Na_2S \cdot 9H_2O$，是硫化矿物和有色金属氧化矿的有效抑制剂，其电离生成的 S^{2-}、HS^- 和 H_2S 是产生抑制作用的主要成分，是硫化矿物的定位离子。

硫化钠的主要抑制机理：

① 从矿物表面排除其他离子（包括黄原酸阴离子和活化离子）；

② 使表面电位负值增加；

③ 阻碍黄原酸离子 X^- 的吸附。X^- 与 HS^- 在硫化矿物表面发生竞争吸附；

④ 阻碍 O_2 对硫化矿物表面的活化作用。

硫化钠的主要应用：

① 铜钼分离时，用煤油浮选辉钼矿，Na_2S 抑制硫化矿；

② 当矿石中含有少量氧化铜或次生铜矿物，矿浆中铜离子影响分选，加硫化钠使之沉淀；

③ 混合精矿脱药；

④ 铜铅分离时，Na_2S 和 H_2SO_3 组合抑制方铅矿浮选黄铜矿。

55 亚硫酸及其盐类药剂是什么矿物的有效抑制剂？其抑制作用机理是什么？应用于什么场合？使用时要注意什么事项？

亚硫酸及其盐类药剂，如亚硫酸及其盐（H_2SO_3 和 Na_2SO_3）、二氧化硫（SO_2）等，是闪锌矿、方铅矿等硫化矿的有效抑制剂，常与其他药剂组合使用进行硫化矿物间的浮选分离。

亚硫酸及其盐类药剂的主要抑制作用机理如下。

① 抑制闪锌矿和黄铁矿的原因是能消除表面金属离子作用。

$$Zn^{2+} + SO_3^{2-} \longrightarrow ZnSO_3$$

② 使黄原酸阴离子 X^-、双黄药 X_2 由黄铁矿表面解吸。

③ 抑制表面氧化的方铅矿，并在其表面生成 $PbSO_3$。

④ 对含铜矿物具有活化作用，其原因可能是清洗表面作用引起的。

⑤ 还原作用，使矿浆中金属离子还原，消除其活化作用：

$$H_2SO_3 + 2Cu^{2+} + H_2O = SO_4^{2-} + 4H^+ + 2Cu^+$$

Cu^+ 进一步还原为金属铜。

亚硫酸及其盐类药剂的主要应用如下。

① 铜锌分离。H_2SO_3（或 SO_2）与 $ZnSO_4$ 共用抑制闪锌矿，浮选方铅矿和黄铜矿。

② 铜铅分离。H_2SO_3 与淀粉组合或 H_2SO_3 与 Na_2S 组合抑制方铅矿。

③ 锌硫分离。H_2SO_3 抑制闪锌矿，活化黄铁矿，因为 H_2SO_3 能选择性分解矿物表面黄原酸锌。

该类药剂最常用于铜锌分离，因为矿浆中存在次生铜矿物时氰化物的抑制效果不佳，而且 H_2SO_3 及其盐对含铜矿物具有一定活化作用，起清洗表面作用。

亚硫酸及其盐类药剂使用时要注意以下几点。

① 亚硫酸及其盐类药剂受 pH 值的影响比较敏感，故要严格控制矿浆的 pH 值。当 pH 值为 5～7 时，对闪锌矿、黄铁矿有较好的抑制效果。当 pH 值为 4 时，则铅、锌硫化矿都抑制。当 pH 值为 8 时，对闪锌矿的抑制能力就明显变差。

② 要严格控制用量。用量小时，抑制作用不强；用量大时，不仅闪锌矿和黄铁矿被抑制，方铅矿也将受到抑制。

③ 要严格控制调浆时间。亚硫酸及其盐类药剂易被氧化，如

果调浆时间太长，会被氧化成硫酸盐而失效。但调浆时间也不能太短，太短则抑制作用不充分。在生产现场，为防止其氧化，一般采用分段加药的方法。

④ 为了提高该类药剂的抑制效果，可与其他药剂配合使用。抑制黄铁矿时可配加石灰，抑制闪锌矿时可配合添加硫酸锌或硫化钠。

⑤ 当使用亚硫酸和二氧化硫气体时，矿浆呈酸性，黄药易被分解。尽可能改用不易在酸性矿浆中分解的捕收剂。如果要用黄药，尽量使用高级黄药。

56 重铬酸盐是什么矿物的典型抑制剂？其抑制作用机理是什么？应用于什么场合？采用重铬酸盐抑制方铅矿时应注意什么？

重铬酸盐，分子式 $Na_2Cr_2O_7$ 或 $K_2Cr_2O_7$，是方铅矿的典型抑制剂，对黄铁矿具有一定的抑制作用，对黄铜矿的抑制作用不大，故常用于铜铅分离。

作用机理如下。

① 在弱碱性介质（pH＝7～8）中抑制方铅矿：

$$Cr_2O_7^{2-}+2OH^- = 2CrO_4^{2-}+H_2O$$

$$PbSO_4+CrO_4^{2-} = PbCrO_4+SO_4^{2-}$$

② CrO_4^{2-} 在方铅矿表面吸附，并不排除黄原酸阴离子 X^-，当其用量大时，可挤掉部分 X^-；CrO_4^{2-} 亲水性极强，尽管方铅矿表面 X^- 吸附量达到 30％～33％单分子层，方铅矿亦被强烈抑制。

在使用重铬酸盐抑制方铅矿时，应注意以下几点。

① 重铬酸盐对被铜离子活化了的方铅矿抑制能力差。当铜铅混合精矿中含有次生的易被氧化的硫化铜矿物（如辉铜矿、斑铜矿、铜蓝等）时，不能用重铬酸盐抑铅浮铜进行分离。因为这些次生的硫化铜矿物易被氧化，氧化后会向矿浆中溶解铜离子，对方铅

矿产生活化，影响重铬酸盐对方铅矿的抑制。此时可改用氰化物抑铜浮铅。

② 搅拌时间要长。因为重铬酸盐只对表面氧化的方铅矿才有抑制作用，所以用重铬酸盐抑制方铅矿时，搅拌时间要长，一般要在30min以上，有时需要1h以上，以促使方铅矿表面氧化，才能有效地抑制方铅矿。

③ 用重铬酸盐抑制方铅矿浮选黄铜矿时，因为重铬酸盐不能解吸方铅矿表面的黄药，所以分离前一般先对混合精矿进行脱药（可用活性炭脱药），然后再加入重铬酸盐抑制方铅矿，提高抑制效果。

④ 用重铬酸盐抑制方铅矿，适宜的pH值一般是7.4～8。

⑤ 由于重铬酸盐对方铅矿的抑制能力很强，方铅矿一旦被其抑制，就很难活化。

57 硫酸锌是什么矿物的典型抑制剂？经常与什么药剂组合使用？组合药剂的作用机理是什么？

硫酸锌，分子式$ZnSO_4 \cdot 7H_2O$，是闪锌矿的典型抑制剂，常与氰化物、碳酸钠、亚硫酸钠组合使用来抑制闪锌矿。

硫酸锌在碱性介质中使用，其作用机理如下：

$$ZnSO_4 + 2NaOH = Zn(OH)_2 + Na_2SO_4$$

$Zn(OH)_2$胶粒吸附于ZnS表面，阻碍黄原酸阴离子X^-的吸附，$ZnSO_4$与其他药剂组合时的作用如下。

(1) $ZnSO_4$和NaCN组合［$ZnSO_4$：NaCN为（2～10）：1］的作用机理

① CN^-消除矿浆及矿物表面Cu^{2+}。

② $Zn(CN)_2$吸附于矿物表面，阻碍黄原酸阴离子X^-吸附。

③ $Zn(OH)_2$胶粒吸附于矿物表面，阻碍黄原酸阴离子X^-吸附。

(2) $ZnSO_4$ 与 $NaCO_3$ 组合

生成 $ZnCO_3$ 和 Zn $(OH)_2$ 胶粒吸附于矿物表面。

(3) $ZnSO_4$ 与 $NaSO_3$ 组合

生成 $ZnSO_3$ 吸附于黄铁矿或闪锌矿表面。

58 水玻璃是什么矿物的典型抑制剂？其抑制作用机理是什么？水玻璃与什么药剂可以组合使用？组合药剂的作用机理是什么，用于分选何种矿物？

水玻璃，分子式为 Na_2SiO_3，是非硫化矿特别是硅酸盐矿物的典型抑制剂，也可作分散剂使用。

水玻璃的作用机理如下。

① 硅酸胶粒在矿物表面的物理吸附。

② SiO_3^{2-}、$HSiO_3^-$、OH^-、H^+ 在石英、硅酸盐矿物表面的定位吸附，增加了矿物表面的负电性和亲水性。

水玻璃用量少时具有选择性，但用量过多将失去选择性。

水玻璃的组合药剂如下。

① 水玻璃与 Na_2CO_3 组合，可用于含钙矿物［$CaCO_3$、CaF_2 和 $Ca_3(PO_4)_2$ 等］与硅酸盐矿物的分离。其作用机理为：CO_3^{2-}、HCO_3^- 能优先吸附到含钙矿物表面，防止水玻璃吸附，而硅酸盐矿物能被水玻璃强烈抑制。

② 加水玻璃的同时矿浆加温至 60～80℃，可用于白钨矿与方解石的分离，其原因是加温后水玻璃能选择性解吸方解石表面的油酸根阴离子。

③ 水玻璃与多价金属阳离子（Al^{3+}、Ni^{2+}、Cr^{3+} 等）组合，可用于萤石与方解石、重晶石与萤石和方解石的分离，主要原因是水玻璃与金属阳离子形成金属硅酸盐胶体后增强了其吸附选择性。

59 氟硅酸钠在浮选中有哪些作用?

氟硅酸钠，分子式为 Na_2SiF_6，微溶于水，与强碱作用可分解为硅酸和氟化钠，若碱过量又生成硅酸盐，常用来抑制石英、长石、蛇纹石等硅酸盐矿物。用油酸浮选时，它可以用来抑制石榴石、独居石、电气石等；胺类捕收剂体系中，少量的氟硅酸钠可使石英、长石、钽铌铁矿活化，多量则使它们被抑制；在硫化矿的浮选中，氟硅酸钠能活化被石灰抑制过的黄铁矿；它还可以作为磷灰石的抑制剂。

氟硅酸钠水解后产生的水化二氧化硅对硅酸盐脉石矿物产生抑制作用，其机理与水玻璃相似。它对石英的抑制作用比水玻璃强，仅次于六偏磷酸钠。氟硅酸钠水解后解离出 F^- 能解吸黄铁矿表面的钙，从而活化被石灰抑制过的黄铁矿。

60 六偏磷酸钠在浮选中起什么作用?

六偏磷酸钠，分子式为 $(NaPO_3)_6$，它能够和 Ca^{2+}、Mg^{2+} 及其他多种金属离子生成络合物，从而抑制含有这些离子的矿物，如方解石、磷灰石、重晶石和碳质页岩、泥质脉石等。

用油酸浮选锡石时，常用六偏磷酸钠抑制含钙矿物。浮选含铌、钽、钍的烧绿石和含锆的锆英石时，常用六偏磷酸钠抑制长石、霞石、高岭土等脉石矿物。它不仅抑制碳酸盐脉石，也能抑制石英和硅酸盐矿物，同时对矿泥有很好的分散作用，常常作为分散剂使用。在菱镁矿与白云石分离时，常用脂肪酸类药剂捕收菱镁矿，用六偏磷酸钠抑制白云石。

六偏磷酸钠有吸湿性，在空气中易潮解，并逐渐变成焦磷酸钠，最后变成正磷酸钠，其抑制能力下降。故在选矿厂使用六偏磷酸钠时，应该当天配制当天使用。

61 介质调整剂的主要作用是什么？

介质调整剂的主要作用如下。

① 调整重金属阳离子的浓度。重金属阳离子在一定的 pH 值条件下会产生沉淀。

② 调整溶液的 pH 值。

③ 调整捕收剂的浓度。捕收剂在不同的 pH 条件下在溶液中的存在形式不一样，如油酸在酸性条件下以分子形式存在，但在碱性条件下主要以离子形式存在。

④ 调整抑制剂的浓度。抑制剂在不同的 pH 值时在溶液中的存在形式不同，如氰化物在酸性条件下要分解，从而使氰根 CN^- 浓度降低。

⑤ 调整矿泥的分散与团聚。通过加入矿泥分散剂和团聚剂来调整。

⑥ 调整捕收剂与矿物表面的作用。

62 石灰的主要作用是什么？

石灰的主要作用如下。

① 主要用于硫化矿浮选中调整溶液 pH 值，可调到 12～14。

② 在硫化矿物分离时，作硫化铁矿（黄铁矿、磁黄铁矿、白铁矿）的抑制剂。在硫化铜、硫化铅、硫化锌矿石中常伴生有黄铁矿、硫砷铁矿，为了更好地浮铜、铅、锌矿物，就要加石灰抑制硫化铁矿物。当被抑制的硫化铁矿物含量比较少时，可以用石灰把矿浆 pH 值调整到 9 以上。如果硫化铁矿含量比较高时，则要用石灰将矿浆的 pH 值调整到 11 以上。其作用机理如下：

$$FeS_2 + O_2 \longrightarrow FeSO_4 + OH^- \longrightarrow Fe(OH)_2$$

$$FeSO_4 + Ca^{2+} \longrightarrow CaSO_4 \downarrow + Fe^{2+}$$

石灰对方铅矿，特别是表面略有氧化的方铅矿也有一定的抑制作用。因此，当从多金属硫化矿中浮选方铅矿时，一般用碳酸钠调整 pH 值而不用石灰。如果由于黄铁矿含量较高，必须用石灰来抑制时，应注意控制石灰的用量，尽量减少对方铅矿的影响。

③ 作凝聚剂使用，用于废水处理和精矿浓密。石灰能使矿泥聚沉，在一定程度上能消除矿泥对矿粒附着的有害作用。当石灰用量适当时，可使泡沫保持一定的黏度而有适当的稳定性。但如果用量过大，又促使微细粒凝结于泡沫中，使泡沫黏结膨胀，甚至跑槽，造成操作混乱，使分选指标下降，因此要控制好使用量。

④ 在铁矿反浮选工艺中，作石英等硅酸盐脉石矿物的活化剂。

63 碳酸钠的主要作用是什么？

碳酸钠的主要作用如下。

① 调整溶液 pH 值，可调到 8～10，有一定的缓冲作用，调整的 pH 值较稳定。

② 消除 Ca^{2+}、Mg^{2+} 等难免离子对浮选的影响。

③ 矿泥的分散剂。

④ 活化被石灰所抑制的黄铁矿：

$$CaSO_4 + CO_3^{2-} \longrightarrow CaCO_3 \downarrow + SO_4^{2-}$$

64 什么是凝聚、絮凝和团聚？

凝聚（凝结）是指在无机电解质（如明矾、石灰）作用下矿粒电动电位负值下降，从而引起微细矿粒相互黏附的现象。相同矿物颗粒间的凝聚称为同相凝聚；不同矿物颗粒间的凝聚称为异相凝聚，又称互凝。其主要作用机理是外加电解质消除表面电荷，压缩双电层的结果，如图 3-8 (a) 所示。

絮凝是指在高分子絮凝剂（例如淀粉和聚电解质）的作用下，通过桥键作用，将矿粒絮凝成松散的、多孔的、具有三度空间的絮状体。所形成的絮团中存在空隙，呈非致密结构。如果主要由外加表面活性物质（例如捕收剂），在矿粒表面形成疏水膜，则各矿粒表面间疏水膜中的非极性基相互吸引，缔合而产生的絮凝称为疏水性絮凝。如图 3-8（b）所示。

团聚是指在捕收剂或非极性油的作用下，矿粒表面疏水，从而引起矿粒相互黏附的现象，有的矿粒聚集于油相中形成团，有的矿粒由于大小气泡拱抬，使矿粒聚集成团的现象，如图 3-8（c）所示。对于磁性矿物，在外磁场中，矿粒被磁化，成为带有磁极的小磁体。当矿粒在悬浮液中相互接近时，受磁作用力的影响，小磁体的异极相吸形成链状的磁聚团。

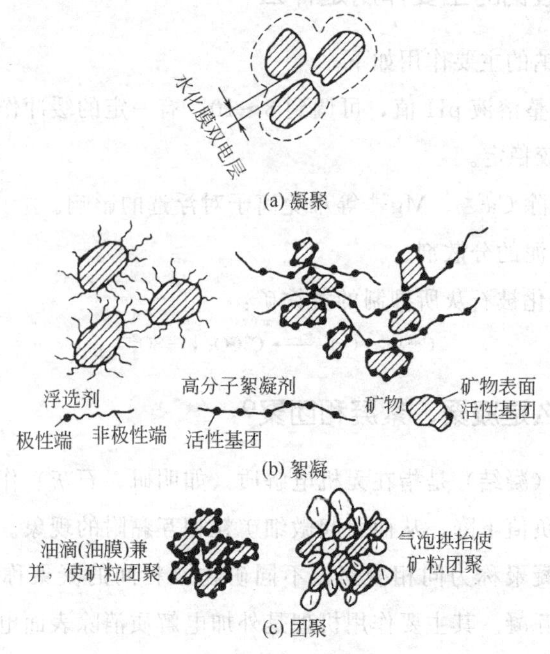

图 3-8　微细粒的聚集状态

65 常用的分散剂有哪些？

常用的分散剂有碳酸钠、水玻璃、聚磷酸盐、木质磺酸盐等。

66 保证矿粒分散和防止矿粒聚集的主要途径有哪些？

调节矿物表面电位，一般使矿粒处于荷负电状态；添加亲水性无机或有机聚合物，强化矿物表面的亲水性；通过物理作用破坏聚团，促使矿粒分散，如采用超声波技术。

67 常用的凝聚、团聚和絮凝剂有哪些？

常用的凝聚剂有石灰、明矾、硫酸（亚）铁等，所有的捕收剂均可作为矿粒的团聚剂，常用的絮凝剂有淀粉、糊精、聚丙烯酰胺、聚氧乙烯、聚氧乙烯化脂肪酸酯、醇、酰胺等。

68 什么是大分子药剂？浮选中主要应用的有哪些？

一般的有机化合物的相对分子质量 M_r（旧称分子量 M）约在500以下，而某些有机化合物如纤维素的相对分子质量很大，由许多结构单元联结而成，这就是大分子化合物。一般把相对分子质量大于10000的物质称为大分子。浮选中，如淀粉、聚丙烯酰胺等大分子化合物主要用作絮凝剂、分散剂及抑制剂。

69 大分子药剂的抑制、絮凝和分散作用的机理分别是什么？

大分子药剂的抑制机理如下。

① 大相对分子质量有机抑制剂因分子较长较大，支叉和弯曲程度较高，不但本身在物料表面形成亲水层，而且能对已经吸附于物料表面的捕收剂疏水膜发生掩盖作用，不必使吸附的捕收剂解吸

就能使矿物受到抑制。

② 大相对分子质量有机抑制剂大多兼具絮凝作用，使矿粒发生絮凝而改变浮选性质，其机理主要为桥联作用。

大相对分子质量有机抑制剂在矿物表面吸附亲固的主要方式有：在矿物表面双电层中靠静电力、氢键及范德华力吸附，也可发生表面化学反应而化学吸附于矿物表面。

大分子药剂絮凝作用的机理如下。

① 靠静电力在双电层中吸附桥连。离子型絮凝剂离子符号与矿物表面电荷符号相反时，易于吸附发生桥连作用，并同时改变矿物表面电荷大小，发生絮凝作用。

② 靠氢键力吸附桥连。当絮凝剂在矿物表面吸附是通过氢键力时，其作用与药剂离子和矿物表面的电性质关系不明显。氢键力对非离子型絮凝剂（若无化学活性基时）常为主要作用方式。

③ 靠化学吸附桥连。絮凝剂中带有化学活性高的基团时，可以在矿物表面发生化学吸附，此时的作用也不太受矿物表面电性质的影响，因为化学吸附力比静电吸附力更高。

大分子药剂分散作用的机理如下。

① 增大颗粒表面电位的绝对值以提高颗粒间静电排斥作用，电排斥势能 U_{el} 增大。

② 通过高分子分散剂在颗粒表面形成的吸附层，产生并强化空间位阻效应，使颗粒间产生强位阻排斥力，间排斥势能 U_{st} 增大。

③ 增强颗粒表面的亲水性，以提高界面水的结构化，加大水化膜的强度及厚度，使颗粒间的溶剂（水）化排斥作用显著提高，化排斥势能 U_{sol} 增大。

70 使用高分子絮凝剂时要注意什么？

使用高分子絮凝剂应注意：用量要适当；不宜长时间搅拌；要与分散剂配合使用。

这是由高分子絮凝剂的“桥联”作用引起的，高分子絮凝剂具有分子量大、链长、沿链长有大量活性官能团的特点，可吸附几个、几十个或更多的粒子，通过桥联作用把矿粒联结在一起。

71 选择性絮凝的过程及操作要点是什么？应用的主要分离形式分哪几类？

选择性絮凝是处理细粒矿物的有效措施，是在含有两种或多种组分的悬浮液中加入絮凝剂，使絮凝剂选择性吸附于某种矿物的表面，促使其絮凝沉降，其余矿物仍保持稳定的分散状态，从而达到分离的目的。

矿物的选择性絮凝可以分为以下四个阶段。

(1) 加入分散剂

目的是使矿浆中的矿物组分充分分散，互不黏附联结，为选择性絮凝创造条件。故需加入水玻璃、六偏磷酸钠等分散剂。

(2) 加入絮凝剂

根据欲絮凝的目的矿物，加入絮凝剂。絮凝剂一般配成0.1%的稀溶液加入，加入时使其在矿浆中充分弥散、分布均匀，为提高其选择性，必要时加入适当的调整剂。

(3) 选择性絮凝

絮凝剂对目的矿物进行选择性絮凝。在此过程中要注意以下几点。

① 搅拌一般分阶段进行，先快搅，以利于药剂充分分散，然后慢搅，以利于絮凝剂对矿物进行选择性吸附絮凝。

② 矿浆要稀，以利于絮凝体干净，减少黏带其他矿物。

③ 絮团不能过大，防止夹带杂质。

(4) 沉降分离

当絮团达到一定大小时，即可进行沉降分离。在此阶段要注意沉降速度和沉降时间。此操作要注意以下几点。

① 沉降速度要慢，以防止杂质带入沉降物中。有时为了在沉降过程中使絮团释放出夹杂物，可以利用微弱的上升水流冲洗絮团。

② 沉降时间要适当。沉降时间短，沉降的絮团较纯，但会影响回收率；沉降时间长，由于杂质也沉降，絮凝矿物质量受到影响，这要根据对絮凝产物的质量要求来定。如果经一次絮凝产品质量达不到要求，可将得到的絮团再分散和再絮凝。

选择性絮凝是处理细粒物料的重要方法，目前应用的分离形式大致有四类。

① 浮选前选择性絮凝，目的是脱出细粒脉石，将絮凝沉淀物进行浮选分离，简称絮凝脱泥-浮选。

② 选择性絮凝后，用浮选法浮出絮凝的无用脉石矿物，然后再浮选呈分散状态的有用矿物。

③ 在浮选过程中用絮凝剂絮凝（抑制）脉石，然后浮选有用矿物。

④ 在浮选前进行粗细分级，粗粒浮选，细粒进行选择性絮凝。

第四节 起 泡 剂

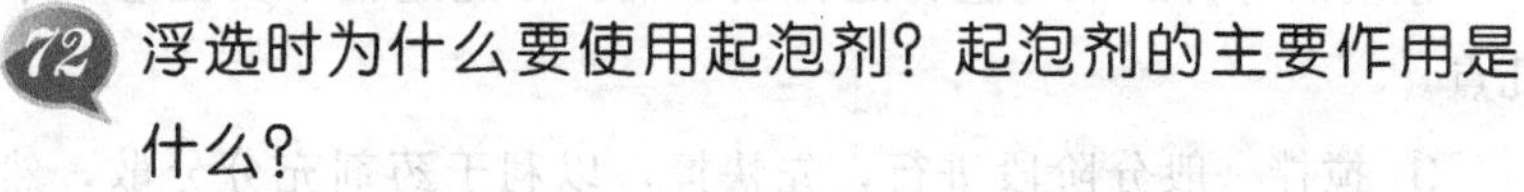

72 浮选时为什么要使用起泡剂？起泡剂的主要作用是什么？

由于浮选过程中需要大量稳定的气泡，故需加入起泡剂，起泡剂的作用如下。

① 防止气泡兼并。起泡剂在气泡表面吸附后，能形成水化外壳。不加起泡剂时气泡直径为 3～5mm，加入起泡剂后可减小至 0.5～1.0mm。

② 增大气泡机械强度。分布有起泡剂的气泡在外力的作用下产生变形，变形区表面积大，起泡剂浓度降低，此处表面张力增大，即增大了反抗变形的能力。如果外界引起气泡变形的力不大，空气泡将抵消这种外力恢复原来的球形，气泡不发生破裂。故起泡剂增加了气泡的机械强度。

③ 由于不易变形，故降低气泡的运动速度，导致与矿粒的碰撞概率增大，并有利于气泡的相对稳定。

73 起泡剂的组成和结构是什么？起泡剂选择时有什么要求？

起泡剂的结构与捕收剂相似，也是异极性的表面活性物质。非极性基长度一般为 C_6～C_8。因为每增加一个 C 原子，表面活性增加 14 倍，但碳链过长导致溶解度减小。起泡能力还取决于泡沫量及泡沫的机械强度和黏度。极性基为—OH、—COOH、C ═O、—NH_2、—SO_4H、—SO_3H 等，一般起泡剂均采用—OH。

起泡剂选择时，要求无捕收作用，且 pH 值对起泡能力影响不大。醇类起泡剂是最常用的起泡剂，因为—OH 起泡能力强，无捕收能力，在水中溶解度大。

74 什么是浮选泡沫？三相泡沫具有稳定性的原因是什么？

浮选泡沫是浮选过程中矿化气泡浮升到矿浆表面上，聚集形成的气-液-固三相泡沫，泡沫状态是浮选过程中各种工艺因素的综合表现。

三相泡沫具有稳定性的原因如下。

① 固液附着使之具有固化外壳，机械地阻碍其间水的流动，增大气泡壁的机械强度，从而增强稳定性。

② 矿物表面吸附的捕收剂与起泡剂分子相互作用，在矿物表面和气泡表面产生共吸附，增大疏水性和气泡稳定性。

75 常用的起泡剂有哪些？

实践中常用的起泡剂如下。

① 2号油，又称松醇油，主要成分为萜烯醇（terpene alcohol），分子式如下：

$$\begin{array}{ccccccc} & & CH_2-CH_2 & & & & CH_3 \\ & \diagup & & \diagdown & & & | \\ CH_3-C & & & & CH & - & C-OH \\ & \diagdown\!\!\diagdown & & \diagup & & & | \\ & & CH-CH_2 & & & & CH_3 \end{array}$$

该起泡剂的特点是泡沫较脆，选择性好，无捕收能力。是目前国内最常用的起泡剂。

② 脂肪醇（MIBC），学名甲基异丁基甲醇，分子结构如下：

$$\begin{array}{ccccccccc} CH_3 & - & CH & - & CH_2 & - & CH & - & CH_3 \\ & & | & & & & | & & \\ & & CH_3 & & & & OH & & \end{array}$$

该药剂以丙酮为原料制得，是目前国外广为应用的起泡剂，其特点是泡沫性能好、溶解度大、起泡速度快、消泡容易、不具捕收性、用量少、使用方便和选择性好，可以提高疏水性矿物的品位。

③ 醚醇起泡剂，是一种新型合成起泡剂，如乙基聚丙醚醇等，该类起泡剂具有水溶性好、泡沫不黏、选择性好、用量较少、使用方便等特点。

④ 4号油，也称丁醚油，学名1，1，3-三乙氧基丁烷，其分

子中的极性基是3个乙氧基。该起泡剂易溶于水，并能使水的表面张力降低，起泡能力强，使用时所需用量少。

76 如何选择起泡剂?

起泡剂是异极性的表面活性物质，它的极性基亲水，非极性基亲气，其分子能在空气中与水的界面（气泡表面）上产生定向排列，能够强烈地降低水的表面张力。

选择起泡剂要注意以下几点。

① 起泡剂应有适当的溶解度。起泡剂的溶解度对起泡性能有很大的影响，如果溶解度很高，则耗药量大，或迅速发生大量泡沫，但不能耐久；当溶解度过低时，来不及溶解发挥起泡作用，就可能随泡沫流失。一般来说，起泡剂的溶解度以0.2～5g/L为好。

② 控制起泡剂适宜的用量。用量适宜时，能形成量多、分布均匀、大小适合、韧性适当和黏度不大的气泡。

③ 无捕收性。起泡剂对矿浆pH值变化及矿浆中的各种组分应有较好的适应性。

④ 无毒，无味，无腐蚀性，便于使用，价格低，来源广。

第四章 浮选机械及操作

第一节 浮选机械

1 浮选机的基本要求是什么？

浮选机是直接完成浮选过程的设备，在浮选过程中，浮选机是通过对预先准备好的矿浆进行充气、搅拌、矿粒选择性地向气泡附着，从而达到矿物与脉石的分离。根据浮选工业实践经验、气泡矿化理论及对浮选机流体动力学特性的研究，对浮选机有以下基本要求。

① 具有良好的充气性能。在浮选过程中，气泡既是各种矿物选择性黏附的分选界面，又是疏水性目的矿物的载体和运载工具，所以浮选机必须能够向矿浆中吸入或压入足量的空气并产生大量大小适中的气泡，还应使气泡均匀地分散在整个浮选槽内，以便提供足够的液气分选界面，并使气泡具有适宜的升浮速率。充气性能越好，空气弥散越好，气泡分布越均匀，则矿粒与气泡接触的机会越多，浮选机的工艺性能也就越好。

② 具有足够的搅拌强度。对矿浆进行搅拌，可以促使矿粒在矿浆中呈悬浮状态以及能均匀分布于浮选槽内，特别是克服和消除较粗颗粒的分层和沉淀，使矿粒和气泡有充分的接触机会；同时也

能促使吸入或压入的空气流分割成单个的细小气泡，并使气泡在浮选槽内均匀分布；也能促使难溶药剂的溶解和分散。搅拌强度要适中，搅拌强度不够，矿粒不能有效地悬浮，粗粒矿粒易沉淀或分层，降低了粗粒向气泡黏附的概率，影响分选指标。反之，如果太强烈，在矿浆液面又不容易形成比较平稳的泡沫层，不利于矿物的分离，或增加脆性矿物的泥化或使矿粒从气泡上脱落等。

③ 使气泡有适当的矿化路程并能形成比较平稳的泡沫区。为使气泡得到比较充分的矿化，气泡在矿浆中的运动应有适当的矿化路程或停留时间，以便增加矿粒与气泡选择性黏附的机会，提高气泡的有效利用率。为使疏水性目的矿物能比较顺利地浮出，在矿浆表面形成有一定厚度的、较平稳的矿化泡沫层很必要。矿化泡沫层既能滞留目的矿物，又能使一部分夹杂的脉石从泡沫中脱落，有利于“二次富集”作用。可以通过调节矿浆水平面，控制矿浆在浮选机内的流量及泡沫层厚度。

④ 能连续工作及便于调节。工业上使用的浮选机必须有能连续给矿、刮泡和排矿的机构，使生产过程保持连续性，以保证连续工作。另外为了调节生产过程及控制浮选指标，浮选机还应有调节矿浆水平面、泡沫层厚度及矿浆流动速度的机构。

⑤ 生产能力大，消耗电能少，耐磨，结构简单，易于维修，造价低廉。

在现代浮选机中，浮选机还要求能较好地实现自动化，能适应粗粒矿物的浮选，还要求浮选机工作可靠，零部件使用寿命长，浮选机操纵装置必须有程序模拟和远距离控制能力。

2 对煤泥浮选机的基本要求有哪些?

(1) 煤泥浮选机的结构

必须具有充气、搅拌、循环作用，能连续工作且机槽中矿浆液面高度可调。

煤泥浮选过程中，气泡是分选的媒介，它同时又是精煤颗粒的运载工具，因此，在矿浆中气泡的产生必不可少。这就要求浮选机能以一定方式向煤浆内引进足够量的气体，在起泡剂的作用下形成大量符合工艺要求的气泡，并使气泡在机室中均匀分布。另外，浮选机的充气量可进行调节。

搅拌作用能使矿浆中的固体颗粒处于悬浮状态，均匀地分布在机室内。搅拌有利于增加煤粒与气泡、药剂的碰撞和接触机会，同时也促进了浮选药剂的均匀分散和乳化，改善了煤泥的浮选条件。

循环作用使煤浆多次通过充气搅拌机构，增加了煤粒和气泡的接触机会。

生产上使用的浮选机，应能连续给料和排料，以适应矿浆在整个生产过程中的连续性（连续给进和排出）。为此，浮选机上应有相应的入料、排料和刮泡机构。为了调节矿浆液面、泡沫层厚度以及矿浆流量，浮选机应有相应的调整机构。

(2) 煤泥浮选机应有较大的处理能力

随着采煤机械化程度的提高，原煤中煤泥含量也随之增加，因此浮选作业要处理越来越多的煤泥。加之选煤厂大型化的发展，都迫切要求煤泥浮选机具有较大的处理能力。实现浮选机大型化（增大单机处理量）可使浮选机组数量减少，减小占地面积，节省了设备投资和操作管理费用，为实现自动化管理创造了条件。

(3) 操作方便，系统灵活

在生产过程中，浮选条件常会发生变化，为保证获得较好的经济指标，应对各工艺条件进行相应调整。对于浮选机，为了能进行及时和方便的调整，要求调整部位应尽可能集中、外露且操作简便。最好在调整时不影响连续生产，这对保证生产指标的稳定尤为重要。

系统灵活是指浮选产品（作业的泡沫产品和尾矿）的进一步处理易于实现。产品需要循环再处理时能利用自流、自吸作用而运输自如。这对入洗多煤种、分组入洗的选煤厂尤为重要。

（4）能及时和有效地刮取泡沫

刮泡是获得浮选精煤的重要工序，直接关系着浮选精煤的质量和浮选机的处理能力。浮选机应能保证液面上的泡沫具有一定的流动性，泡沫能流畅地从机室的各个部位聚集到刮泡区域来，刮泡器的刮板要平稳、及时地刮出泡沫。泡沫层应平稳，厚度要保持一定。

（5）浮选机的零部件应耐磨、耐用，且便于维修和调整

零部件的耐磨、耐用，不但有利于减少机械检修的工作量，降低维修费用，而且对技术参数有严格要求的部位，零部件的耐磨能保证稳定的技术参数，如机械搅拌式浮选机叶轮与定子间的间隙等，一定的间隙有利于生产指标的稳定。

3 浮选机的工作指标及性能评定判据是什么？

浮选机的工作指标即浮选机的质量、数量、经济指标，分别用充气性能、生产率及浮选指标、效率表示。

（1）充气性能

评定浮选机的充气性能可用充气时矿浆中气泡的体积分数（即充气量的大小）以及气泡的分散程度（即气泡的弥散程度及分布的均匀性）进行度量。

气泡的体积分数也称为充气系数：

$$\alpha=\frac{V_{气}}{V_{浆}+V_{气}} \tag{4-1}$$

式中 α——充气系数，要求在35%左右；

$V_{气}$——吸入浮选机的空气体积；

$V_{浆}$——矿浆体积。

$$气泡的分散度=\frac{矿浆平均充气量}{不同测定点矿浆充气量的最大差值}$$

$$=\frac{矿浆平均充气量}{最大点充气量-最小点充气量}$$

(2) 浮选机工作的产量指标

用浮选机的固体生产率 Q 表示，计算公式如下：

$$Q=\frac{1440VK\delta m}{(1+\delta R)\ t} \tag{4-2}$$

式中 Q——处理量，t/d；

t——浮选时间，min；

δ——矿石密度，t/m^3；

R——矿浆液固比，按质量计；

V——浮选槽容积，m^3；

K——容积系数，0.65～0.75；

m——浮选槽槽数。

(3) 浮选机的经济指标

用吸入单位空气量所消耗的功率表示，即：

$$E=\frac{N}{V_g} \tag{4-3}$$

式中 E——经济指标，kW/m^3；

N——一槽的动能消耗，kW/min；

V_g——一槽吸入的空气量，m^3/min。

实践中 E 值越低越好，即达到一定生产率所需的动力消耗最低，此时浮选机的工作指标最佳。试验研究表明，当浮选机工作的其他条件（叶轮转速、槽子尺寸、循环量）保持一定时，动能消耗（N）随矿浆量增多而增大；充气量（V_g）随矿浆量增多逐渐增大，但矿浆量增大到一定程度后，吸入的空气量会急剧下降，即矿浆量必须保证在一定的数量范围，浮选机将会保持在有较大充气量及动能消耗低的状况下工作。

浮选机械的主要分类是什么?

浮选机种类繁多，各种浮选机的差别，主要集中在以下几个方面：

① 充气方式不同；

② 搅拌方式不同；

③ 转子和定子结构不同；

④ 槽体形状和深度不同；

⑤ 矿浆在槽体内的运动方式、循环方式以及由前一个浮选槽进入后一个浮选槽的方式不同；

⑥ 泡沫产品的排除方式不同。据此对浮选机存在不同的分类方法。

一般认为充气和搅拌是浮选机的主要特点，据此可将目前的浮选机分为四类：

（1）机械搅拌式浮选机

这种浮选机的特点是矿浆的充气和搅拌都是由叶轮和定子组成的搅拌装置来实现的，属于外气自吸式浮选机，即在浮选槽下部的机械搅拌装置附近吸入空气。根据机械搅拌装置的形式，可将这类浮选机分为不同的型号，如 XJ 型（又称 A 型、XJK 型）、GF 型、SF 型以及棒型等。

这类浮选机除了能自吸空气外，一般还能自吸矿浆，因而在浮选生产流程中，其中间产品的返回容易实现自流，一般无需砂泵扬送。因此，这种浮选机在流程配置方面可显示出明显的优越性和灵活性。由于它能自行吸入空气，因此不需要外部特设风机对矿浆充气。

（2）充气搅拌式浮选机

这类浮选机与机械搅拌式浮选机的主要区别在于它属于外部供

气式。它的搅拌装置只起搅拌矿浆和分散气流的作用，空气要靠外部风机压入，矿浆充气与搅拌是分开的。因此，这类浮选机与一般机械搅拌式浮选机相比有如下特点：①由于是通过外部鼓风机供气，充气量可以根据需要增减，并易于调节，保持恒定，因而有利于提高浮选机的处理能力和选别指标；②由于叶轮只起搅拌作用不起吸气作用，故转速较低，且脆性矿物的浮选不易产生泥化现象，矿浆面比较平稳，易形成稳定的泡沫层，有利于提高选别指标；③由于叶轮转速较低，矿浆靠重力流动，故单位处理矿量电耗低，且使用期限较长，设备维修费用也低。

这类浮选机的不足之处在于，它不能自行吸入矿浆，所以中间产品返回需要砂泵扬送。另外还要有专门的送风设备，管理起来比较麻烦。据此，这种浮选机常用于处理简单矿石的粗选、扫选作业。这类浮选机有 CHF-X 型、XJC 型、BS-X 型、KYF 型、BS-K 型、LCH-X 型、CLF 型以及 JJF 型等。

(3) 充气（压气）式浮选机

其特点是没有机械搅拌器，也没有传动部件，有专门设置的压风机提供充气用的空气。浮选柱即属于此种类型的浮选机。其优点是结构简单、容易制造、耗电较低、易磨损部件少、便于操作管理。缺点是没有搅拌器，使浮选效果受到一定的影响，在碱性矿浆中充气器容易结钙，不利于空气弥散。但目前研制的新型浮选柱，如旋流静态浮选柱，采用新型文丘里喷射管吸入空气并弥散，已完全解决了浮选柱的充气和搅拌问题。实践证明，浮选柱比较适合于处理组成比较简单和品位较高的易选矿石的粗选、扫选作业。但目前在辉钼矿、萤石矿的精选作业中，用 1～2 台浮选柱可以完全取代浮选机进行多次精选。

(4) 气体析出式浮选机

这类浮选机的主要特征是能从溶液中析出大量微泡，故称之为气体析出式浮选机，也可称为变压式或降压式浮选机。属于这类浮选机的有真空浮选机和一些喷射、旋流式浮选机。我国生产的XPM型喷射浮选机以及国外的维达格旋流浮选机等即属于此类。

5 浮选机选择的基本原则是什么?

浮选设备的类型、规格的选择和确定与原矿性质（矿石密度、粒度、含泥量、品位、可浮性等）设备性能、选厂规模、流程结构、系列划分等因素有关。

① 根据矿石性质及选别作业的要求。对粒度粗或密度大的矿石，一般采用高浓度浮选的方法来降低粒级沉降速度，减少矿粒沉降，这样可选用机械搅拌式浮选机，高能量机械搅拌式浮选机不但传送矿浆速度快、搅拌力强，停机后也易于启动。可选用适合粗粒的KYF型、BS-K型浮选机和CLF型粗粒浮选机等。在低品位硫化矿浮选过程中，低速充气对选别效果较为有利，不宜选用高充气量的浮选机。而对在浮选过程中易于产生黏性泡沫的矿石则应选用充气量较大的浮选机。精选作业主要在于提高精矿品位，浮选泡沫层应该薄些，为脉石更好地分离创造有利条件，不需要更大充气量的浮选机。在矿石易选、入选粒度细、品位较高、矿浆pH较低时，可选用富集比高的浮选柱。

② 根据矿浆流程合理选择浮选机。为保证选别效果，必须保证每个浮选槽内矿浆有一定的停留时间，时间过短或过长都会造成有用矿物的流失、降低作业回收率。因此，浮选机的规格必须与选矿厂的规模相适应。为尽量发挥大型浮选机的优越性，浮选系列应尽量减少。对某些易选矿石，在条件允许时，甚至可以考虑单系列生产。据资料报道，选用$10m^3$的浮选机，电耗比一般浮选机省40%左右，作业回收率也有所提高。

③ 通过技术经济比较确定浮选机的规格与数量。在方案比较

中，一般应在选别指标、经营费、操作管理费、维修方面进行全面对比，但对于选厂而言，选别指标应视为主导因素，应给以足够的重视。

④ 重视浮选机的制造质量及备品、备件供应情况。对此应具体进行调查了解。

6 XJK 型机械搅拌式浮选机的主要结构是什么？

XJK 型机械搅拌式浮选机（俗称“A”型）又名矿用机械搅拌式浮选机，其中，X 代表浮选机，J 代表机械搅拌式，K 代表矿用，如果后面有数字，数字代表该浮选机的容积。它属于一种带辐射叶轮的空气自吸式机械搅拌式浮选机。结构如图 4-1 所示，主要结构与工作特点如下。

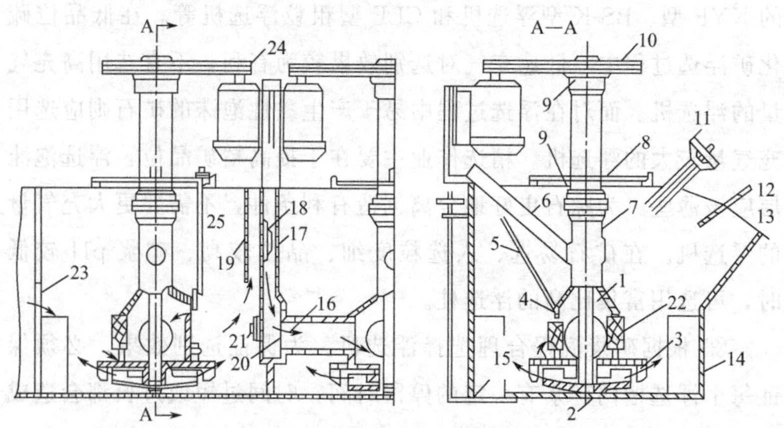

图 4-1　XJK 型浮选机结构

1—主轴；2—叶轮；3—盖板；4—连接管；5—砂孔闸门丝杆；6—进气管；7—空气管；8—座板；9—轴承；10—带轮；11—溢流闸门手轮及丝杆；12—刮板；13—泡沫溢流唇；14—槽体；15—放砂闸门；16—给矿管（吸浆管）；17—溢流堰；18—溢流闸门；19—闸门壳（中间室外壁）；20—砂孔；21—砂孔闸门；22—中矿返回孔；23—直流槽前溢流唇；24—电动机及带轮；25—循环孔调节杆

① 盖板上装有 18～20 个导向叶片（又叫定子）。这些叶片倾斜排列，与半径成 55°～65°倾角，其对叶轮甩出的矿浆流具有向导作用。在盖板上的两导向叶片之间开有 10～20 个循环孔，供矿浆循环用，以增大充气量。

② 叶轮与盖板向导叶片间的间隙一般应为 5～8mm，过大会对吸气量和电耗造成不利影响。通常，将叶轮、盖板、主轴、进气管和空气筒等充气搅拌零件组装成一个整体部件，这样就可使叶轮和盖板同心装配，以保证叶轮与盖板导向叶片之间的间隙符合要求，而且便于检修和更换。

③ 在空气筒下部，有一个调节矿浆循环量的循环孔，并且用闸板控制循环量，因此，通过叶轮中心的矿浆量，可以随外界矿量的变化加以调节。在直流槽中，也可使内部矿浆循环，以满足在最大充气量时所需要的叶轮中心给矿量。

7 XJK 型机械搅拌式浮选机的主要特点和工作原理是什么?

XJK 型机械搅拌式浮选机的优点是通过转子高速旋转，在高速搅拌区内形成负压，导致自吸空气和矿浆，因此不需要外加充气装置；浮选机在生产操作时可调节进入叶轮的循环矿浆量，因而不论进入槽内矿浆量的波动如何，均可达到调节操作条件的目的。缺点是空气弥散不佳，泡沫不够稳定，易产生“翻花”现象，不易实现页面自动控制；浮选槽为间隔式，矿浆流速受闸门限制，致使流通压力降低，浮选速度减慢，粗而重的矿粒容易沉淀；叶轮与盖板磨损较快，造成充气量减少且不易调节，难以适应矿石性质的变化，分选指标不稳定。

XJK 型机械搅拌式浮选机工作时，矿浆由进浆管进入到盖板中心处，叶轮旋转产生的离心力将矿浆抛向槽中，于是在盖板与叶轮间形成负压，经由进气管自动地吸入了外界空气。吸入的空气和给进的矿浆在叶轮上部混合后又被抛向槽中，于是又产生负压，又吸入空气，如此连续地进行。经过药物作用的矿浆中，欲浮矿物被气泡带至表面形成矿化泡沫层，并被刮板刮出得到精矿。而不上浮的矿物和脉石则经槽子侧壁上的闸门进入中间室并进入下一浮选槽内，每个或几个槽内矿浆水平的调节，可通过调节闸门上下来完成。

8 棒型浮选机的主要结构特点是什么？

棒型浮选机（简称 XJB 棒型浮选机）与澳大利亚瓦曼型浮选机类似，棒型浮选机的结构如图 4-2 所示。棒型浮选机有直流槽和吸入槽两种。在直流槽内装有空气轴（主轴）、棒型轮（图 4-3）、凸台和弧形稳流板（图 4-4）等主要部件，直流槽不能从底部抽吸矿浆，只起浮选作用，又称浮选槽。吸入槽与直流槽的主要区别是在斜棒轮下部装有一个吸浆轮，它具有离心泵的作用，除了起浮选作用外，还有吸浆能力，作中矿返回之用。在粗选、精选和扫选作业的进浆点，都要装吸入槽。

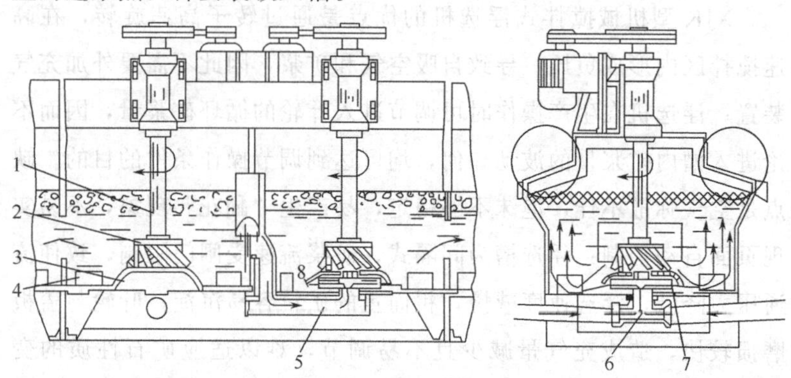

图 4-2 棒型浮选机的结构

1—主轴；2—斜棒轮；3—凸台；4—稳流器；5—导浆管；6—盖板；7—吸浆轮；8—底盘

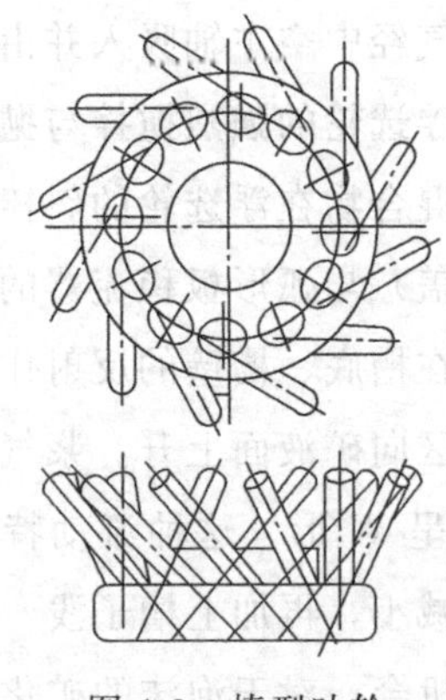
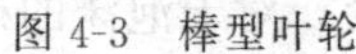

图 4-3 棒型叶轮

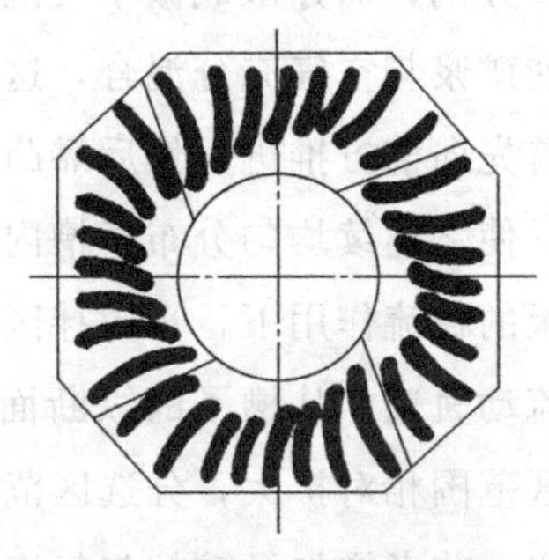

图 4-4 凸台及弧形稳流板

斜棒轮由铸铁铸合在一起的圆盘和 12 根倾斜圆棒组成，可以衬胶，增加其耐磨性，故称为棒形浮选机。每根棒条均与棒轮旋转相反的方向后倾 45°角，同时自上而下又向外扩张成 15°的锥角。这种斜棒轮具有扩散状（伞状）的结构特点，所以当它高速旋转时，斜棒的线速度越往下越大，从而造成很强的搅拌作用，并形成倾斜向下的充气矿浆混合流冲射向槽底四周，所以能避免密度较大、粒度较粗的矿物沉在槽底。由于这种搅拌器能防止槽底沉砂，死角很小，故浮选槽的容积能得到充分利用，显著提高了容积利用率。由于充气矿浆呈 W 形运动轨迹，所以棒轮在槽中的安装深度可以减小，这样即可在长时间停车后易于启动，也有利于提高充气量，提高浮选机的技术性能。吸浆轮，又名提升轮，由高 50mm 的 4 片星型叶片与上下两个圆盘构成，并通过短轴与主轴连接，装在吸入槽棒轮的下部，用来吸入矿浆，槽体浅。棒形浮选机的槽深仅为 XJB 型浮选机的 2/3，使棒轮所受的矿浆静压力较小，棒轮旋转时充气矿浆被甩射的出口速度较大，因此浮选机的吸气能力相应提高，电耗降低。同时，该浮选机还具有结构简单、操作维护方便，以及气泡分散度高、矿气接触机会多、混合均匀、浮选速率快等优点。

9 棒型浮选机的主要特点和工作原理是什么?

棒型浮选机借助于电动机、皮带轮带动中空轴下部安装的斜棒轮高速旋转，在浮选轮内产生负压。空气经中空主轴吸入并由浮选轮加以分割，而弥散成微小气泡。由于浮选轮的强烈搅拌与抛射作用，使矿浆与空气充分混合，这种浆气混合物在浮选轮的斜棒作用下，首先向前方推进，然后靠凸台（压盖）与弧形板稳流器的导流作用，使之连续均匀分布于槽内，最后在槽底、槽壁的反射作用与弧形板的稳流作用下，自搅拌区经分选区向矿液面上升。浆气混合物的流动轨迹，从槽子的纵断面上看，呈 W 形。这种流动特性使搅拌区范围相对扩大，分选区范围相对减小，再加上槽子浅，范围就更窄。前者增加了矿粒与气泡的接触机会，对于泡沫的矿化是有利的，矿化泡沫上升到泡沫区被刮板刮出成为泡沫产品。吸入槽的工作原理与立式砂泵的原理相同，即借助于回转的提升轮产生压头，矿浆从槽底导流管被吸入并提升到需要的高度。

10 闪速浮选机的主要结构特点是什么？

闪速浮选机是一种比较特殊的浮选机，本身无传动装置，需配置离心砂泵，在高速、高压射流作用下，空气被卷吸到射流束的外层，喷射瞬间，由于矿浆压力的突降、体积的突扩，因而矿物、浮选剂、气泡三者之间发生强烈的碰撞与接触，有用矿物黏附在微细气泡上，并经喉管垂直落入矿化反应管，在反应管内气泡急速上升，而矿浆却强烈下压，造成矿浆与气泡上下交替接触，通过约 10s 的矿化反应后，便垂直落入反冲假底，经调速孔板向上喷射，矿化完全的气泡经悬浮层二次富集后上升至泡沫层，自流至精矿管，尾矿则自假底沿周边空隙进入尾矿管。此浮选机适用于在磨矿分级回路中处理分级设备的返砂，提前除去部分已单体解离的粗粒有价矿物或含有价矿物较多、较大的连生体，直接获得最终精矿产品或精矿进入下段再选，既可降低循环负荷，改善磨矿分级条件，提高磨矿机处理能力，又可减少矿物过磨，避免有价矿物细化和中间环节的损失，提高有价矿物特别是金、银等贵重金属的回收率。由于闪速浮选的精矿粒度较粗，这种混合精矿脱水比较容易，它的另一个优点是节省了大量药剂和能耗，为主浮选流程提供了稳定的给矿，最终精矿质量较高，选厂处理能力提高。高效闪速浮选机结构如图 4-5 所示。

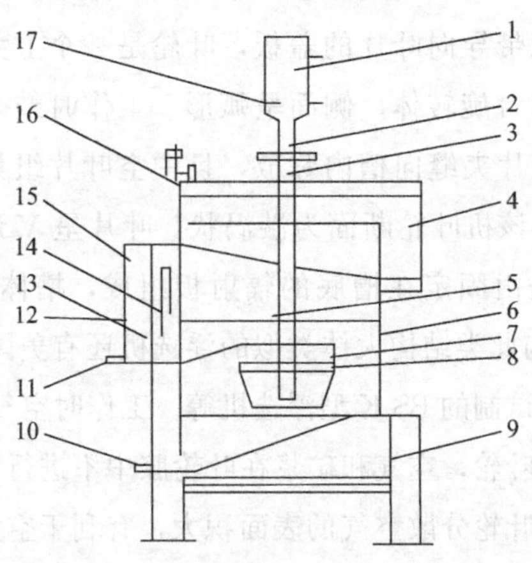

图 4-5 高效闪速浮选机结构

1—喷射器；2—喉管；3—矿化管；4—泡沫管；5—稳流管；6—槽体；7—反冲假底；8—调流管；9—下支架；10—粗尾矿管；11—循环管；12—尾矿管；13—尾矿通道；14—调整闸门；15—尾矿箱；16—手轮丝杆；17—喷射器支承

11 OK 型浮选机和 TankCell 型浮选机的主要结构特点是什么?

(1) OK 型浮选机

OK 型浮选机是芬兰奥托昆普公司研究成功的深槽充气搅拌式浮选机。其主要特点：

① 槽体为漏斗形，没有死角，同时也有助于矿浆和泡沫向泡沫槽流动；

② 槽体重量轻，并可自行支撑；

③ 对粗砂和细粒都有较理想的矿流；

④ 在同一槽体内，采用不同的转子-定子组合，即可适应粗粒或

细粒的选别；

⑤ 新型的泡沫收集方法，锥形槽体缩小了矿浆表面积有助于形成厚泡沫层，并使泡沫层厚度易调。

它的叶轮按圆盘与叶片的相对位置也属单面叶片离心式叶轮。叶轮上方不装配带导向叶片的盖板，叶轮是一个上大下小近似于抛物线形的倒立圆台旋转体，侧面呈弧形。工作时鼓入的空气经由高度较大的中空叶片夹缝向槽内弥散，且中空叶片组具有足够的表面积来弥散空气；该机叶轮断面为漩涡状，叶片呈 V 形，叶片间有空气通道。定子是由固定在槽底的辐射板组成，槽体形状原为矩形，后改为 U 形。与此类结构大体类似的浮选机还有美国制造的 Dorr 型浮选机以及国内试制的 BS-K 型浮选机等。工作时空气由中空轴压入，矿浆由槽底吸入叶轮，空气和矿浆在叶轮腔中不进行混合而是各行各自的通道，只是叶轮分散空气的表面积大，有利于空气在矿浆中分散和细化。实践证明，该类浮选机的显著特点是，结构简单，搅拌力强，有利于粗矿粒的浮选，可避免沉槽现象，防止死角，叶轮转速低，磨损小，空气分散良好，功耗低，节省药剂。各国广泛用作浮选硫化矿石、贵金属矿石、铁矿石、锡矿石和钨矿石等的浮选设备。

（2）TankCell 型浮选机

TankCell 型浮选机为充气式机械搅拌浮选机，模拟浮选柱，并在其中加入搅拌装置。1983 年首次使用，2001 年按比例放大研制成功了 160m^3 的浮选机。浮选机的槽体为圆柱形，空气从空心轴注入叶轮中间，矿浆由底部进入槽体，泡沫从槽体上方的溢流堰排出。相当一部分矿浆从转子的上面垂直向下流动，转子的排出口存在一个高压力区，在进口处相应地存在一个低压区，矿浆流沿着最小阻力的途径进入抗压区域流向低压区域，作业配置采用阶梯配置。TankCell 型浮选机的主要特点是：同时具有浮选柱和机械搅拌式浮选机的特点，既可以使粗粒充分悬浮，又可以获得较高品位的精矿。

图 4-6 TankCell 型浮选机的结构及设备配置

TankCell 型浮选机的结构和设备配置如图 4-6所示。

12 Fage-gren 型浮选机和 Wemco 型浮选机的主要结构特点是什么?

(1) Fage-gren 型浮选机

Fage-gren 型浮选机是 17 世纪 20 年代中期由美国创制的，1642 年以后，其专利权由美国氰胺公司移交给维姆科公司，并经过改进后称为标准型 Fage-gren 浮选机。主要部件转子和定子与其他浮选机的叶轮和盖板不同，为鼠笼型。转子上下两端有环形圆盘，在两盘之间的边缘装有垂直的圆棒或圆管。在转子周围所安装的定子也是由细铁棒或铁管构成的。转子与定子之间有一个很小的间隙。转子圆盘上有弯曲像叶片的辐条，当转子旋转时，上圆盘能吸入空气，而下圆盘能将矿浆由槽底中心吸入，使两者在转子中混合后被离心力抛出，碰到定子后由细铁管的间隙射出，使空气形成小气泡弥散于槽内。

(2) Wemco 型浮选机

Dorr-Oliver Emico 公司是世界上最大的浮选机生产厂家之一，最大规格产品为 $160m^3$。Wemco 型浮选机实质上是标准型 Fage-gren 浮选机的改进和大型化。其代表性的产品是 Wemco 1+1 浮选机和 Wemco SmartCell 浮选机。

SmartCell 浮选机吸收了 Wemco 1+1 浮选机的优点，采用圆筒形的槽体结构、圆锥形的通气引流管和泡沫集中器（推泡器），在每个槽子中间部位都有转子式分散器，有强力搅拌和通气双重作用。周围的空气靠旋转的转子通过立管吸入，由分配器将其分散成微小的气泡，并以旋转状均匀地分布于整个矿浆内。由于采用了自吸气结构，从而省去了鼓风机和通气管网的费用。通气机构置于远离槽底的上方位置，减小了转子和分散罩的磨损，而且停车后可以立即启动。叶轮叶片和定子均用耐磨橡胶模制而成，采用完全的分段对称式结构，转子可以顺时针或反时针运转，也可以上下颠倒使用，实现磨损面和未磨损面的互换。

Wemco 型浮选机的结构如图 4-7 所示。$130m^3$ Wemco 浮选机在我国冬瓜山铜矿的应用情况如图 4-8 所示。

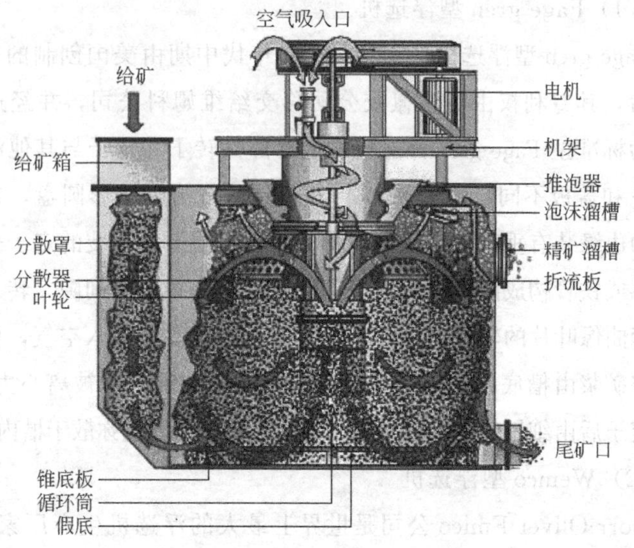

图 4-7 Wemco 型浮选机的结构

图 4-8 冬瓜山铜矿采用的 130m³ Wemco 型浮选机

13 Booth、Denver D-R、RCS 和 Dorr-Oliver 型浮选机的主要结构特点是什么？

（1）Booth 型浮选机

跟 Denver-M 型浮选机一样在垂直轴上安装两个离槽底高度不同的叶轮，上叶轮呈梯形截面交叉式，用来吸入与弥散空气；下叶轮为螺旋桨形，使物料在槽底处于悬浮状态。其优点是比其他小型浮选机单位面积生产能力高，生产费用低，在美国已应用于铜选厂的粗粒铜和钼矿的扫选作业。Booth 型浮选机的结构见图 4-9。这种浮选机是机械搅拌和从外部压入空气并用的形式。叶轮只起搅拌作用及使气泡扩散均匀，因而转速均较低，降低了电耗和叶轮机组的磨损。比下部吸入气体式浮选机更能获得大量的微粒气泡调节充气量，为设备大型化、节省选厂投资创造了条件。

（2）Denver D-R 型浮选机

这种浮选机是美国 Joy Manufacturing co. Denver Equipment Div 生产的充气机械搅拌式浮选机。该机其主要特点是在盖板上面

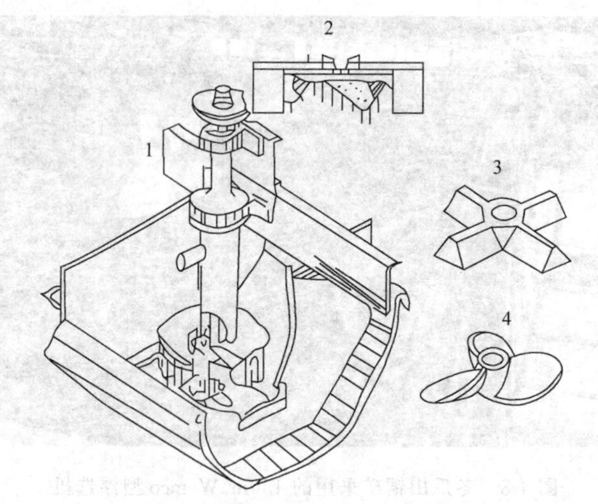

图 4-9 Booth 型浮选机的结构

1—浮选机主视图；2—充气机组；3—充气器；4—搅拌器

加一循环筒，在循环筒底部开 360°的环状孔，使矿浆直接进入叶轮，形成垂直循环，在叶轮处与空气混合，并且扩散到整个槽底，又沿槽体的周围均匀地上升。这样的垂直循环流减少了槽内固体的沉淀和分层作用，有效地保持了矿粒的悬浮，提高了矿粒的可选性上限，同时又在深槽中实现浅槽浮选，提高了浮选机的效率和有利于大型化，降低了叶轮转速，从而减少了功率消耗和叶轮磨损。

(3) RCS (reactor cell system) 型浮选机

该浮选机采用圆筒形槽体，结合了圆筒形浮选机优点和其叶轮结构的特点，为粗选、精选和扫选作业创造理想条件。采用一种深型叶片结构，具有一定形状下部边缘的竖直叶片和空气分散隔板按特殊形式排列，这种结构能产生强力的辐射效果，将矿浆射向槽壁，并产生很强的回流，到叶轮的下方，减少沉槽。下部区域的固体达到良好的悬浮和输送，使颗粒与气泡多次接触，以充分回收各粒级的物料。同时也减少了上部区域的紊流，防止较粗颗粒从气泡脱落，因为其有一个稳定的液面，尽可能地减少颗粒的机械夹带。浮选空气由鼓风机提供，每套机构的充气速率可以控制。在槽子容积不大于 $70m^3$ 时采用 V 形带传动；大于 $70m^3$ 采用齿轮箱传动。叶轮和扩散器采用了新材料，由高耐磨的合成橡胶或模压聚氨酯制成。RCS 浮选机结构如图 4-10 所示。

图 4-10　RCS 型浮选机的结构

（4）Dorr-Oliver 型浮选机

Dorr-Oliver 型浮选机是美国 Dorr-Oliver Emico 公司的充气机械搅拌式浮选机，浮选机当规格大于 $2.8m^3$ 时浮选槽体为 U 形，叶轮的叶片特性总的类似于 Outokumpu 型浮选机的叶片设计，为单臂叶片旋涡断面，定子为悬空式，浮选机工作时空气由中空轴压入，矿浆由槽底部吸入，其叶轮被短的定子叶片包围，定子叶片从圆环顶径向地悬挂着，从空心轴释放出的空气直接进入转子叶片间的泵送导沟，矿浆从下面进入，而混合物直接从转子上部喷出。设计中避免了不必要的紊流，因而其能在低能耗下获得好的固体悬浮液和充分的空气弥散。多槽使用一般为阶梯配置。

14 KYF（XCF）型充气机械搅拌式浮选机的主要结构特点是什么？

KYF（XCF）型充气机械搅拌式浮选机由北京矿冶研究总院于 20 世纪 80 年代中期研制成功，均与芬兰奥托昆普 OK 型浮选机类似，同时吸收了美国 Dorr-Oliver 型浮选机的优点，如图 4-11 和图 4-12 所示。XCF 型浮选机与 KYF 型浮选机配套使用，二者的结构特点相似，外形尺寸相同。现以 KYF 型浮选机为例进行介绍。

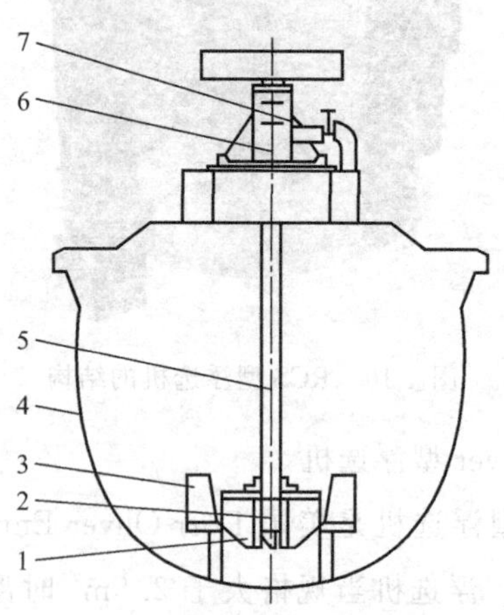

图 4-11　KYF 型浮选机（一）

1—叶轮；2—空气分配器；3—定子；4—槽体；5—主轴；6—轴承体；7—空气调节阀

KYF 型浮选机采用 U 形槽体、空心轴充气和悬挂定子，尤其是采用了一种新式叶轮。这是一种叶片后倾一个角度的锥形叶轮，类似于高比转速的离心泵轮，扬送矿浆量大、压头小、功耗低且结构简单。在叶轮腔中还装置了多孔圆筒形空气分配器，使空气能预先均匀地分散在叶轮叶片的大部分区域，提供了较大的矿浆-空气

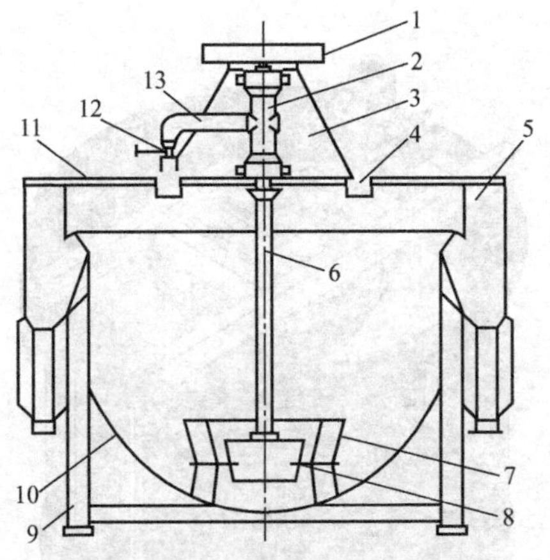

图 4-12　KYF 型浮选机（二）

1—带轮；2—轴承体；3—支座；4—风管；5—泡沫槽；6—空心轴；7—定子；8—叶轮；9—槽体支架；10—槽体；11—操作台；12—风阀；13—进风管

接触界面。在浮选机工作时，随着叶轮的旋转，槽内矿浆从四周经槽底由叶轮下端吸到叶轮与叶片之间，同时，由鼓风机给入的低压空气经空心轴和叶轮的空气分配器，也进入其中。矿浆与空气在叶片之间充分混合后，从叶轮上半部周边向斜上推出，由定子稳流和定向后进入整个槽子中。气泡上升到泡沫稳定区，经过富集过程，泡沫从溢流堰自流溢出，进入泡沫槽。还有部分矿浆向叶轮下部流去，再经过叶轮搅拌，重新混合形成矿化气泡，剩余的矿浆流向下一槽，直到最终成为尾矿。

KYF 型浮选机槽内流体运动状态合理，矿浆悬浮状态好，矿粒分布均匀，泡沫层稳定。矿浆液面自动控制系统工作可靠，控制器功能强，配置灵活，调节性能好，充气量调节容易，操作维护简单，设备故障率低。KYF 型浮选机以单槽容积算，有 1～320m^3 等多种规格。160m^3 的 KYF 型浮选机的结构如图 4-13 所示。320m^3 的 KYF 型浮选机目前已在江西德兴铜矿得到了工业应用，如图 4-14 所示。

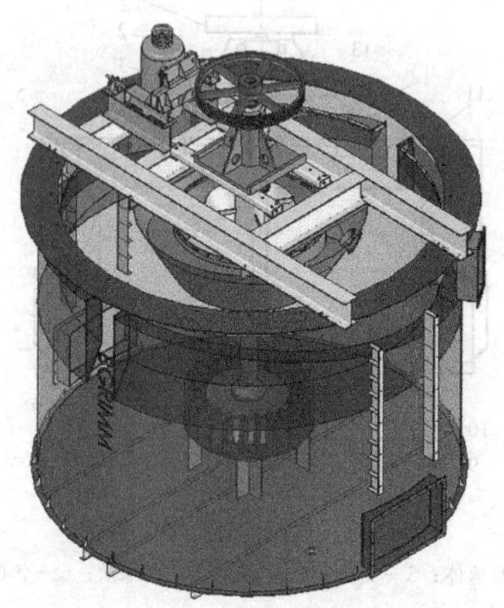

图 4-13　160m³ KYF 型浮选机结构

图 4-14　KYF-320 浮选机在德兴铜矿的应用

15 CLF 型浮选机的主要结构特点是什么？

CLF-4 型粗粒浮选机由北京矿冶研究总院于 1989 年研制成功，并由江苏保龙机电制造有限公司生产，其结构示于图 4-15。CLF-4 型粗粒浮选机有直流槽和吸浆槽两种形式，其主要区别在于叶轮结构。直流槽采用了单一叶片叶轮，它与槽体相配合可产生槽内矿浆大循环，分散空气效果好。吸浆槽采用了双向叶片叶轮，它是在直流槽叶轮的基础上增加了吸浆作用的上叶片。这两种叶轮的叶片都倾斜一定角度，但吸浆式叶轮的下叶片高度比直流式的小。实践证实这种结构叶轮搅拌力弱，而矿浆循环量较大，功耗低，与槽体和格子板联合作用，充分保证了粗粒矿物的悬浮及空气分散。

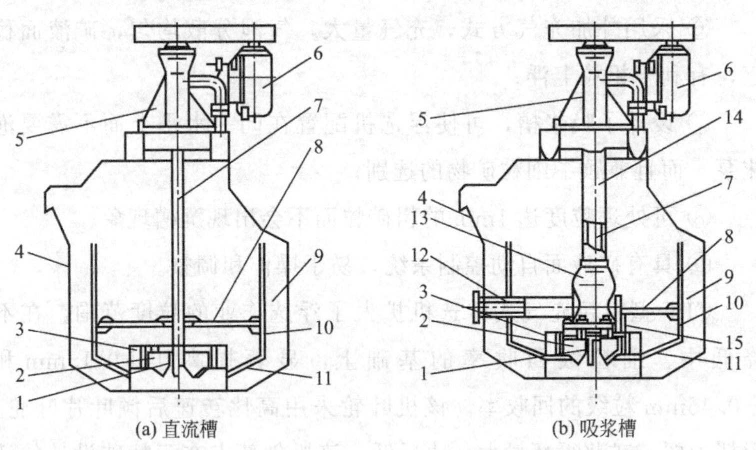

图 4-15　CLF 型粗粒浮选机（江苏保龙）

1—空气分配器；2—转子；3—定子；4—槽体；5—轴承体；6—电动机；7—空心主轴；8—格子板；9—循环通道；10—隔板；11—假底；12—中矿返回管；13—中心筒；14—接管；15—盖板

CLF-4 型粗粒浮选机的特点如下：

① 采用了新式叶轮、定子系统及全新的矿浆循环方式，在较

低叶轮转速下，粗粒矿物可悬浮在槽子中部区，而返回叶轮的循环矿浆浓度低，矿粒粒度细，这不仅有利于粗粒浮选，也有利于细粒浮选；

② 槽内产生上升矿浆，有助于附着有粗粒矿物的矿化气泡上浮，减少了粗粒矿物与气泡之间的脱离力；

③ 叶轮转速低，返回叶轮的循环矿浆浓度低，粒度细，因此叶轮和定子磨损大大减轻，功耗低；

④ 叶轮与定子之间的间隙大，随着叶轮和定子的磨损，充气和空气分散情况变化不大，可保证选别指标的稳定性；

⑤ 格子板造成粗颗粒悬浮层，并可减少槽上部区的紊流，有利于粗粒浮选；

⑥ 采用外加充气方式，充气量大，气泡分散均匀，矿液面稳定，有利于粗粒上浮；

⑦ 设计了吸浆槽，可使浮选机配置在同一水平上而不需要泡沫泵，而且兼顾了细粒矿物的选别；

⑧ 可处理粒度达 1mm 的粗矿粒而不会出现沉槽现象；

⑨ 具有矿液面自动控制系统，易于操作和调整。

CLF 型粗粒充气式浮选机扩大了浮选作业的粒度范围，在不降低中、细粒级回收率的基础上，显著提高了＋0.15mm 和＋0.45mm 粒级的回收率。该机叶轮采用高比转速后倾叶片叶轮，搅拌力弱，矿浆循环量大，功耗低，该机创新点在于特殊设计的活动式格子板安装在距槽底 1/3 槽深处，格子板使粗粒矿物的矿化气泡上升距离短，使粗粒矿物处在浅槽浮选状态下，并且减少了上部区域矿浆的紊流，建立了一个稳定的分离区和泡沫层。该机在大厂矿务局长坡锡矿的工业试验表明：在给矿粒度为 0.7mm 情况下，0.15mm 以上粒级目的矿物回收率比 6A 浮选机高 5％～16％；0.15mm 以下粒级目的矿物回收率比 6A 浮选机略高，节电 12.4％。

16 XJQ 型浮选机与 JJF 型浮选机的主要结构特点是什么？

XJQ 型浮选机和 JJF 型浮选机结构相似，结构示于图 4-16，主要由槽体、叶轮、定子、分散罩、假底、导流管、竖筒、调节环组成。在叶轮旋转时，便在竖筒和导流管内产生涡流，此涡流形成负压，将空气从进气管吸入，在叶轮和定子区内与经导流管吸进的矿浆混合。该浆气混合流由叶轮形成切线方向运动，再经过定子的作用转换成径向运动，并均匀地分布在浮选槽中。矿化气泡上升至泡沫层，单边或双边刮出即为泡沫产品。

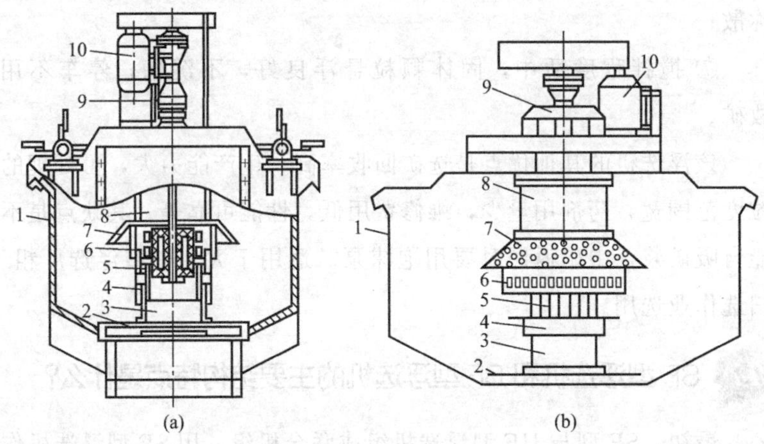

图 4-16 XJQ 型和 JJF 型浮选机结构

1—槽体；2—假底；3—导流管；4—调节环；5—叶轮；6—定子；7—分散罩；8—竖筒；9—轴承体；10—电动机

这两种浮选机的结构和工作特点是：

① 叶轮直径小，转速低，安装深度浅，电耗较低；

② 叶轮与定子之间有较大的间隙，矿粒对二者的磨损减小，定子为带有椭圆孔的圆筒，可使空气与矿浆混合和分散，故又称为

分散器；

③ 定子的高度比叶轮低，叶轮在定子下露出一段，这有利于矿浆的搅拌和循环；

④ 定子的伞形带孔分散罩用作稳定器，可使叶轮产生的涡流与泡沫层隔开，以便矿浆面保持平稳，并有利于实行自动控制；

⑤ 吸气量较大，并可在 $0.1\sim1m^3/(m^2\cdot min)$ 范围内调整充气量；

⑥ 在槽底上方有一假底，矿浆可在二者之间流过，并通过导流管进行循环，因此可使矿浆以固定的路线进行下部大循环，亦可使叶轮浸入矿浆的深度减小，并增大充气量，使气泡得以充分弥散；

⑦ 搅拌程度适中，固体颗粒悬浮良好，不沉槽，停车不用放矿。

该浮选机的其他优点是选矿回收率高，生产能力大，可处理的粒度范围宽，药剂用量少，维修费用低，性能可靠等。其缺点是不能自吸矿浆，中矿返回时要用泡沫泵。适用于大、中型浮选厂粗、扫选作业选用。

17 SF 型浮选机和 BF 型浮选机的主要结构特点是什么？

最初，SF 型与 JJF 型浮选机组成联合机组。用 SF 型浮选机作为每个作业的首槽，起自吸矿浆作用，以便不用阶梯配置、不用泡沫泵返回中矿；用 JJF 型浮选机作首槽的直流槽，以便获得高选别指标，由此发挥各自的优势。后来，SF 型浮选机的单独使用，效果也比较好。

SF 型浮选机的结构示于图 4-17，主要由槽体、装有叶轮的主轴部件、电动机、刮板及其传动装置等组成。SF 型浮选机在工作时，电动机通过 V 形带驱动主轴，使其下部的叶轮旋转。此浮选

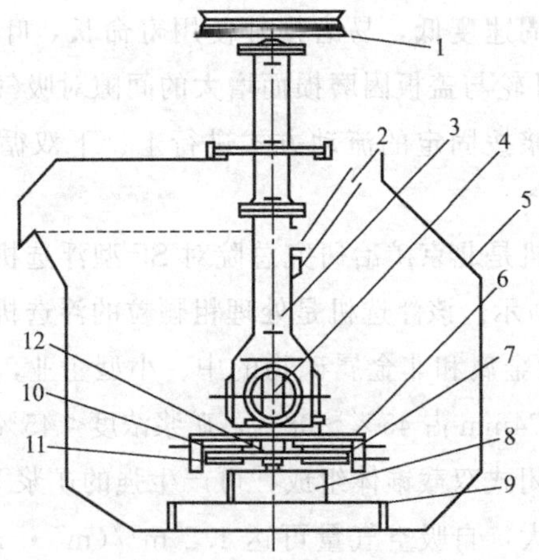

图 4-17　SF 型浮选机

1—带轮；2—吸气管；3—中心筒；4—主轴；5—槽体；6—盖板；7—叶轮；8—导流管；9—假底；10—上叶片；11—下叶片；12—叶轮盘

机的主要特点即表现在叶轮上。叶轮带有后倾式双面叶片，可实现槽内矿浆双循环。叶轮旋转时，上、下叶轮腔内的矿浆在上、下叶片（即主、辅叶片）的作用下产生离心力而被甩向四周，使上、下叶轮腔内形成负压区。同时，盖板上部的矿浆经盖板上的循环孔被吸入到上叶轮腔内，形成矿浆上循环。而下叶轮腔内被甩出的矿浆比上叶片甩出的三相混合物密度大，因而离心力增大，从而提高了上叶轮腔内的真空度，起到了辅助吸气作用。下叶片向四周甩出矿浆时，其下部矿浆向中心补充，这样就形成了矿浆的下循环。而空气经吸气管、中心筒被吸入到上叶轮腔，与被吸入的矿浆相混合，形成大量细小气泡，通过盖板稳流后，均匀地弥散在槽内，形成矿化气泡。矿化气泡上浮至泡沫层，由刮板刮出即为泡沫产品。其主要特点是：

① 吸气量大，能耗小；

② 有自吸空气、自吸矿浆能力，水平配置，不需要泡沫泵；

③ 叶轮圆周速度低，易磨损件使用寿命长，叶轮与盖板之间的间隙较大，叶轮与盖板因磨损而增大的间隙对吸气量影响较小；

④ 槽内矿浆按固定的流动方式进行上、下双循环，有利于粗粒矿物的悬浮。

BF 型浮选机是北京矿冶研究总院对 SF 型浮选机的改进型，其结构如图 4-18 所示。该浮选机是处理粗颗粒的浮选机，适用于选别有色、黑色、贵金属和非金属矿物的中、小型企业，所处理的物料粒度范围为 0.074mm 占 45%～98%，矿浆浓度<45% 。其特点是：

① 叶轮由闭式双截锥体组成，可产生强的矿浆下循环；

② 吸气量大，自吸空气量可达 1.2 $m^3/(m^2 \cdot min)$，功耗低，比同规格的同类浮选机节省功耗 15%～20%；

③ 每槽兼有吸气、吸浆和浮选三重功能，自成浮选回路，不需任何辅助设备，水平配置，便于流程的变更；

④ 矿浆循环合理，能最大限度地减少粗砂沉淀；

⑤ 设有矿浆液面自控和电控装置，调节方便；

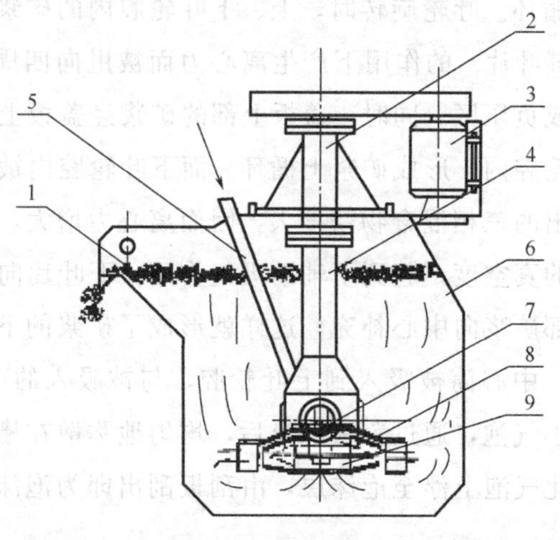

图 4-18 BF 型浮选机（北京矿冶研究总院）

1—刮板；2—轴承体；3—电动机；4—中心筒；5—吸气管；6—槽体；7—主轴；8—定子；9—叶轮

⑥ 易损件寿命长，特别是叶轮、定子的寿命比同类浮选机延长一倍以上。

18 BF-T 型浮选机的主要结构特点和应用情况是什么?

BF-T 新型浮选机是北京矿冶研究总院专门针对铁精矿反浮选工艺研制的新型浮选机。它采用国家发明专利自吸式浮选机的先进技术，吸取国内外同类产品的优点，针对铁精矿反浮选的特殊工艺条件进行优化设计，整机技术性能优异。

BF-T 型浮选机主要由电机装置、槽体部件、主轴部件、刮泡装置等部件组成。主轴部件包括大皮带轮、轴承体、中心筒、主轴、吸气管、叶轮、盖板等零部件，主轴部件是 BF-T 型浮选机的核心。BF-T 型浮选机结构如图 4-19 所示。

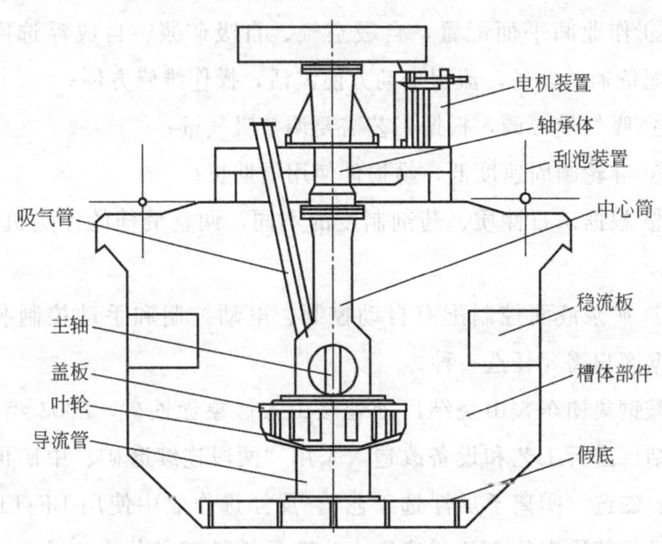

图 4-19 BF-T 型浮选机（北京矿冶研究总院）

该浮选机工作时，当电机驱动主轴带动叶轮旋转时，叶轮腔内的矿浆受离心力的作用向四周甩出，叶轮腔内产生负压，空气通过吸气管吸入上叶轮腔。与此同时，叶轮下部的矿浆通过叶轮下锥盘中心孔吸入下叶轮腔，在叶轮腔内与空气混合，然后通过盖板与叶轮之间的通道向四周甩出，其中一部分气-液-固混合物在离开盖板通道后，向浮选槽上部运动参与浮选过程。而另一部分矿浆向浮选槽底部运动，受叶轮的抽吸再次进入下叶轮腔，形成矿浆的下循环。矿浆进行下循环有利于粗颗粒矿物的悬浮，能最大限度地减少粗砂在浮选槽下部的沉积。

BF-T 型浮选机继承了 BF 型浮选机的优点，并根据铁精矿反浮选的工艺特点加以改进，主要优点有：

① 功耗低，叶轮区搅拌强度适中；

② 槽内矿浆按固定方式进行下循环，有利于粗粒矿物悬浮，不产生沉槽现象；

③ 作业间平面配置，自吸空气、自吸矿浆、自成浮选回路，不需配备辅助设备，流程变动方便灵活，操作维修方便；

④ 吸气量可调，根据工艺需要调整吸气量；

⑤ 叶轮圆周速度低，易损件使用周期长；

⑥ 根据矿石性质、药剂制度的不同，调整最佳的浮选机技术参数；

⑦ 矿浆液面控制配有自动控制、电动控制和手动控制装置，可根据客户需要任选一种。

鞍钢集团东鞍山烧结厂处理鞍山式假象赤铁矿，2003 年东鞍山烧结厂进行工艺和设备改造，采用“两段连续磨矿、中矿再磨、重选、磁选、阴离子反浮选工艺”，反浮选作业中使用 BF-T16 型浮选机代替原来的 JJF 浮选机，改造后铁精矿品位由 60%左右提高到 66%以上，尾矿品位由 23%左右降低到 19.53%左右；鞍钢集团齐大山选矿厂的原料是鞍山式赤铁矿，采用“阶段磨矿、粗细分选、重选-磁选-阴离子反浮选”工艺流程，反浮选作业使用 BF-

T10 和 BF-T6 型浮选机，2004 年 4 月以来铁精矿品位一直稳定在 67%以上，尾矿品位也由原 12.5%降至 11.14%，SiO_2 由原 8%降至 4%以下，铁精矿品位比改造前提高 3.8%，尾矿品位降低 1.36%，一级品率达 99.80%以上；鞍钢集团调军台选矿厂设计规模为年处理鞍山式氧化铁矿 900 万吨，采用“连续磨矿、弱磁、中磁、强磁、阴离子反浮选”的工艺流程，使用 BF-T20 和 BF-T10 型浮选机机组，在原矿品位 29.6%的情况下取得了浮选精矿品位 67.59%、尾矿品位 10.56%、金属回收率 82.24%的指标。鞍钢集团弓长岭矿业公司二选厂处理的矿石是鞍山式磁铁矿，2003 年鞍钢集团弓长岭矿业公司实施“提铁降硅”反浮选工艺技术改造，采用阳离子反浮选工艺，对磁选铁精矿进行反浮选提铁降硅，采用北京矿冶研究总院研制的 BF-T20 型浮选机 39 台。铁精矿品位由改造前的 65.55%提高到 68.89%，铁精矿品位提高了 3.34%；SiO_2 含量由过去的 8.31%降低到 3.90%，降低了 4.41%。反浮选作业铁回收率达到 98.50%，产品质量跻身于世界一流水平。2003 年 9 月，以弓长岭矿业公司“提铁降硅”反浮选工艺技术改造成果为主要内容的“鞍钢贫磁（赤）铁矿新工艺、新药剂的研究及工业应用”获得全国冶金行业科技进步特等奖。鞍钢弓长岭矿业公司三选厂是一个年产 100 万吨赤铁精矿的选厂，处理的矿石是赤铁矿，采用成熟的阴离子反浮选工艺，使用 BF-T20 型浮选机 44 台。2005 年 7 月 1 日投产以来，日产赤铁精矿 2500 吨，精矿品位达到 66.5%以上。BF-T 型浮选机在其他选厂的应用情况也非常好，为企业创造了巨大的经济效益。

19 GF 型浮选机的主要结构特点是什么？

GF 型浮选机是一种高效、节能、自吸空气型浮选机，该机成功解决了含金、银等多种重矿物的浮选问题，适用于有色、黑色、贵金属和非金属矿的中、小型规模的企业。该机处理物料粒度范围为0.074mm占48%～90%，矿浆浓度<45%。GF型浮选机结构如图4-20所示。其特点为：具有上下叶片，上叶片的作用在于抽吸空气、给矿和中矿，而下叶片的作用则在于形成底部矿浆循环；定子采用了折角叶片对矿浆流动进行稳流和导向，从而取消了稳流板。进入叶轮的循环矿浆来自叶轮下方，槽底部矿浆循环好，无粗砂停留，槽内矿浆上下粒度分布均匀。液面平稳，因叶轮直径小，周速低，使矿浆离开叶轮的速度低，同时又配以折角叶片定子，使离开定子的矿浆呈径向，槽内矿浆无旋转现象，分选区和液面相当平稳，无翻花。自吸空气，自吸空气量可达1.2$m^3/(m^2 \cdot min)$。能从机外自吸给矿和泡沫中矿，浮选机作业间可平面配置。分选效率高，该机槽内无稳流板，叶轮又从下部吸入矿浆，槽底部无粗砂沉积，槽内矿粒悬浮状态好，离开定子的矿浆又呈径向，气泡能均匀地分布于槽内矿浆中，分选区和矿液面平稳，为选别创造了良好

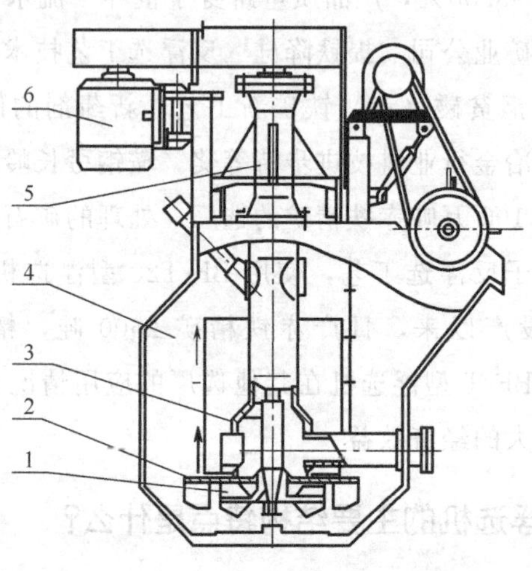

图4-20 GF型机械搅拌式浮选机结构

1—叶轮；2—盖板；3—中心筒；4—槽体；5—轴承体；6—电动机

条件，有利于提高粗粒和细粒矿物的回收率。功耗低，因叶轮直径小，转速低，因此降低了运转功耗，比同规格的 XJK 型浮选机节省功耗 15%～20%，同时又能吸入足量的空气和矿浆。易损件寿命长，特别是叶轮、定子的寿命比 XJK 型浮选机延长一倍以上。

20 XJC、BS-X、CHF-X 型浮选机的主要结构特点是什么？

这三种浮选机的结构和工作原理基本相同，均类似于美国丹佛 D-R 型浮选机。北方重工研制并生产的 XJC 型浮选机示于图 4-21，北京有色金属研究总院设计的 BS-X 型浮选机示于图 4-22，北京矿冶研究总院研制的 CHF-X 型浮选机示于图 4-23，这里以 CHF-X 型浮选机为例加以介绍。

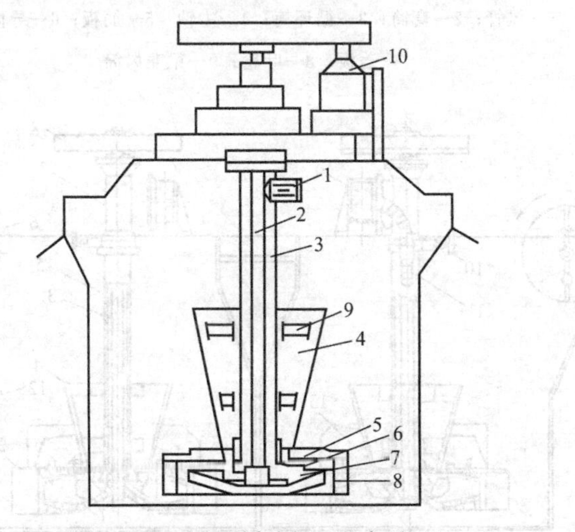

图 4-21 XJC 型浮选机（北方重工）

1—风管；2—主轴；3—套筒；4—循环筒；5—调整垫；6—导向器；7—叶轮；8—盖板；9—连接筋板；10—电动机

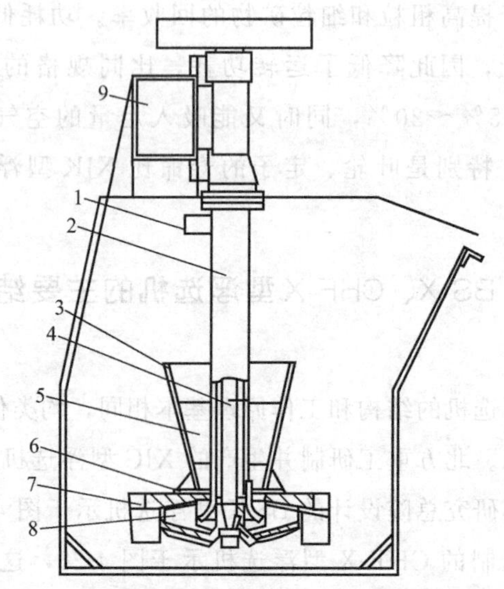

图 4-22 BS-X 型浮选机（北京有色金属研究总院）

1—风管；2—套筒；3—循环筒；4—主轴；5—筋板；6—导向器；7—盖板；8—叶轮；9—梁兼风筒

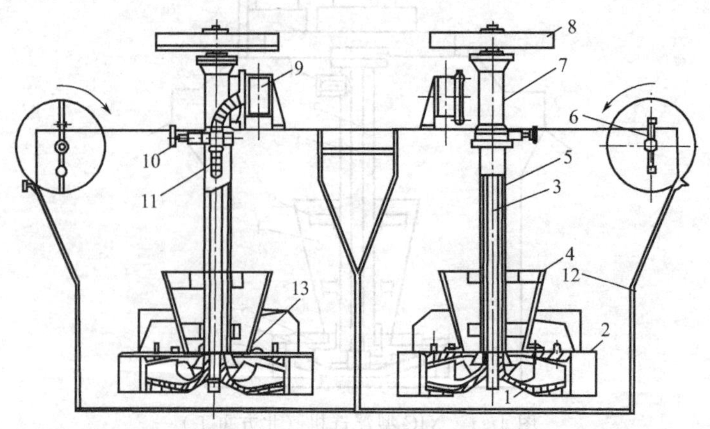

图 4-23 CHF-X 型充气机械搅拌式浮选机（北京矿冶研究总院）

1—叶轮；2—盖板；3—主轴；4—循环筒；5—中心筒；6—刮泡装置；7—轴承座；8—带轮；9—总风筒；10—调节阀；11—充气管；12—槽体；13—钟形物

CHF-X型浮选机由两槽组成一个机组，每槽容积7m^3，两槽体背靠背相连，组成14 m^3双机构浮选机。整个竖轴部件安装在总风筒上。叶轮为带有8个径向叶片的圆盘，盖板为4块组装成的圆盘，其周边均布有24块径向叶片。叶轮与盖板的轴向间隙为15～20mm，径向间隙为20～40mm。中心筒上部的充气管与总风筒相连，中心筒下部与循环筒相连。钟形物安装在中心筒下端，盖板与循环筒相连，循环筒与钟形物之间的环形空间供循环矿浆用，钟形物具有导流作用。该浮选机是利用矿浆的垂直大循环和由低压鼓风机压入空气来提高浮选效率。矿浆通过锥形循环筒和叶轮形成的垂直循环所产生的上升流，把粗粒矿物和密度较大的矿物提升到浮选槽的中上部，可避免矿浆在槽内出现分层和沉砂现象。鼓风机所压入的低压空气经叶轮和盖板叶片而被均匀地弥散在整个浮选槽中。矿化气泡随垂直循环流上升，进入浮选槽上部的平静分离区，与不可浮的脉石分离。矿化气泡上升到泡沫层的路程较短，也是该浮选机的一个特点。

主要特点：

① 设计为直流槽形式，矿浆通过能力大，浮选速度快；

② 采用外部特设的鼓风机供气，可根据工艺要求调节充气量，且调节范围较大；

③ 占地面积小，单位体积质量轻；

④ 采用锥形循环筒，使矿浆垂直向上进行大循环，增大了浮选槽下部的搅拌能力，可有效地保证矿粒悬浮而不易沉槽，适合于要求充气量大、矿石性质较复杂的粗重难选矿物的选别；

⑤ 叶轮只用于循环矿浆和弥散空气，深槽浮选机的叶轮仍可在低转速下工作，故搅拌器磨损较轻，矿浆液面亦比较平稳；

⑥ 叶轮与盖板间的轴向和径向间隙都比A型浮选机大，且没有严格要求，故易于安装和调整；

⑦ 药剂和动力消耗明显降低，选别指标有所提高。

该浮选机的缺点是：需采用阶梯配置，无自吸矿浆能力，需设置低压风机，中矿返回需设砂泵，不利于复杂流程的配置。该机适用于大、中型浮选厂的粗、扫选作业。

21 浮选柱的主要类型有哪些?

浮选柱是一种新型的节能浮选设备，由于其槽体形似柱体（长径比可达 6～10)，故称其为浮选柱或柱式浮选槽。实质上，浮选柱是一种具有柱形槽体的无机械搅拌充气式浮选设备。浮选柱种类繁多，差别主要表现在柱体高度、充气形式、矿化方式分选原理等方面。按气泡发生器划分，可将浮选柱分为内部充气型和外部充气型；按柱体高度划分，可分为矮柱型、中高柱型和高柱型；按气泡和矿浆运动的方向则可划分为逆流式、顺流式和逆流-顺流混合式。逆流浮选柱的入料通常由柱子上部给入，尾矿则从柱子底部排出；顺流型浮选柱的入料、空气、尾矿均从柱子底部实现；而逆流-顺流混合式浮选柱则是同向给入矿浆和部分空气，另一部分空气由柱子底部给入，或者通过循环矿浆和空气由底部给入，而入料从柱子上部给入。目前，国内用于微细物料分选的浮选柱结构多样，按分类标准不同，有的浮选柱既属于矮柱型，又可归为其他类别浮选柱之中。据此可将国内外使用的结构上有特色的浮选柱分类如表 4-1 所示。

表 4-1 浮选柱分类

分类标准	类别	浮选柱种类及型号
高度	矮柱型	旋流器式浮选柱、射流浮选柱、旋流充气浮选柱、全泡沫浮选柱、LHJ 浮选柱、Jameson 浮选柱、Wemco-Leeds 搅拌式浮选柱、气浮式浮选柱
	中高柱型	FCMC 旋流微泡浮选柱、FCSMC 旋流-静态微泡浮选柱、CPT 浮选柱、TAFC 双充气微泡浮选柱、Microcel 浮选柱、FXZ 静态浮选柱、KYZ 顺流喷射式浮选柱、KΦM 浮选柱、XFZ 多柱室逆顺流交替流动式浮选柱

续表

分类标准	类别	浮选柱种类及型号
高度	高柱型	Flotair浮选柱、Boutin浮选柱、KFP浮选柱、Leeds浮选柱、MTU充填介质浮选柱、电浮选柱、磁浮选柱、ΦΠ浮选柱
充气方式	内部充气型	Boutin浮选柱、MTU充填介质浮选柱、KΦM浮选柱、XFZ多柱室逆顺流交替流动式浮选柱、电浮选柱、气浮式浮选柱
	外部充气型	旋流器式浮选柱、射流浮选柱、旋流充气浮选柱、全泡沫浮选柱、LHJ浮选柱、Jameson浮选柱、Wemco-Leeds搅拌式浮选柱、FCMC旋流微泡浮选柱、FCSMC旋流-静态微泡浮选柱、Microcel浮选柱、CPT浮选柱、TAFC双充气微泡浮选柱、FXZ静态浮选柱、KYZ顺流喷射式浮选柱、Flotair浮选柱、KFP浮选柱、Leeds浮选柱、磁浮选柱
气泡和矿浆运动方向	逆流式	旋流充气浮选柱、全泡沫浮选柱、Wemco-Leeds搅拌式浮选柱、CPT浮选柱、FXZ静态浮选柱、Microcel浮选柱、Flotair浮选柱、Boutin浮选柱、Leeds浮选柱、MTU充填介质浮选柱、气浮式浮选柱、电浮选柱、磁浮选柱
	顺流式	Jameson浮选柱、KYZ顺流喷射式浮选柱
	逆流-顺流混合式	射流浮选柱、旋流器式浮选柱、FCMC旋流微泡浮选柱、FCSMC旋流-静态微泡浮选柱、TAFC双充气微泡浮选柱、KΦM浮选柱、XFZ多柱室逆顺流交替流动式浮选柱

22 詹姆森浮选柱的主要特点是什么？

詹姆森浮选柱是目前国内外推崇的新型短体浮选柱，从气泡和矿浆运动的方向上看，可归为顺流式浮选柱中。詹姆森浮选柱结构如图4-24所示。其工作原理是将调好药剂的矿浆用泵经入料管打入下导管的混合头内，通过喷嘴形成喷射流而产生一负压区，从而吸入空气产生气泡，矿粒在下导管与气泡碰撞矿化，下行流从导管底口排入分离柱内，矿化气泡上升到柱体上部的泡沫层，经冲洗水精选后流入精矿溜槽，尾矿则经柱体底部锥口排出。充气搅混装置是詹姆森浮选柱的关键部件，如图4-25所示。它采用了射流泵原

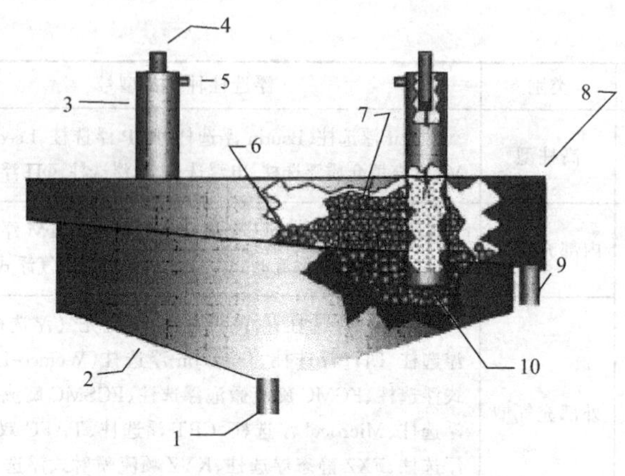

图 4-24 詹姆森浮选柱结构

1—尾矿口；2—槽体；3—下导管；4—进料口；5—进气口；6—精矿；7—泡沫区；8—泡沫槽；9—精矿口；10—分离区

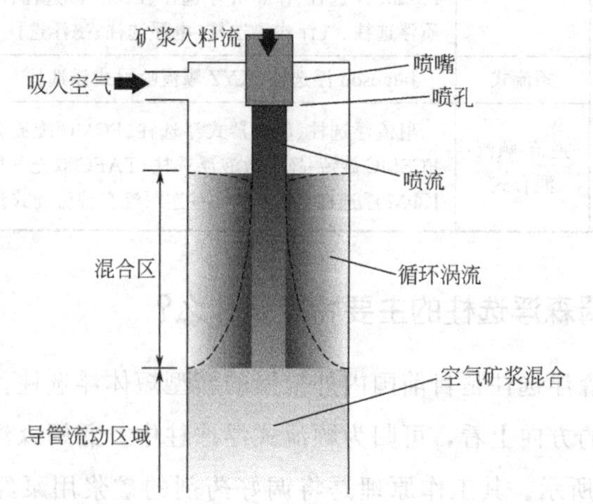

图 4-25 充气搅混装置

理，在把矿浆压能由喷嘴转换成动能的同时，在密封套管内形成负压，并由空气导管吸入空气。经密封套管，射流卷裹气体进入混合套管，在高度紊动流体作用下，气体被分割成气泡并不断与矿粒碰撞黏附，得到矿化。分散器相当于静态叶轮，将垂直向下的矿浆沿径向均匀分散。

该设备具有以下优点：矿粒与气泡的碰撞矿化发生在下导管内，柱体只起使矿化气泡与尾矿分离作用，实现了矿化与分离的分体浮选策略；浮选柱高度低，由于气泡矿化过程不发生在柱体内，省去了常规浮选柱中的捕集区高度（约占总高度的80%）。工业用的詹姆森浮选柱高度仅2m；矿粒在下导管内滞留时间短，连同柱体内总停留时间为1min，因而浮选效率高；下导管内矿浆含气率高达40%～60%，而普通浮选柱气溶率为4%～16%；矿浆通过混合头的喷嘴以射流状进入下导管，从而形成负压将空气吸入，省去了正压充气设备。全机唯一动力设备是一台给料泵，节省了生产投资和电耗。该设备已成功应用于澳大利亚Mt. Isa铅锌矿，并成为该厂技术升级的关键。我国煤炭行业鸡西矿业公司等已应用詹姆森浮选机选煤。

该设备缺点是：矿浆停留时间短，对可浮物较多的物料（如煤），往往需要设置多段扫选；下导管内不易充满，给矿波动时，分选过程不稳定；对气体的劈分成泡过程不完善，在下导管内易产生“气团”，在柱体内易形成“气弹”，影响分选效果。

23 充填介质浮选柱的主要特点是什么？

美国密歇根工业大学开发的充填式浮选柱是在常规浮选柱体内装有特定的充填介质，其结构示意见图4-26。充填板层层排列并呈90°夹角，细小曲折的孔道使矿粒和气泡紧密接触强化分选作用。入料从柱体中部给入，底部通入压缩空气，精矿从顶部溢流排出，尾矿从底部排出，顶部设喷水装置。充填式浮选柱有效地实施了成泡、矿化、分离的柱浮选基本过程，通过充填实现静态化的思路已成为提高柱分选效率的公认手段。但是，填充材料易堵塞、造价高的缺陷不仅影响了填充的实施效果，而且已影响到该浮选柱的工业应用。

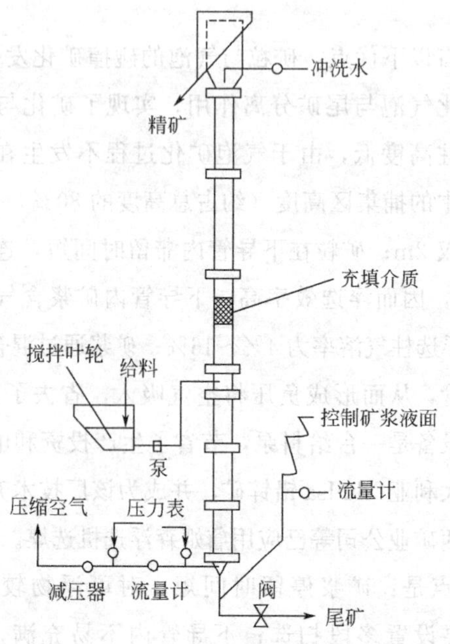

图 4-26 MTU 充填介质浮选柱

24 CPT 浮选柱的主要特点是什么？

该柱由加拿大 CPT 公司研制，属于逆流浮选设备，结构示意见图 4-27。主要特点是在柱底部附近安装有可从柱体外部拆装检修的气体分散器，共有 4 种类型，其中最新的是 SlamJet 和 SparJet 分散器。SlamJet 气体分散系统是一个只分散气体的系统，用于将细小气泡注入浮选柱，其所需空气通过一组环绕浮选柱槽体的支管提供，分散系统共有若干根简单、坚固的气体喷射管，这若干根喷射管一般均匀地分布在浮选柱底部附近的同一截面上。每根管子配有一个独立的气动自动流量控制及自动关闭装置，该装置可保证喷射管在未加压或发生意想不到的压力损失时能保持关闭和密封状态，防止矿浆流入，确保气体分散系统不因堵塞而影响其正常运

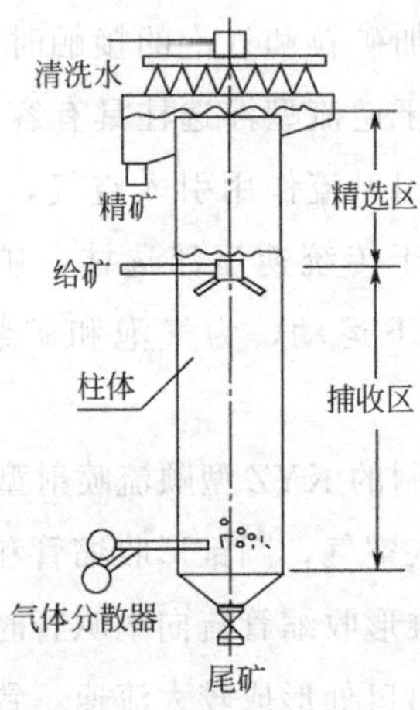

图 4-27 CPT 浮选柱

行。喷射管喷嘴有多种不同的型号可供使用，通过调整喷射管开启个数及喷射管喷嘴的大小，可调整浮选柱的供气压力、流量，确保柱内空气充分弥散。SlamJet 在浮选柱运行的情况下都易于插入和抽出，检查、维修方便。

工作时，经浮选药剂处理后的矿浆，从距柱顶部以下约 1～2m 处给入。气体分散器产生的微泡在浮力作用下自由上升，而矿浆中的矿物颗粒在重力作用下自由下降，上升的气泡与下降的矿粒在捕收区接触碰撞，疏水性矿粒被捕获附着在气泡上，并使气泡矿化。负载有用矿物颗粒的矿化气泡继续浮升而进入精选区，并在柱体顶部聚集形成厚达 1m 的矿化泡沫层，泡沫层被冲洗水清洗，使被夹带而进入泡沫层的脉石颗粒从泡沫层中脱落，从而获得更高品位的精矿。尾矿矿浆从柱底部排出，整个浮选柱保持在“正偏流”条件下工作。

25 顺流浮选柱的主要特点是什么?

顺流浮选柱是指矿浆和气泡同向流动的浮选柱，由于相对运动速度较小，可以增加矿粒和气泡的接触时间，从而提高分离效果。顺流浮选柱相对于逆流型浮选柱具有容易操作、生产效率高等优点。该浮选柱利用射流作用引入空气，其结构简单，制造成本低，且选别效率高于传统逆流浮选柱，矿浆和气泡同向流动，迫使气泡克服浮力向下运动，为气泡和矿浆接触创造了理想的条件。

图 4-28 是国内研制的 KYZ 型顺流喷射型浮选柱，其工作过程为，利用射流原理引入空气，圆锥形收缩管和喇叭管在空室中间相连，当高速水流由圆锥形收缩管流向喇叭管时，因水流断面逐渐缩小，在圆锥形收缩管出口处形成较大流速，致使该处压强降低至大气压以下，在空室中形成负压，使空气从外部进入到空室中。在分选槽底部安装有一个反射假底，其作用是将高速水流所携带的空气粉碎成气泡，进而弥散到整个分选槽。

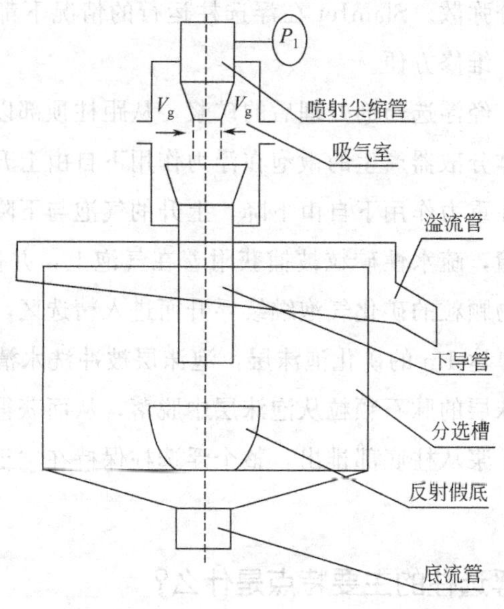

图 4-28　KYZ 型顺流喷射型浮选柱

26 微泡浮选柱和旋流-静态微泡浮选柱的主要特点是什么?

① 微泡浮选柱。微泡浮选柱采用传统浮选柱的矿化分离模式，突出了浮选的“微泡效应”。该设备关键之处在于采用了新型的微泡发生器，这种多孔管微泡发生器是在压力管道上设一微孔材质的喉管，喉管通过密封的套管同压缩空气相连，当矿浆快速经过喉管时，压缩空气经过套管从多孔材质的喉管的壁进入矿浆，形成微泡，并立即被流动的矿浆带走。微泡浮选柱的高度与直径比值在10～15之间，由所需的浮选时间而定。它主要应用在煤泥分选方面。

微泡浮选柱的优点是：在同样充气量条件下，气泡尺寸小，数量多、均匀，能增加气泡与矿粒的碰撞机会，提高可选性及分辨率；而且大量的微小气泡易于形成气-固絮团，可提高矿化效率，减少脱附概率。

② 旋流-静态微泡浮选柱。由中国矿业大学研制，属于逆流式浮选柱，其主体结构包括柱浮选、选旋流分选、管流矿化部分，见图4-29。整个设备为柱体，柱浮选段位于柱体上部，其采用逆流碰撞矿化的浮选原理，在低紊流的静态分选环境中实现微细物料的分选，在整个柱分选方法中起到粗选与精选作用；旋流分选与柱浮选呈上、下结构连接，构成柱分选方法的主体；旋流分选包括按密度的重力分离以及在旋流力场背景下的旋流浮选。这不仅提供了一种高效矿化方式，而且使浮选粒度下限大幅降低，提高了浮选速度。旋流分选以其强回收能力在柱分选过程中起到扫选、柱浮选中矿作用。管流矿化利用射流原理，通过引入气体及粉碎成泡，在管流中形成循环中矿的气-固-液三相体系并实现了高度紊流矿化。管流矿化沿切向与旋流分选相连，形成中矿的循环分选。该设备具有运行稳定、分选选择性好、效率高、处理能力大、电耗低、适应性强等特点。

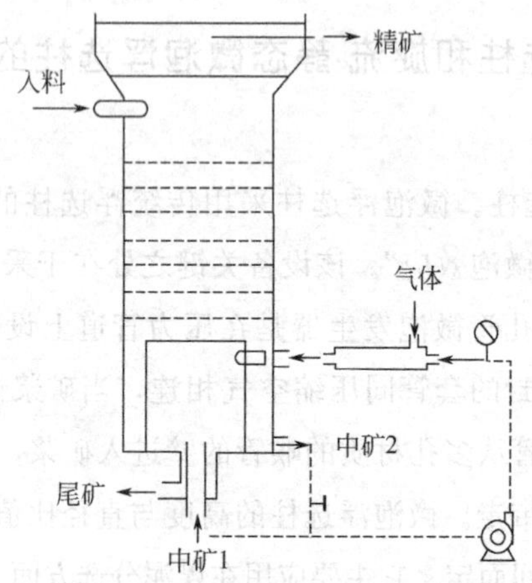

图 4-29 旋流-静态微泡浮选柱

中国矿业大学研制的旋流静态浮选柱在湖南柿竹园钨矿的应用情况如图 4-30 所示。

图 4-30 旋流-静态微泡浮选柱在湖南柿竹园钨矿的应用

XJM-S 型系列浮选机的工作原理及其特点是什么？

（1）工作原理

XJM-S 型浮选机是由槽体、搅拌机构、传动机构、刮泡机构及液位调整机构等部分组成，如图 4-31 所示。槽底上设有假底，假底上有稳流板、吸浆管及定子导向板。相邻两槽间设有中矿箱，位于前一槽和槽箱内，而在第一槽的前面增设入料箱。搅拌机构由传动机构、套筒、定子盖板、叶轮、锁紧螺母、导管及进气管等组成。在导管与定子盖板间有调节环，用于调节矿浆的循环量。

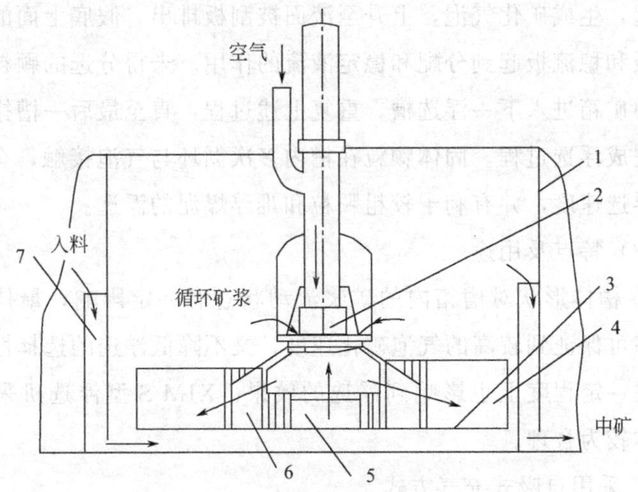

图 4-31 XJM-S 型浮选机的结构

1—槽体；2—搅拌机构；3—假底；4—稳流板；5—吸料管；

6—定子导向叶片；7—中矿箱

叶轮用锁紧螺母固定在轴上，定子分成盖板和导向板两部分，盖板通过法兰盘与套筒连接，安装时盖板压在固定于假底上的定子导向板上，这样定子导向板不仅用于分配矿浆，而且又成为搅拌机构的支座，保证了叶轮运转时的稳定性。这种结构减小了定子直径，安装检修时便于搅拌机构的起吊及拆装叶轮。进气管上的气量调节阀用来调节进气量。

矿浆从浮选机端部的入料箱进入假底的下面，其主流经吸浆管进入叶轮的下层腔内，进入叶轮下腔的还有一部分槽内的循环矿浆，循环矿浆的主流及部分从假底周边泄出的新鲜矿浆一起从叶轮上部的搅拌区进入叶轮的上层，所有矿浆在离心力作用下从叶轮周边甩出进入槽箱。当矿浆被甩出时，叶轮中心部分产生负压，通过吸气管和套筒吸入空气，空气和矿浆在叶轮腔内混合，并在叶片和液流的剪切作用下分散成微细气泡，微泡与疏水性煤粒碰撞并黏附在一起，生成矿化气泡，上升至液面被刮板排出。假底上面的定子导向板和稳流板起到分配和稳定液流的作用。未得分选的颗粒随液流经中矿箱进入下一浮选槽，重复上述过程，直至最后一槽排出尾矿，完成浮选过程。固体颗粒在槽内多次循环与气泡接触，有利于提高浮选速度，并有利于较粗颗粒和难浮煤泥的浮选。

（2）特点及用途

① 槽体形状对槽箱内的矿浆流动状态有一定影响，最佳的矿浆流态可保证到较高的气泡矿化速度，又不降低浮选的选择性，所以它在一定程度上也影响到浮选的效果；XJM-S型浮选机采用矩形槽体较为合理。

② 采用自吸式充气方式。

③ 叶轮形式采用伞形方式。叶轮是机械搅拌式浮选机最关键的部件。

④ 采用了混合的给料方式，即新鲜矿浆从假底下部给入，其主要部分从设在假底中心的吸浆管吸入叶轮底部。

⑤ 进气方式设有一个进气管，管口有气量控制阀，可以在机器运转过程中随时调节充气量，吸入的空气经套筒分别进入叶轮的上下两层。

 XJX 型系列浮选机的工作原理及其特点是什么？

（1）工作原理

XJX 型系列浮选机的结构如图 4-32 所示。当浮选内槽内叶轮转动时，在离心力作用下定子与叶轮内充满的矿浆被甩出，同时叶轮内产生负压，经套筒和空心细管吸入空气和药剂，然后又从叶轮上下盖板的循环孔吸入矿浆。在叶轮的回转作用下，三相不断混合并向外甩出，使气泡得到矿化。矿化气泡经稳流板作用升向液面，形成泡沫层。未矿化的物料可以进行循环再次进入叶轮，或去下一槽进行浮选。

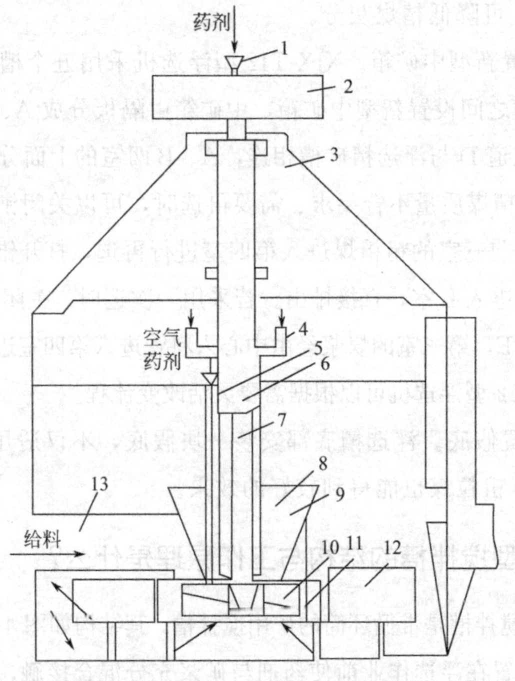

图 4-32　XJX 型系列浮选机的结构

1—空气轴加料斗；2—大胶带轮；3—机架；4—进气孔；5—定子加药斗；6—套筒；7—空心轴；8—槽体（包括中矿箱）；9—入料循环筒；10—叶轮；11—定子；12—稳流板；13—入料管

(2) 特点和用途

浮选机的作用是将已准备好的矿浆按一定的质量要求分选为若干产品。XJX-T12 型浮选机是在 XJX-12 型浮选机的基础上研制的，XJX-T12 型浮选机的结构有以下三个方面的特点。

① 采用中心入料方式。用一个水平入料管将新鲜矿浆或上一槽的矿浆导入倒锥循环桶的下部外壁和定子盖板组成的截面为三角形的腔室内，从定子盖板上的循环孔进入叶轮上部。由于全部矿浆进入叶轮，与下吸式类似。虽然矿浆通过量相应有所减少，动力消耗也随之增加，但提高了分选效果，加速了浮选速度，增强了分选的选择性，可降低精煤灰分。

② 设置新型中矿箱。XJX-T12 型浮选机采用五个槽为一组，在第三、四槽之间设置新型中矿箱，中矿箱由隔板分成 A、B 两室，A 室内有一通道 D 与浮选精矿槽相连，A、B 两室的上面分别有一锥塞 E 和 C。当精煤质量不合要求、需要再选时，可以关闭锥塞 E，打开通道 D，使前三室的粗精煤进入第四室进行再选，打开锥塞 C，使第三室的尾煤进入 B 室，直接排出。若采用一次选时，关闭通道 D 和锥塞 C，打开 E，第三室的煤浆经由中心入料管进入第四室进行分选。因此，XJX-T12 型浮选机可以根据需要灵活改变流程。

③ 设置假底。浮选槽底部安装一块假底，不仅适用于易选煤，对难选煤、粗粒煤也能得到较好的效果。

29 XB 型搅拌槽的结构与工作原理是什么？

XB 型搅拌槽是带循环筒的矿用搅拌槽，其结构如图 4-33 所示。该设备主要设置在浮选作业前使药剂与矿浆充分混合接触，以尽量发挥药剂作用，它适用于浓度不大于 30%及矿石相对密度不大于 3.5 的矿浆与浮选药剂的搅拌。槽体分锥底和平底两种形式。该机在工作时，在叶轮的旋转作用下，矿浆和药剂产生大、小循环运动，见图 4-34，从而

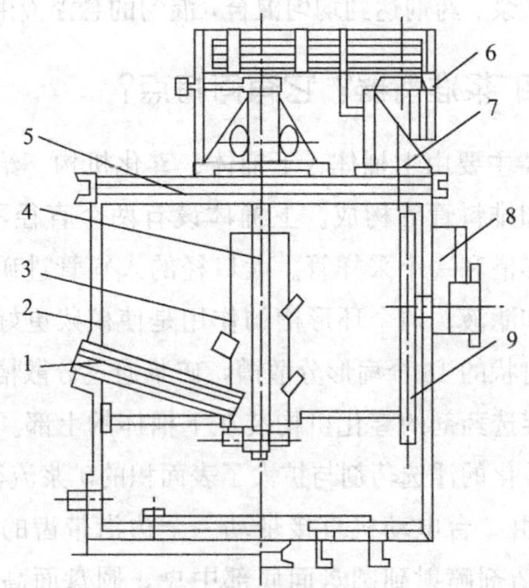

图 4-33　XB 型搅拌槽结构（北方重工）

1—给矿管；2—槽体；3—循环筒；4—传动轴；5—横梁；6—电动机；7—电动机支架；8—溢流口；9—粗砂管

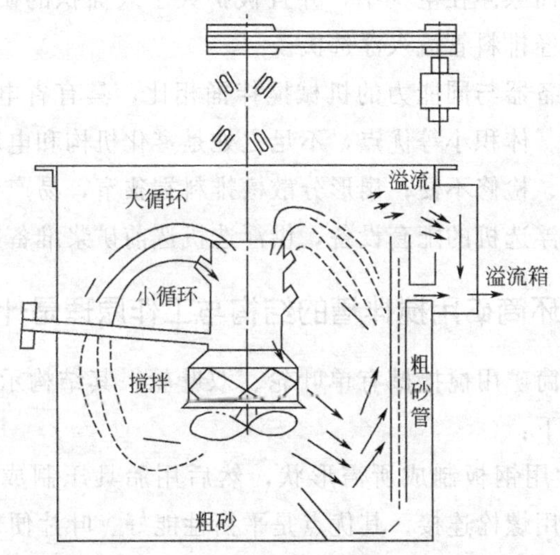

图 4-34　XB 型搅拌槽工作原理

使整个槽内的矿浆、药剂达到均匀混合，混匀的悬浮液由溢流口排出。

30 什么是矿浆准备器？它有何特点？

矿浆准备器主要由上桶体、下桶体、雾化机构、给药系统、排料箱、排料闸门和排料管等构成。上桶体设有两个直径不同的入料管，两个同心的环形槽和一个采样管。大口径的入料管进矿浆，小口径的入料管进清水和滤液。两个环形槽的作用是使矿浆更好地混合。下桶体内装有呈辐射状的16个扁形分散槽，矿浆通过分散槽被分割成若干个股流落下。浮选药剂的雾化机构装在下桶体的上部。桶体中部有一较大空间，使雾化的浮选药剂与扩大了表面积的矿浆流得以充分接触。

雾化机构由一台电动机直接带动一个边沿带齿的圆盘构成。给药系统将浮选药剂喷射到圆盘面底部中央，圆盘面高速旋转具有一定负压，加上离心力的作用，使吸盘在盘面上的药剂薄膜从盘面中心向外扩散，并通过齿尖切割成药剂液线，以其所得到的最大速度射入空气中。由于与相对静止的空气间的摩擦，浮选药剂被粉碎成微细的液珠而漂浮在空气中，并且被扩大了表面积的矿浆流带走，流进排料箱经排料管流入浮选机。

矿浆准备器与同能力的机械搅拌桶相比，具有省电、省药剂、生产能力大、体积小等优点，不足之处是雾化机构和电动机在桶内中央，安装、检修不便；扇形分散槽排料端狭窄，易产生堵塞。矿浆准备器是浮选机的配套设备，供浮选机选前矿浆准备用。

31 无循环筒矿用搅拌槽的结构与工作原理是什么？

无循环筒矿用搅拌槽有单叶轮、双叶轮，其结构示于图4-35，结构特点如下：

① 叶片用钢板制成所需形状，然后用胎具压制成最终形状，轮毂和叶片用螺栓连接，其优点是平衡性能好、叶片便于更换；

② 主轴由上、下轴两部分组成，下轴用无缝钢管制成，两段轴用法兰连接，这样既减轻了设备质量，又保证了一定的刚性，

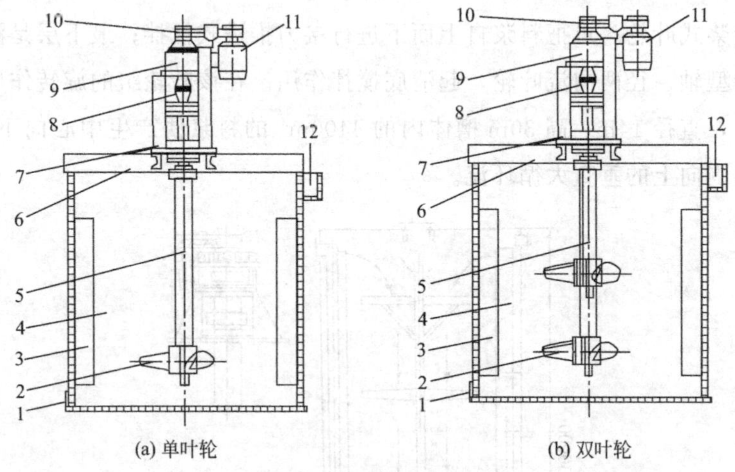

图 4-35　单叶轮和双叶轮搅拌槽

1—排矿阀；2—叶片；3—稳流板；4—槽体；5—主轴；6—走台；7—支座；8—联轴器；9—立式减速器；10—带轮；11—电动机；12—溢流口

并降低了搅拌器的起吊高度；

③ 支撑主轴的支座不再采用传统的铸铁件，而改用焊接结构，使设备结构紧凑，质量减轻；

④ 传动系统采用立式星形齿轮减速器，输出轴用弹性联轴器与主轴相连，这样传动效率高，结构简单，运转可靠；

⑤ 采用标准件和通用件的比例增大，造价降低。

无循环筒矿用搅拌槽的工作原理为：矿浆在具有轴流式螺旋桨叶片叶轮的旋转作用下，沿轴向从叶轮下端排出，在叶轮腔形成负压，使矿浆从叶轮上面流入叫轮腔加以补充。同时，在稳流板的导流作用下，矿浆在槽内形成中心向下、四周向上的垂直循环流。当矿浆的上升速度大于矿粒的沉降速度时，矿浆中的矿粒便呈悬浮状态，并保持均匀的浓度。

五层叶轮的无循环筒矿用搅拌槽是大型搅拌槽，其结构示于

图 4-36。该搅拌槽主轴上装有 5 层叶轮，上面 4 层为双叶片轴流螺旋桨式叶轮，可把料浆自上而下进行接力推进式搅拌；最下层是涡轮型轴、径两向流叶轮，起清底搅拌作用。在该叶轮组的旋转作用下，直径 14m、高 30m 槽体内的 $4400m^3$ 的料浆便产生中心向下、周围向上的垂直大循环流。

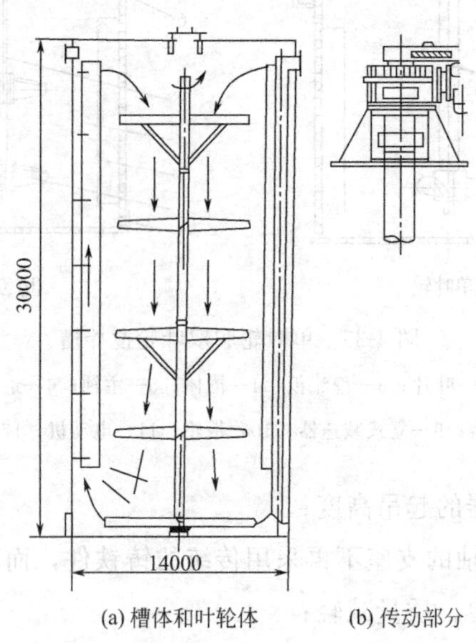

(a) 槽体和叶轮体　　(b) 传动部分

图 4-36　ϕ14000×30000 大型搅拌槽

32 提升式搅拌槽的结构与工作原理是什么？

提升式搅拌槽的结构示于图 4-37，槽中旋转的叶轮类似离心泵的作用，利用其吸程将料浆由给矿管吸入叶轮腔，然后沿叶轮四周离心方向甩出。被甩出的料浆充满整个槽体并使固相悬浮，从而完成搅拌提升作用。

33 药剂搅拌槽的结构与工作原理是什么？

药剂搅拌槽的结构如图 4-38 所示。药剂搅拌槽具有既能搅拌

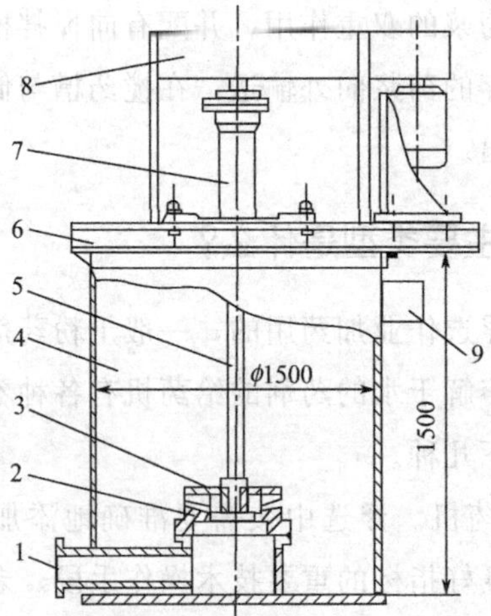

图 4-37　ϕ1500×1500 提升式搅拌槽

1—给矿管；2—挡板；3—叶轮；4—槽体；5—主轴；6—支架；

7—轴承体；8—传动装置；9—排矿口

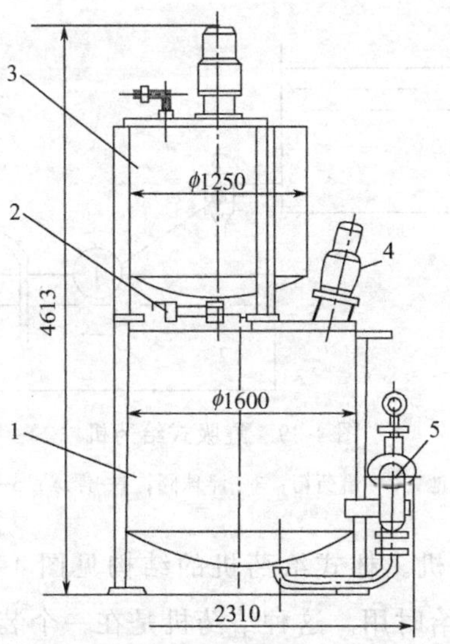

图 4-38　药剂搅拌槽的结构及外形尺寸（北方重工）

1—储药槽；2—排药电动阀；3—搅药槽；4—供水系统；5—送药装置

药浆、又能储存药浆的双重作用，并配有向搅拌槽供水的系统，有送药装置可将储存的药浆向外输送，在搅药槽与储药槽之间用电动阀控制药浆的排出。

34 给药机的主要类型是什么？

给药机是为浮选作业加药用的，一般干粉药剂用带式或盘式给药机。液体或需溶解于水的药剂的给药机有各种不同的构造，而其中最常用的有以下几种。

① 虹吸式给药机。浮选中按需要准确地添加各种药剂，是控制工艺过程获得良好指标的重要技术操作手段。老式的杯式给药机常用于添加药剂原液。目前在小型选厂常用的普通虹吸式给药机（图 4-39），一般在保持给药液位恒定的同时，通过人工调节虹吸管的夹紧程度，进而测定调节和保持药液流量，其结构简单，常可自行制作。

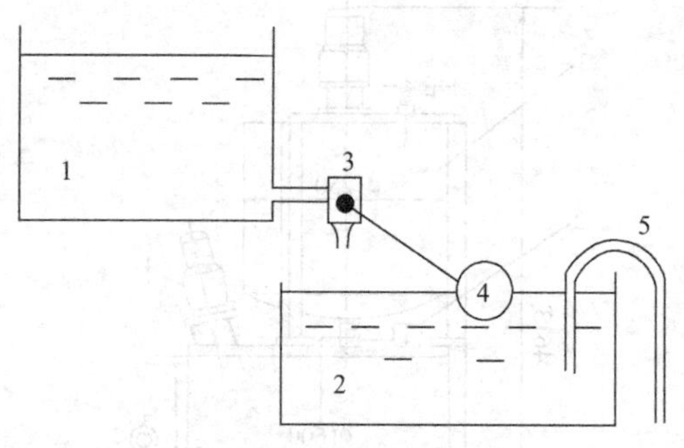

图 4-39 虹吸式给药机

1—药剂池；2—给药箱；3—浮球阀；4—浮球；5—虹吸管

② 杯式给药机。杯式给药机的结构见图 4-40，常在计量要求不高的药剂加给时用。这种给药机是在一个装满药剂溶液的容器（箱子）里旋转的圆盘上安装给药杯，圆盘旋转时带动给药杯装药（下部）和排药（下部），给药量靠调节药杯的倾斜或大小

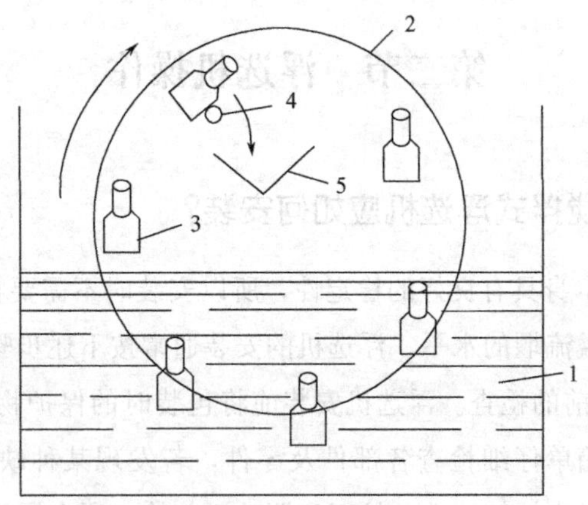

图 4-40 杯式给药机

1—药箱；2—转盘；3—小杯；4—横杆；5—流槽

来确定。杯式给药机适用于较黏的药剂原液如 25 号黑药、松醇油等的给药。

③ 自动给药机。目前在大中型选厂常用的电子自动给药机，是将准备好的药剂给入容器，借助自动调节装置（如阀门）或专设机构进行计量给药。电子自动给药机使用方便，给药准确，可详细记录各种药剂的用量，非常有利于提高浮选技术指标和生产管理水平，目前正在迅速推广应用。

④ 轮式给药机。常用于油类或油状药剂，给药轮在装满药剂的容器内慢慢旋转，药剂成薄层黏附在金属轮表面上，然后被刮板刮下。调节给料轮的转速和刮板宽度可调整给药量。

⑤ 箕斗式给药机。类似于小型斗式提升给料机，箕斗在浸入液体药剂时装满药剂，上升至一定位置倾斜排药。

⑥ 其他给药装置。选厂在实际生产中，自制或改进了很多给药装置，以满足生产需要。

第二节 浮选机操作

35 机械搅拌式浮选机应如何安装?

浮选机本身具有良好的稳定性，所以安装时不需要特殊的基础，但必须保证溢流堰的水平。浮选机的安装通常按下述步骤进行。

① 安装前的检查。浮选机安装前将包装时的保护物及防腐油去掉，对照装箱单仔细检查各部件及零件，若发现某种缺陷应该设法消除。必要时应拆卸清洗、校正和调整，并检查所有零件是否完整。

② 套性部件的检查。浮选机安装前应检查部件套数，确定所需左式和右式装机方案。根据浮选机总图检查零、部件的数量等。

③ 浮选机槽体安装顺序。先安装头部槽体，再安装中间槽体，最后安装尾部槽体。槽体安装前要用水平测绘仪测出基础座的水平偏差，槽体装到基础上以后，使各个槽体的两边溢流堰成同一水平，用水平尺在不同槽体间找正，并用不同厚度的垫板使整机在长度方向和宽度方向上水平一致，在长度方向上总偏差不应超出3～5mm，入料口、槽体与槽体、槽体与中矿箱连接部均不得有渗漏现象，然后紧固机体各部螺栓。

④ 搅拌机构。空心轴与叶轮应安装牢靠，叶轮水平面应保证与空心轴垂直，且不能上下窜动。叶轮应与假底中心孔对中，其偏差不大于3mm。定子导向叶片与假底上的稳流板对齐，不得错开。

叶轮与定子之间的径向、轴向间隙应保证在7～9mm之间，在安装中可从叶轮外径上任取等距离的三点测量其间隙，轴向间隙由调整垫来调节。传动三角带的安装松紧应适度，装三角带之前，先将电动机和搅拌轴上的大小皮带轮安装合适，找平后再将三角带放入皮带轮槽中，调节中心距，张紧三角带。转动电动机继续调整三角带，使其在带负荷驱动时松边稍呈弓形。安装三角带轮安全罩，安全罩支腿插入管座应稳固。检查电动机转动方向，叶轮为顺时针方向转动，搅拌机构应转动灵活，无卡阻现象。

⑤ 刮板机构。安装刮板轴、刮板架、刮板橡皮，并使刮板轴转动，刮板橡胶板与溢流口之间的间隙一致，不大于 5mm，后一槽刮板与前一槽刮板依次错开 30°。刮板轴的中心都在同一直线上，相邻两轴的同轴度偏差不大于 0.8mm。

⑥ 液面控制机构。固定液面调整机构，使该机构在手动或自动的操作状态升降灵活，并在设计要求的升降范围内。闸板机构的安装，应保证闸板灵活升降，而且无渗漏。放矿机构的安装，应保证手轮转动灵活。

浮选机安装后应根据设计要求向各润滑点注入各种润滑脂，并清理安装过程中掉入槽体中的螺栓、棉布等异物。将水灌满到溢流口，在不开动搅拌机构的情况下，检查槽体安装是否水平及有无渗漏现象。检查正常后，启动电动机，空负荷运行 8h，检查电动机电流情况及各部位发热情况，如无异常，可加料运行。

36 浮选机检修后在试车时应注意什么?

浮选机检修后，在试车之前，应仔细检查和清理浮选槽，然后进行空车试运转，并逐渐加入清水运转。运转期间注意调整循环孔大小，同时应注意检查叶轮是否有偏动和冲击现象，还要注意各部位运转声音是否正常。在启动电动机时，应检查电动机轴的旋转方向，须保证叶轮轴按顺时针方向旋转（俯视看）。

37 机械搅拌式浮选机的操作要点和日常保养维护有哪些?

① 在设备运行中，巡回检查搅拌机构的轴承、刮板轴承的温

升不应超过35℃，电动机轴承的温升不应超过允许值。检查传动皮带的拉紧情况，其松紧程度要合适，发现有严重磨损时，应选择长度、型号一致的皮带成组更换。

② 转子机体内有异响时，应检查定子与转子之间的间隙、主轴轴承、传动胶带、转子固定部件，对异常问题进行处理和更换。

③ 定子导向叶片和假底稳流板在高速矿浆的冲刷下极易磨损，要经常检查并及时更换。

④ 槽体内各紧固螺栓在高速矿浆的冲击下，易松动脱落，可能导致定子下沉，要每班检查并及时更换。

⑤ 刮泡机构刮泡率下降时，检查耐油橡胶板是否损坏，并及时调整更换。

⑥ 刮泡机构出现振动或摆动时，检查传动轴是否有裂纹以及各联轴节是否脱开。

⑦ 叶轮检查：当叶轮磨损直径超过10%、有洞眼或裂纹时，要及时更换。

⑧ 密封、润滑：检查油封橡胶圈的密封性，特别应注意轴承体中的润滑脂不要漏到矿浆中，以免影响浮选工作正常进行。检查各润滑点是否有足够的润滑脂，如发现油少，应及时添加。搅拌机构和刮泡机构减速机每3个月换油一次。搅拌机构主轴轴承每月注油一次。刮泡机构的含油轴承应每天加油一次。

⑨ 给料量、入料浓度应保持稳定，加药制度应合理，空心轴及套筒进气量应调整合适，浮选槽液位应进行调整，刮板不得刮水。

⑩ 停车前先停止给料。停车时间过长时，应打开放矿阀将矿浆放空，避免槽底煤泥沉积而堵塞管道。

⑪ 经常检查液位自动控制装置动作是否可靠，液位给定值是否适宜。

 机械搅拌式浮选机的常见故障处理方法是什么？

浮选机常见的故障及处理方法如表4-2所示。

表4-2 浮选机常见故障及处理方法

故障现象	处理措施
液面不稳，出现翻花	(1) 检查槽体底部导向板，看定子上的导向板与假底导向板是否准确配置，当发现错位时，特别是假底导向叶轮超前时，应及时调整，使二者准确对正； (2) 叶轮与盖板安装不平，引起轴向间隙一边大，一边小，间隙大的一侧翻花，应及时调整间隙； (3) 盖板局部被叶轮撞坏或稳流板残缺，应及时修复； (4) 检查主轴支撑装置是否松动，使叶轮底面与槽体底面平行
生产能力下降，吸矿能力减少	(1) 检查进气孔是否堵塞，液位调整机构是否有故障； (2) 检查叶轮吸浆口与箱体吸浆法兰是否中心对正，应保证两者同心和周边等距离，中间间隙不应大于6mm； (3) 检查给矿管道是否堵塞或有关管道是否脱落； (4) 检查空心轴进气孔面积是否过大，并及时调整； (5) 检查传动胶带是否打滑，使叶轮搅拌机构轴承温升过高； (6) 转速不够，调整、更换传动三角带
床层发紧	(1) 叶轮严重磨损，更换新叶轮； (2) 叶轮与定子轴向、径向间隙过大，应适当调整； (3) 充气量太小，适当调大
充气不足或沉槽	(1) 叶轮盖板磨损严重，间隙太大； (2) 电动机转速不够或皮带打滑，应检查电动机转速或皮带表面； (3) 充气管堵塞或管口活阀关闭，应清理或打开； (4) 矿浆循环量过大或过小，应调整循环量
中间室或排矿箱排不出矿浆	(1) 槽壁磨漏； (2) 给矿管堵塞或松脱； (3) 叶轮盖板损坏

续表

故障现象	处理措施
液面调不起来	(1) 闸门丝杆脱扣,闸门底部穿孔或是锈死,应及时更换或修理; (2) 闸门调节过头(反向误调),应及时使闸门复位
抽吸槽刮泡量大,直流槽刮不出	多半因直流槽没打开循环孔闸门
精矿槽跑槽	如果药量适当,就是管道堵塞
主轴上下声响不正常	(1) 滚珠轴承损坏; (2) 叶轮质量不平衡,主轴摆动,使叶轮盖板相碰撞; (3) 盖板破损; (4) 槽中掉进异物; (5) 主轴顶端压盖松动; (6) 叶轮盖板间隙过小
轴承发热	(1) 轴承损坏,滚珠破裂,应及时更换; (2) 缺少润滑油或油质不好,应补加或换油
主轴皮带轮摆动及支架摆动	(1) 皮带轮安装不平,应调整; (2) 支架螺栓松动; (3) 座板没垫平; (4) 叶轮各向质量不平衡
电动机发热,相电流增大	(1) 槽内积砂过多,应及时加药、放砂; (2) 轴损坏; (3) 盖板及给矿管松脱; (4) 给矿管磨漏,循环量过大; (5) 空气筒磨穿,循环量过大,应更换空气筒; (6) 电动机单相运转,应检修电动机

39 浮选机内矿浆充气程度的测定及评价如何?

矿浆充气程度是指矿浆中的空气含量、气泡的弥漫程度和气泡在矿浆中分布的均匀性。矿浆的充气程度与浮选机类型、充气器结构、分散气流的方法、搅拌强度、浮选槽尺寸及形状、矿浆浓度、起泡剂种类及用量等有关，且相互联系和影响，矿浆充气程度直接影响气泡矿化过程、浮选速度、工艺指标和浮选药剂的用量。强化充气可使浮选速度加快，增加浮选机生产能力，还可在一定程度上降低药剂用量，尤其是起泡剂用量。

① 充气量 Q。浮选机的充气量通常用每平方米浮选机液面上每分钟溢出的空气量（m^3）来表示，即：

$$Q_0=\frac{\sum Q}{n} \tag{4-4}$$

式中　Q_0——平均充气量，$m^3/(m^2\cdot min)$；

Q——液面不同地点的充气量，$m^3/(m^2\cdot min)$；

n——测定点数，个。

浮选机充气量采用量筒或充气量仪来测定。

量筒法：测定时将容积为 500mL 的量筒装满清水，倒置于浮选机中，由于浮选机液面溢出的空气进入量筒将清水排出，记录空气将清水排出的时间，用下式计算：

$$Q_i=0.6H/t \tag{4-5}$$

式中，Q_i 为被测点充气量，$m^3/(m^2\cdot min)$；H 为量筒排出清水的高度，cm；t 为量筒内一定体积清水排出所用的时间，s。该法简单，但误差较大。

充气测量仪见图 4-41，由测量筒和指示仪两部分组成。测量筒直径为 50mm，为测量不同深度的充气量，配有不同长度的加长副筒。管内有 A、B、C、D 四个电极，电极 A 与 B 和电极 A 与 C 之间电容差为已知数。指示仪由秒表、表头、变压器、继电器及其他元件组成。测量时将测量筒插入浮选机内，筒内的空气即从小孔 f 排出，矿浆注满筒内，再用大拇指将小孔堵住，由于空气进入测量筒将筒内矿浆排出，当液面下降到离开电极 A 下端面的瞬间，表头指示满刻度，液面离开电极 B 下端面的瞬间，表头返回零点，

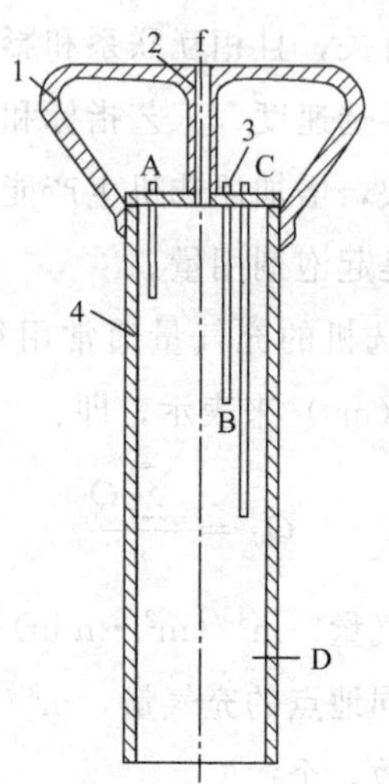

图 4-41　充气测量仪

1—手把；2—排气孔；3—不锈钢电极；4—主筒

记录时间，用式（4-5）计算其充气量。

② 充气均匀度 K。充气均匀度是评价浮选槽液面气泡分布均匀程度的指标，测定浮选机液面各点的充气量按下式计算：

$$K = 100 - \frac{\sum_{i=1}^{n} |Q_i - Q_m|}{nQ_m} \times 100\% \tag{4-6}$$

式中　K——充气均匀度，%；

Q_i——被测点充气量，$m^3/(m^2 \cdot min)$；

Q_m——各测点充气量的算术平均值；

n——测量点数。

式（4-6）可较准确地表示浮选机的充气均匀程度，但此式是以从槽液面测得的充气量来计算的，由此要求测量点数要足够，测量间距应小于 20cm。气泡分布的均匀性也可通过测量矿浆液面不同深处的充气量后用“充气容积利用系数”F 来衡量。充气容积利用系数是评价浮选槽内气泡分布均匀程度的指标，用充气量测量仪测定液面不同深度的各点的充气量，其计算公式为：

$$F=\frac{n-n'}{n}\times 100\% \tag{4-7}$$

式中　F——充气容积利用系数；

n和n'——分别为充气量测定的总点数和充气量小于$0.1m^3/(m^2\cdot min)$的点数。

气泡在矿浆中分布的均匀性直接影响浮选机工作效率，充气均匀度或充气容积利用系数越大，按单位槽体衡量的浮选机生产能力越大。

③ 气泡直径d_0。气泡直径是评价气泡分散度的指标，用照相法测出浮选槽液面不同的点气泡的直径，取其平均值，以d_0表示。

④ 动力指数。动力指数是评价浮选机吸气效能的指标，以浮选机每消耗1kW功率每分钟能吸入的空气量来表示。

$$E=\frac{Q_0 A}{N} \tag{4-8}$$

式中　E——动力指数，$m^3/(kW\cdot min)$；

A——浮选槽液面面积，m^2；

N——浮选槽电机的功率消耗，kW；

Q_0——平均充气量，$m^3/(m^2\cdot min)$。

40 如何提高机械搅拌式浮选机的充气量？

实践和理论研究都证明，在一定范围内提高充气量可大大提高浮选机的生产能力，改善浮选指标。影响浮选机充气量的因素很多，主要可以从以下几个方面进行调节。

① 叶轮与盖板之间的间隙。这一间隙的大小直接影响充气量，间隙过大，矿浆会从叶片前侧翻至叶片后侧，降低叶片后面的真空度，使充气量减小；间隙过小，叶轮与盖板易发生撞击和摩擦，使

充气量下降。实验证明，合适的间隙为6～8mm。

② 叶轮的转速。在一定范围内叶轮的转速越大，充气量越大，但如果转速过大将导致叶轮盖板磨损加快、电耗增加、矿浆面不稳定。

③ 矿浆浓度对充气量和弥散程度也有很大影响。一般情况下，矿浆浓度在一定限度内增加时，充气量和弥散程度也增加。但浓度不能过大，过大则充气量变坏。

④ 进浆量。当进入叶轮中心的矿浆量最适当时，充气量最大。因为在一定范围内进浆量大时，矿浆被甩出时产生的离心力也大，形成的负压区真空度高，使充气量增加。但如果进浆量过大，会造成叶轮上方大空气筒堵塞，会造成吸气困难，充气量降低。

41 浮选柱安装与调试时要注意什么？

在浮选柱进行安装与调试时要注意以下几点。

① 安装时注意水平校准，保证精矿溢流堰周边水平及整个柱体垂直度。

② 注意所有外联管子方位，先核定，然后开口连接。

③ 柱内介质板现场设计安装。

④ 微泡发生器各管均沿柱体均匀布设，注意协调与美观。

⑤ 尾矿箱先简单固定，待调试完成后最终固定。

⑥ 设备自带泡沫收集槽，但须设操作规程平台。

42 浮选柱的操作与维护方面要注意什么？

在浮选柱的操作和维护方面要注意以下几点。

① 捕收剂加入搅拌桶（池），起泡剂进入循环泵吸管，由循环泵乳化。

② 一般情况下，全部微泡发生器同时工作。不要同时关闭相邻的

数个微泡发生器，以免影响气泡分布，降低设备处理能力和效率。

③ 注意检查每个微泡发生器进气情况，发现故障及时关闭阀门修理。

④ 冲洗水尽量少用或不用。

⑤ 形成定期清理介质板制度。

⑥ 其他同一般浮选机操作。

43 常规逆流浮选柱开、停车时应注意哪些事项?

浮选柱在开车时，先向充气管送风。检查没有问题后，向柱内加清水，待清水盖住充气管后，打开尾矿连接管的闸门，见到清水能够流出后，方能给矿。同时停止给水，微开尾矿闸门形成尾矿流。随着矿浆液面的升高，尾矿闸门也逐渐打开。当发现溢流槽有精矿泡沫产出时，要仔细调整尾矿闸门，使尾矿排出量与进矿量达到平衡，保持液面稳定。

浮选柱停车时，要先停止给矿，同时将尾矿管闸门适当地关闭并注入清水。依靠补加水将矿化泡沫去除后，停止给药、注水。将尾矿闸门全部打开，放光矿浆，用水冲净（主要是避免空气管微孔堵塞），然后停风。在事故停车（包括突然停电）时，操作人员应马上将尾矿管闸门全部打开，关闭给矿管，使柱中矿浆迅速放完，然后用清水冲洗空气管。

44 在常规逆流浮选柱的操作中，会出现哪些异常情况?

为保证浮选柱正常运转并获得满意指标，在操作时要求严格控制给矿量、风量和风压，随时观察是否有下列异常现象，及时进行处理。

(1) 翻花现象

如果操作中出现翻花现象，可能的原因有两个，一是给入空气的风压太高，二是空气管破裂。如果调整风压后，翻花仍没有消除，则需停车检查充气管是否破裂或存在未压紧现象，故障排除后，方可开车。

(2) 尾矿管堵塞

这种现象在浮选柱的操作中出现较多，产生的原因如下。

① 给入的矿浆中矿石粒度太大，尾矿管出现的堵塞现象多数是由于这种原因造成的。

② 给矿量突然增大，尾矿管来不及排放，出现沉积堵塞。

③ 浮选柱中落入其他杂物将尾矿管堵塞。

处理办法：应该事先在尾矿排放管最下端的适当位置安装高压水管或高压气管，一旦发生堵塞，可用高压水或高压空气来疏通，同时要查明原因，必要时调整给矿粒度和给矿量。

(3) 泡沫少

主要原因有充气量小、起泡剂用量少、其他药剂制度存在的问题。解决办法是增加充气量、调整药剂量、控制搅拌时间。

45 喷射旋流式浮选机安装与调试时要注意什么?

在喷射旋流式浮选机安装与调试时要注意以下几点。

① 安装槽体。找正基础标高水平，箱体组合安装，依次连接各箱体。要求沿纵横方向平直水平，每个槽箱两边的溢流口必须保持在同一水平线，其不平度不超过 3mm。每室的活动堰板比后一室提高约 40mm，确保直流的矿浆借助水力坡度从浮选机的第一室流到最后一室。

② 安装充气搅拌装置。注意充气器必须垂直，各连接法兰严密不漏水，喷嘴与混合室和喉管均应同心，以防造成各种零件不均匀磨损而影响喉管的吸气效能。

③ 安装刮泡器。安装前先把刮板和刮板架与轴组装在一起，再把它们安装在轴承座上，找正后固定。连接各轴段链式联轴器，

找正后刮板轴应成水平，其不水平度每米不应超过±0.5mm，前后两室的刮板彼此错开30°，而同一室内的两边刮板互成90°。固定于刮板上的可调耐油橡胶板与槽箱溢流口之间的间隙不大于3mm。安装刮板器电动机、减速机，找正后固定。

④ 安装完后，检查各部位是否有卡阻现象，并按要求注油，清理杂物。

⑤ 正常带水运行4h，检查是否渗漏，检查电动机电流及各转动部位温升，如无异常可投料运行。

⑥ 由于喷射旋流式浮选机的工作状况与循环泵、管路等系统关系密切，故调试过程中应注意系统的配套情况。

46 喷射旋流式浮选机在操作与维护时要注意什么？

在喷射旋流式浮选机操作与维护时要注意以下几点。

① 经常检查喷嘴磨损情况，并定期清理喷嘴内的杂物。

② 正确调节搅拌桶或矿浆预处理器的通过量、浓度和药剂添加量。

③ 严格控制浮选机液面，如果闸板位置调整过高，便会造成前段刮泡沫，后段刮水；反之，则会出现前段刮泡量减少，后段积聚很厚的泡沫层，致使尾矿灰分下降，精矿流失增大。

④ 通过吸气管的盖板，正确调节各浮选槽的充气量。其调节的一般顺序应由前到后逐渐减弱。

⑤ 经常检查刮泡器与槽箱两侧溢流口的间隙，如出现间隙过大、刮板变形或缺损时，要及时调整、平直或更换。

⑥ 检查旋流器导向板，磨损严重时应及时更换。

47 在浮选操作中如何控制泡沫层的厚度？

泡沫层的厚薄对回收率和精矿品位有着直接的影响。在浮选操作中，泡沫层的厚度通过浮选机的矿浆闸门调节。另外，药剂及矿浆浓度等因素对泡沫层厚度也有影响。

在浮选机中，一般泡沫层愈厚，聚集的金属量愈多，泡沫层薄，聚集的金属量则少。泡沫层有一定的厚度，有利于加强二次富集作用，提高精矿品位。但要防止泡沫层过厚，因为泡沫层过厚，上层的气泡变大，总的表面积减少，有些已上浮的粗粒或较难浮的矿粒会从气泡上脱落。也要防止泡沫层过薄，过薄不仅减弱了二次富集作用，矿浆也容易被刮出来，影响精矿质量。

实际操作时，精选作业中要求有较厚的泡沫层，以保证获得高质量的精矿；粗、扫选作业中，要求有较薄的泡沫层，以保证可浮性较差的矿物和部分连生体尽量得到回收。

48 如何控制泡沫的刮出量?

泡沫的刮出量直接关系到浮选工艺的数量和质量指标。泡沫的刮出量除了取决于泡沫层厚度外，还与整个浮选工艺的平衡与稳定有关。各作业都严格控制泡沫刮出量，才能保持粗选、扫选、精选泡沫刮出量的平衡和稳定。

片面地增大泡沫刮出量对浮选过程是不利的。从表面上看，增大泡沫刮出量似乎提高了金属的回收率，但应该看到，随着各作业泡沫刮出量的增加，不仅容易把大量脉石刮入产品，使泡沫产品质量下降，同时必然造成中矿循环量增加，破坏了浮选过程的平衡，使浮选效果变坏。

浮选中主要通过调整矿浆液面控制泡沫层厚度及泡沫刮出量，操作工可以进行适当调节并用它作为处理各种急剧变化的应急手段。但是，调整矿浆闸门并不能根除导致泡沫急剧变化的原因。在操作中，盲目地频繁调整反而会破坏浮选过程的稳定。影响刮出量变化的因素是多方面的，如果是矿浆浓度和细度的变化，应及时与磨矿分级操作工联系；如果是药剂用量不当，就应及时调整药剂用量。只有在发生矿浆溢出或矿液面急剧下降等异常情况时，才能即刻利用矿浆闸门及时进行大幅度的调整。调整矿浆闸门时，一般应从尾部开始，逐一调整至前部，这样可以保持矿浆量的相对稳定，并尽量减少对下一作业的影响。若因分级溢流量的突然改变而造成浮选机刮出量的变化时，为尽早消除异常，则应从浮选槽头部开始调整。

应重点观察精矿产出槽及粗选作业前几槽的泡沫层厚度和刮出量。因为在这些浮选槽中集中了大量的有用矿物，它们的浮选现象及泡沫矿化情况对工艺因素变化的反应一般都较显著，所以，掌握好这些槽子的操作是获得整个浮选工艺高指标的关键。根据浮选中按金属量逐渐减少的实际情况，泡沫刮出量应顺次减少。

49 浮选工从哪些方面通过观察泡沫来判断浮选效果?

根据泡沫变化情况来判断浮选效果的好坏是浮选操作的一项技能。浮选工能否正确地调节浮选药剂添加量、精矿刮出量和中矿循环量，首先取决于他对浮选泡沫外观好坏判断的正确程度，而观察、判断的能力主要是从不断地、认真地总结操作实践经验中获得的。浮选泡沫的外观包括泡沫的虚实、大小、颜色、光泽、形状、厚薄、强度、流动性、声响等现象，这些现象主要是由泡沫表面附着的矿物种类、数量、粒度、颜色、光泽、密度、起泡剂用量多少等决定的。泡沫的外观现象随浮选区域不同而不同，但特定的区域常有特定的现象。观察泡沫情况应抓住几个有明显特征的、对精矿质量和回收率有主要影响的槽，主要有：最终精矿产出槽、作业的前几槽、各加药槽及扫选尾部槽等。

50 矿化泡沫中气泡的大小与泡沫矿化的程度有什么关系?

泡沫中气泡的大小是浮选重要的表观特征之一。不同的矿石、不同的浮选作业，泡沫气泡的大小各不相同。气泡的大小与气泡的矿化程度有关。气泡矿化程度良好时气泡中等，故粗选区和精选区常见中泡；气泡矿化较差时，容易兼并成大泡；气泡矿化过度时，会阻碍矿化气泡兼并，形成不正常的小泡；气泡矿化极差时，小泡虽然不断兼并形成大泡，但它经不起矿浆面波动等破坏因素的影响，容易破灭，所以扫选的尾部常见小泡。浮选药剂是调整泡沫气泡尺寸的主要因素。一般，起泡剂用量愈大，气泡愈小；石灰用量愈大，气泡愈大；抑制剂用量愈大，气泡愈小。

51 矿化泡沫的“虚”与“实”反映了什么?

浮选厂操作工常把泡沫的虚（也称为空）与实（也称为结）作为矿化程度的反映因素。气泡表面附着的矿粒多而密，叫做“实”，气泡表面附着的矿粒少而稀，叫做“虚”。对同一作业点来说，泡沫“虚”、“实”的变化，也反映浮选情况的变化。原矿品位高，药剂用量适当，粗选头部的泡沫将是正常的“实”，如果抑制剂过量，而捕收剂过少，泡沫就会变“虚”。在有些矿物的浮选中，捕收剂、活化剂用量过大、抑制剂用量过少时，就会发生泡沫过于“实”的所谓“结板”现象，这对浮选是不利的。

52 通过对泡沫形态、脆性与黏性、声响的观察，可以发现浮选的什么情况?

在铜、铅硫化矿的浮选中，气泡多近于圆形，锌硫化矿浮选时气泡多呈椭圆形，浮选氧化矿物时，气泡也常呈椭圆形。矿化泡沫刚形成时，水分充足，每个气泡的轮廓形态都比较鲜明。泡沫在矿浆面上停留时间长，矿物疏水性大，泡壁干涸残缺后，则气泡轮廓模糊，浮钼的精选区常见这种泡沫。上浮的矿物多而杂时，其泡沫轮廓也较模糊。

泡沫的脆性与黏性，都会在不同程度上影响浮选指标。泡沫的脆性太大，也是平时所说的“水泡”，稳定性差，容易破裂，有时刮不出来。当黏附于气泡的矿粒粗且硫化矿较多时，泡沫往往较脆。如果泡沫过于稳定，会使浮选机“跑槽”，破坏正常浮选过程，造成精矿输送困难。当矿石中矿泥含量高、起泡剂过量或者不慎漏入机油，都会使泡沫过于稳定。泡沫被刮板刮出的声音也能反映矿化泡沫的性质。当泡沫被刮时发出“沙沙”的响声时，常常是泡沫中含有大量密度较大、粒度较粗的矿物的表现。

53 如何根据泡沫的颜色和光泽判断泡沫产品质量的好坏?

泡沫产品的颜色是由泡沫表面黏附的矿物的颜色所决定的。在泡沫中，辉铜矿呈铅灰色；黄铜矿呈金黄带绿色；孔雀石呈暗绿带黑色；方铅矿呈铅灰色，泡沫空虚时铅灰中略带黝黑；闪锌矿呈淡褐黄色；赤铁矿呈砖红色。扫选尾部泡沫常为白色水膜的颜色。若扫选区泡沫颜色变深，呈现出有用矿物的颜色，那就说明尾矿中金属的损失会增多。在精选区，浮游矿物的颜色越深，则精矿质量越好。

泡沫的光泽也是由附着的矿物的光泽和水膜的光泽决定的。硫化矿物往往呈现出较强的金属光泽，氧化矿物多呈半金属光泽或土状光泽。扫选区泡沫矿化差，呈现水膜的玻璃光泽，如果扫选泡沫出现半金属光泽，说明金属损失大。浮游的矿粒粗，泡沫表面粗糙，光泽弱，给人以皱纹感。浮游矿粒细，泡沫表面光滑。

54 如何通过淘洗产品进行观察、鉴别产品的数量和质量?

浮选工判断浮选过程的优劣，除通过观察泡沫的各种状态外，还经常用碗或勺淘洗浮选产品，用肉眼或显微镜鉴别精矿的质量、中矿的状况及尾矿中金属流失的情况。

淘洗产品可根据不同的要求去进行。若要检查精矿中其他杂质的含量时，可先采取一定数量的精矿样品，再把精矿淘洗出去，留下杂质部分，通过检查夹杂物中的其他矿物的数量和种类来判断精矿质量。对于某些重金属矿物，则可以把杂质部分淘洗出去，留下重金属矿物来判别精矿质量。当进行全产品淘洗法时，为了防止细泥对观察的干扰，常把产品中极细的部分淘洗出去，然后按要求观察细粒和粗粒部分。当难以用肉眼分辨时，可用双目立体显微镜进行。

淘洗鉴定，应选择有特征的某些作业或浮选槽。例如，在最终精矿产出槽检查精矿质量；在粗选作业前几槽检查各种矿物上浮情况；在扫选作业检查扫选产品，观察金属矿物是否往后压；在最终尾矿排出点检查尾矿中金属损失的情况等。

淘洗的要领：根据淘洗目的选择适当的淘洗地点和淘洗产物的种类；根据要检查的矿物的含量确定合适的接矿量；根据检查矿物的密度及数量确定淘洗程度。密度大的矿物可以多次淘洗，密度小的矿物则应轻淘少洗。为使淘洗准确，提高可比性和估计的准确度，每次接取的方法、接取的量、淘洗程度应尽量保持一致。

55 浮选泡沫如何消除?

浮选泡沫一经刮至泡沫槽后，应尽可能较快和完全地消灭，否则将会造成泡沫产物的输送、精选和浓缩、过滤等作业的困难，并造成金属流失。在浮选生产实践中，欲选择一种药剂，既保证浮选效率高，又能得到易于破灭的泡沫，往往并非都能达到。因此，常常需要采用机械或物理的方法进行消泡。

最常见的机械消泡方法是采用细股高压水流击碎泡沫；适宜的装置是高压喷水管喷嘴，能喷射出强而有力的细股水流。例如，生产中常见的用细股高压水流喷击沿泡沫溜槽移动的泡沫，或喷击漂浮在浓密机表面的残余泡沫即属这种情况；有的选厂还采用连续改变水流方向的装置，从不同方向喷击泡沫，已达到强化消泡的目的；在个别情况下，也有将泡沫通过网状离心脱水机进行消泡的。

常见的物理化学消泡方法，是往泡沫中加入某些药剂如非极性烃类油（煤油）等进行消泡。因为不溶性非极性烃类油吸附在气泡表面以后，一方面从气泡表面排挤掉异极性起泡剂分子；另一方面非极性烃类油的疏水性又使气泡表面的水化性急剧下降，使气泡间的分隔水膜变得很不稳定，导致气泡的兼并和破裂。

第五章 浮选工艺

第一节　浮选过程的工艺因素

1 影响浮选的主要因素有哪些?

影响浮选工艺的因素很多，包括不可调因素和可调因素，不可调因素是指矿石性质，可调因素包括粒度（磨矿细度）、矿浆浓度、矿浆酸碱度、药剂添加及调节、气泡和泡沫的调节、矿浆温度、水质、充气和搅拌、浮选时间、浮选流程等。

2 矿石性质对浮选工艺的影响是什么?

矿石性质主要包括矿石中元素含量，矿石物质组成，矿石中矿物的浸染特性（如不同矿物之间的嵌布特征及共生关系等），类质同象杂质，矿物的存在形态（如属原生矿或次生矿、硫化矿或氧化矿等），矿泥含量，氧化程度，以及可溶性盐的含量及成分等。原矿品位的波动，会增加浮选工艺条件控制难度。其中，矿石的氧化率对浮选的影响较大，主要表现如下。

① 矿石的泥化程度增大，许多金属矿物与脉石矿物的氧化，都会改变原来的矿物及矿石结构，形成一系列土状或黏土状矿物，使矿泥量增大。

② 矿石由于氧化，使矿石中矿物组成复杂，表面物理化学性质发生变化，如黄铜矿经氧化后会形成孔雀石、蓝铜矿及硅孔雀石等新的次生金属矿物，影响有用矿物的可浮性，甚至可能改变原有选矿方法或工艺流程。

③ 矿石的氧化程度不同，影响矿浆的酸碱度，对药剂的种类及用量要求也会不同。

3 减小矿石性质对浮选工艺影响的主要措施是什么？

矿石性质是难以改变的客观存在因素，所以在浮选生产实践中必须采取相应的工艺措施，以适应矿石性质的变化。而为了要建立相对稳定的工艺操作制度和获得比较稳定的浮选指标，则应力求使进入选厂的矿石在性质上保持相对稳定，以便管理，这就需要通过采矿与选矿工作者的通力合作才能实现。

① 在爆破前，首先在各坑口、各掌子面对矿石进行取样、分析，大致摸清从各掌子面爆破下来的矿石品位及组成等，然后再根据掌子面的出口数量比例进行适当的配矿。

② 可设置专门的配矿场地，以保持选矿处理矿石性质的相对稳定。

③ 在破碎过程中通过给料与卸料进行配矿。

④ 将磨矿产物通过一个公用的大浓密机混匀全场各系的磨机产物，并脱除部分多余水分或细泥，使浮选作业的给矿浓度也保持相对稳定。

4 粒度对浮选工艺的影响有哪些？

粒度的改变主要是通过碎磨实现的，矿石粒度（也可称磨矿细度）是可调节的工艺因素，适宜的粒度是根据矿石中有用矿物的嵌布粒度，通过选矿试验确定的。生产实践表明，适宜的粒度一般是有用矿物80%以上已单体解离，但过粗和过细的矿粒，即使已达到单体解离，其回收效果也是不好的，磨矿产物上限应小于该矿物有效浮选的最大粒度界限，过细矿物对浮选药剂的选择性差。因此，磨矿细度对浮选分离效果有决定性的意义。目前，浮选上限粒度对硫化矿物一般为0.2～0.25mm，非硫化矿物为0.25～0.3mm，对于一些密度较小的非金属矿如煤等，粒度上限还可以提高。浮选矿粒粒度小于0.01mm时，浮选指标显著恶化。浮选的适宜粒度区间是0.01～0.1mm。

5 粗粒为何难浮？应采取什么工艺措施？

粗磨可以节省磨矿费用，降低成本。在处理不均匀嵌布矿石的浮选厂，在保证粗选回收率的前提下，有“放粗”磨矿细度的趋势。但是由于粗粒比较重，在浮选机中不易悬浮，与气泡碰撞的机会减少。另外，粗粒附着于气泡后，因脱落力大，易从气泡上脱落。因此，粗粒在一般工艺条件下浮选效果较差。为了改善粗粒浮选的效果，可采取下列工艺措施。

① 改进药剂制度，选用捕收力强的捕收剂和合理增加捕收剂浓度，目的在于增强矿物与气泡的附着强度，加快浮选速度。此外补加非极性油，如柴油、煤油等，可以“巩固”三相接触周边，增强矿物与气泡的固着密度。

② 适当增加矿浆浓度，增加矿浆的浮力。

③ 浮选设备的选择与调节。降低浮选机中矿浆运动的湍流强度，是保证粗粒浮选的关键。适当增加浮选机的充气量，造成较大的气泡和形成由大、小气泡聚集而成的“浮团”，这种“浮团”有较大的升浮力，可携带粗粒上浮。采用浅槽浮选机，以缩短矿化气泡上浮的路程，减少矿粒从气泡上脱落。或采用适宜于粗粒浮选的专用浮选机，如环射式浮选机和斯凯纳尔浮选机等。采用迅速而平

稳的刮泡装置，使上浮的矿化泡沫及时刮出，以减少矿粒重新脱落。

6 细粒物料为何难浮？应采取什么样的措施？

细粒物料浮选分离比较困难，原因主要有以下几点。

① 细粒比表面积大，表面能显著增加。不同矿物的表面间容易发生非选择性的互相凝结。另一方面，由于细粒表面能大，虽然对药剂具有较高的吸附力，但选择吸附性差，这都使得细粒难以进行选择性分离。故会污染精矿产品，降低精矿质量。

② 细粒体积小，与气泡碰撞的可能性小，故降低了浮选速率。细粒质量小，与气泡碰撞时，不易克服矿粒与气泡之间水化层的阻力，难以附着于气泡上。

③ 细粒级矿物表面溶解速度增大，矿浆中“难免离子”增加。

④ 细粒物料的比表面积大，因此会大大增加药剂的消耗。

解决细粒浮选的工艺措施如下。

① 选择性絮凝浮选。采用絮凝剂选择性地絮凝目的矿物微粒或脉石细泥，多用于细粒赤铁矿浮选。

② 选择或采用对微细粒矿物具有化学吸附或螯合作业的浮选药剂，提高微细粒矿物浮选速度。

③ 载体浮选。利用适合浮选粒级的矿粒作载体，使目的细粒罩盖在载体上上浮。载体可以用同类矿物，也可以用异类矿物。例如，用黄铁矿作载体浮选细粒金。用方解石作载体浮去高岭土中的微细粒铁、钛杂质。

④ 团聚浮选，又称乳化浮选。细粒矿物经捕收剂处理后，在中性油的作用下，形成带矿的油状泡沫。可以将捕收剂与中性油先配成乳浊液再加到矿浆中，也可以在高浓度（固体含量达 70%）矿浆中分别加入中性油和捕收剂，强烈搅拌，控制时间，然后刮出

上层泡沫。此法已用于细粒锰矿、钛铁矿和磷灰石等。

⑤ 微泡浮选。即减小气泡尺寸，有利于增加气-液界面，增加微细粒间的碰撞和黏附概率。主要工艺有电解浮选和真空浮选。

此外，近年来开发了一些细粒浮选的新工艺，如综合力场浮选、控制分散浮选、分支浮选等新工艺。

7 矿泥对浮选工艺有何影响？如何解决？

选矿中所谓的矿泥，常指$-10\mu m$的粒级。矿泥分原生矿泥（主要是各种泥质矿物，如高岭土等）和次生矿泥（即在破碎、磨矿、运输及搅拌等过程中形成的细粒级）。

① 从微粒与微粒的作用看，由于微粒表面能显著增强，在一定条件下，不同矿物微粒之间容易发生互凝作用而形成非选择性聚集，微粒易于黏着在粗粒表面形成矿泥罩盖。

② 从微粒与介质的作用看，微粒具有大的比表面积和表面能，因此，具有较高的药剂吸附能力，吸附选择性差；表面溶解度增大，使矿浆“难免离子”增加；质量小易被水流机械夹带和泡沫机械夹带；矿泥使矿浆黏度增加，导致充气条件变差。

③ 从微粒与气泡的作用看，由于接触效率及黏着效率降低，使气泡对矿粒的捕获率下降，同时产生气泡的矿泥“装甲”现象，影响气泡的运载量。

消除或减少矿泥影响的措施主要有以下内容。

① 采用较稀的矿浆，降低矿浆的黏性，可以减少矿泥在泡沫产品中的夹杂。

② 添加分散剂，消除矿泥罩盖或微粒间的无选择性互凝。常用分散剂主要有碳酸钠、水玻璃、六偏磷酸钠等。

③ 分段分批加药，随时保持矿浆中药剂的有效浓度，避免被矿泥大量吸附。

④ 脱泥是消除矿泥的根本方法，常用的脱泥方法是旋流器分级脱泥，或选择性分散后再分级脱泥，实现“泥沙分选”。此外，浮选前添加少量起泡剂或专门浮选药剂浮出矿泥。

8 什么是浮选时间？对浮选指标有何影响？

在实际生产条件下，矿浆通过每个浮选槽都有一定的停留时间，习惯上将矿浆流经每一作业浮选槽的时间之和称为本作业的浮选时间，于是就有所谓“粗选时间”、“扫选时间”和“精选时间”之称；并将粗选作业和扫选作业之和泛称为矿石的“浮选时间”。

浮选时间对指标的影响：增加浮选时间可增加回收率，但精矿质量随之降低。在相同矿石性质、药剂条件及操作条件下，浮选时间短导致金属的浪费和回收率低；浮选时间过长不但不能明显提高回收率，还会影响精矿的品位，对人力、物力、能耗也是一种浪费。粗选和扫选的总时间过短，会使金属回收率下降。精选和混合精矿分离时间过长，被抑制矿物浮游的机会也增加，结果使精矿品位下降。一般掌握的规律是：在矿物可浮性好，欲浮矿物的含量少，浮选机给矿粒度适中，矿浆质量分数较小，药剂作用快而强以及充气搅拌较强的条件下，浮选时间短；反之，则需较长的浮选时间。

9 水的质量对浮选有何影响？

浮选是在水介质中进行，水质对浮选过程及指标的影响很大。浮选生产用水包括软水、硬水、咸水、盐的饱和溶液及生产回水等几类。不同生产过程对水质的要求不同，一般要求浮选用水不应含有大量悬浮物及可与浮选药剂或矿物反应的物质。如水中钙、镁离子含量多则为硬水，在硬水中用羟基酸和皂类浮选时，会消耗大量药剂。此外，在微细粒赤铁矿及铝土矿的选择性絮凝时，矿浆中钙离子的含量也会产生不良影响；如水中含有一些金属离子，如铁、铜、锌等，若浮选的是硫化矿物，则这些金属在矿物表面生产金属盐，影响硫化矿的可浮性。矿浆中的钙、镁、铁、铜等离子则会活化石英及硅酸盐脉石矿物。此外，溶解氧的含量，对浮选过程有重大影响。对硫化矿表面轻微的氧化可以增加其可浮性，当浮选用水中含有大量有机物如腐殖质和微生物时，则会消耗溶解于水中的氧，降低了硫化矿物的浮选速度，严重时会破坏整个浮选过程。但是过分氧化，其可浮性又会降低。

10 矿浆温度对浮选效果有何影响?

矿浆温度在浮选机的浮选作业中起着重要的作用，加温可以加速分子热运动，因此，加温对矿物有多方面影响。例如可以加速药剂的分散、溶解、水解、分解，以及提高药剂与矿物表面的作用速度，促进药剂的解吸，促使矿物表面的氧化等。矿浆温度实际来自下面两方面的因素。

① 某些浮选药剂要求在一定温度下才能溶解及发挥最佳效果。如在使用一些难溶且随着矿浆温度变化其溶解度也随之变化的油酸、胺类等浮选药剂时，矿浆温度的提高增加了其浮选效果和在水中的溶解度。例如，在使用脂肪酸类浮选剂浮选铁矿石时，矿浆温度的提高，提高了金属的回收率，且节省了浮选药剂。

② 某些矿石的特殊浮选工艺要求。例如，在用黄药类浮选药剂浮选硫化矿时，混合精矿加热到一定温度时，会使被浮选矿物表面浮选药剂解吸，起到强化抑制作用，很好地解决了多金属矿混合精矿在常温下难以分离的问题。采用加温浮选促使矿物的分离，实质上就是通过对各种硫化矿在加温时，其表面氧化速度的差异，以扩大矿物可浮性的差异。

11 矿浆浓度对浮选工艺有何影响？在生产中如何控制？

矿浆浓度对浮选的主要影响有以下几个方面。

① 回收率。当矿浆浓度小时，回收率较低。矿浆浓度增加，则回收率也增加，但超过限度回收率则又会降低。主要原因是由于浓度过高，破坏了浮选机充气条件。

② 精矿质量。一般规律是在较稀的矿浆浮选时精矿质量较高，而在较浓矿浆中浮选时，精矿质量就会降低。

③ 药剂消耗。当矿浆较高时，处理每吨矿石的用药量较少，矿浆浓度较稀时，则处理每吨矿石的用药量增加。

④ 浮选机的生产能力。随着矿浆浓度增大，按处理量计算的浮选机生产能力也增加。

⑤ 水电消耗。矿浆浓度越大，处理每吨矿石的水、电消耗越小。

⑥ 浮选时间。矿浆浓度较大时，浮选时间略有增加。

生产实践中，矿浆浓度选择的一般原则是：浮选密度大、粒度粗的矿物，往往用较浓的矿浆；反之，当浮选密度较小、粒度细的矿物和矿泥时，则用较稀的矿浆；粗选作业采用较浓的矿浆，可保证获得高的回收率和节省药剂，精选用较稀的浓度，有利于提高精矿品位。难分离的混合精矿的分离作业也应采用较稀的矿浆，以保证获得较高质量的合格精矿。扫选作业的浓度受粗选影响，一般不另行控制。

一般的金属矿物浮选矿浆的质量分数为：粗选，25%～45%；精选，10%～20%；扫选，20%～40%。粗选的最高矿浆质量分数可达50%～55%，精选时最低矿浆质量分数为6%～8%。浮选厂常见的浓度见表5-1。

表 5-1 浮选厂常见的矿浆浓度

矿石类型	分选循环	矿浆浓度/%			
		粗选		精选	
		范围	平均	范围	平均
硫化铜矿	铜及硫化铁	22～60	41	10～30	20
硫化铅锌矿	方铅矿	30～48	39	10～30	20
	闪锌矿	20～30	25	10～25	18
硫化钼矿	辉钼矿	40～48	44	16～20	18
铁　矿	赤铁矿	22～38	30	10～22	16

12 矿浆浓度的表示及测量方法是什么?

矿浆悬浮液质量分数又称矿浆浓度 C，是指矿浆中固体颗粒的含量，用液固比或固体含量百分数表示。其中液固比指矿浆中液体与固体的质量（或体积）之比，有时称稀释度；固体含量百分数是指矿浆中固体质量占矿浆总质量的百分数。

矿浆浓度的测定通常用浓度壶法。浓度壶外形如图 5-1 所示。

图 5-1 浓度壶

根据矿浆质量浓度 C 的定义，有：

$$C=\frac{Q_{矿}}{Q_{矿浆}}\times 100\%=\frac{Q}{W_3-W_1}\times 100\%$$

$$=\frac{\delta}{\delta-\rho}\times\frac{W_3-W_2}{W_3-W_1}\times 100\%$$

式中 W_1——空浓度壶质量，g；

W_2——浓度壶注满清水，壶、清水总质量，g；

W_3——浓度壶注满矿浆，壶、矿浆总质量，g；

Q——矿浆中的物料干量，g；

δ——物料密度，g/cm^3；

ρ——介质密度，g/cm^3，对水：$\rho=1g/cm^3$。

浓度壶的使用方法如下。

① 先校正台秤（或粗天平）的零点。

② 检查空浓度壶的重量与体积，是否与所查浓度壶表相符。

③ 按照取样规定，用取样勺取分级溢流试样，小心谨慎地将所采样品倒入浓度壶中，在倒入过程中轻轻地摇动取样勺，不使矿浆沉淀，并将勺中矿浆全部倒入壶中，直到浓度壶溢流口有矿浆流出时为止，待溢流口矿浆停止流动时用食指捂住溢流口，以防壶中矿浆流出。

④ 用抹布将浓度壶外壁揩净，在秤盘上进行称重。

⑤ 根据称得的壶加矿浆总重量，即可在浓度表上查出矿浆浓度。

13 矿物的氧化对其可浮性有何影响，控制其氧化程度的措施是什么？

矿物在堆放、运输、碎磨、浮选过程中都受到空气的氧化作用。矿物的氧化对浮选有重要影响，特别是对金属硫化矿，影响更加显著。实践表明，对于某些硫化矿，在一定限度内，矿物表面轻度氧化，可浮性变好。但过分氧化，则使可浮性下降。以方铅矿为例，通过试验证明，新鲜的纯方铅矿（即未受氧化的）的表面是亲水的，与黄药的作用能力很弱，但其表面初步氧化后，与黄药的作用能力增强，变为易浮，但如过分氧化，可浮性反而会下降。除方铅矿外，像黄铁矿，还有铜、锌、镍等硫化矿的可浮性也深受其表面氧化程度的影响。

为了控制矿物的氧化程度以调节可浮性，采取的措施有以下几点。

① 调节矿浆搅拌强度及浮选时间。实践证明，充气搅拌的强弱与时间长短，是控制矿物表面氧化的重要因素。短期适量充气，对一般硫化矿浮选有利。但长期过分充气，可使某些硫化矿，如黄铁矿、磁黄铁矿可浮性下降。

② 调节矿浆槽和浮选机的充气量。

③ 调节矿浆的pH值。在不同的pH值范围内，矿物的氧化速度不同，所以调节矿浆的pH值，可以调节其氧化程度。

④ 加入氧化剂（如高锰酸钾、二氧化锰、双氧水等）或还原剂（如SO_2等）促进或抑制矿物表面氧化。

14 如何控制搅拌强度和搅拌时间?

浮选过程中对矿浆的搅拌可以根据其作用分为两个阶段：一是矿浆进入浮选机之前的搅拌；二是矿浆进入浮选机以后的搅拌。前者是在搅拌槽中进行，它的作用是加速矿粒与药剂的相互作用。后者在浮选机中的搅拌则是为了使矿粒悬浮、气泡弥散，促使矿粒向气泡的附着。在搅拌槽内加强搅拌，可以促进矿粒与药剂的作用，缩短矿浆的调整时间和节省药剂用量。

搅拌槽的搅拌强度取决于叶轮转速，叶轮转速越高，搅拌强度越大。适当地加强搅拌强度是有利的，但不能过强。如过强，动力消耗和设备磨损会增加，矿粒的泥化程度也会增加，还会使已附着于气泡的矿粒脱落。在搅拌槽里搅拌时间的长短，应由药剂在水中分散的难易程度和它们与矿粒作用的快慢决定。如松醇油等起泡剂只要1～2min，一般药剂要搅拌5～15min，而用混合甲苯胂酸浮选锡石则常需要 30～50min 的搅拌时间，当用重铬酸盐抑制方铅矿时，搅拌时间要 30min 以上，有时可达 4～6h，同时，搅拌时间还与药剂的用途及性质有关。例如，当用硫化钠硫化有色金属氧化矿时，搅拌时间要适当，时间过短，硫化作用不充分，时间过长，硫化钠会氧化失效。

15 药剂用量对浮选的影响有哪些?

在浮选工艺中，药剂用量不当的危害往往容易被忽视。实践经验证明，浮选指标下降，有不少情况是由于浮选药剂用量不当造成的。

(1) 捕收剂的用量

一般来说，在一定范围内适当增加捕收剂的用量，可提高浮选速度并改善浮选指标，但用量过高或过低对浮选均不利。

捕收剂用量过高时：

① 破坏浮选过程的选择性，当捕收剂用量超过一定范围时，精矿品位就会明显下降，即使回收率略有提高，也是得不偿失；

② 过量的捕收剂会给泡沫精矿进一步精选及混合精矿分离带来困难，在这种情况下，现场往往采取多加调整剂的办法来补救，但由于多加了调整剂，含有过量药剂的中矿又返回流程中，形成恶性循环，造成浮选过程混乱，降低了浮选指标，另外，由于捕收剂过量，抑制剂用量也要增加，例如，黄药过量，抑制剂氰化物用量也要增加，这不仅浪费了药剂，还使尾矿中有毒药剂含量增高，造成公害；

③ 过量的捕收剂可使某些矿物的可浮性下降，例如，过量的脂肪酸类捕收剂会使氧化矿的可浮性下降，这是由于捕收剂在矿物表面形成了多层吸附的反向层，极性基反而朝外，使矿物表面亲水而造成的；

④ 过量的捕收剂还会形成大量泡沫而使精矿和尾矿不易脱水，给浓缩和过滤带来困难。

捕收剂用量过低时，欲浮矿物表面疏水性不足，矿物浮选不充分，选别指标（回收率）也不好。

（2）抑制剂的用量

抑制剂过量时，欲浮的矿物也可能和被抑制的矿物同时受到抑制，导致回收率下降；用量太少时，则欲抑制的矿物不能充分被抑制。此外，抑制剂的用量还对捕收剂的用量有影响：抑制剂用量过多往往使捕收剂用量也增加，即重抑制也要相应地重捕收。反之，捕收剂用量多同样抑制剂用量也多，即重拉重压。使用抑制能力较弱的抑制剂，只能用弱捕收剂才能实现分离，即轻拉轻压，否则必然导致分离困难。

（3）活化剂的用量

活化剂在矿浆中不仅活化某种矿物，同时也对其他矿物发生作用。过量时，不仅会破坏浮选过程的选择性，而且还可能与捕收剂作用生成沉淀而消耗大量的捕收剂。例如，当活化闪锌矿时，如硫酸铜过量，过量的硫酸铜所产生的铜离子会在矿浆中与黄药生成黄原酸铜沉淀而增加了不必要的消耗。

（4）起泡剂的用量

增加起泡剂用量，会造成大量黏而细的气泡，易使脉石矿物黏附在气泡上而影响精矿品位。如果用量过大且原矿中含泥较多，则会形成大量黏性泡沫，容易引起“跑槽”事故，大量精矿就会溢出泡沫槽，造成生产操作混乱。起泡剂用量不够，形成的气泡脆弱，泡沫量不足，影响回收率。

值得注意的是，以上药剂并不是各自单独与矿物作用，不能孤立地看待。例如，捕收剂与抑制剂在同一体系中经常是相互影响的，活化剂与抑制剂在同一体系中也是相互影响的。总之，药剂用量的严格控制是提高浮选工艺指标的重要因素，药剂用量不当破坏了浮选过程的选择性，增加了选矿费用，直接或间接地给浮选工艺的调节带来了困难。

16 什么是浮选药剂制度？确定浮选药剂制度的主要原则是什么？

药剂制度包括药剂种类、用量、添加方式及地点，又称药方。药剂制度是通过选矿试验确定的，并在生产过程中，对药剂制度不断修正与改进。浮选能否得到满意的指标，很大程度上决定于药剂制度是否正确。在一些处理多金属矿石或复杂难选矿石的浮选厂，药剂制度经常是生产中突出的问题。

选择药剂种类应首先了解待分选矿石的工艺矿物学性质，包括：

① 矿石的化学成分含量组成；

② 矿石是硫化矿还是氧化矿，以及硫化矿石的氧化程度；

③ 有用矿物和脉石矿物的种类、含量、粒度大小与彼此间的嵌布浸染关系；

④ 可能回收的伴生贵金属和稀散金属的分布。在此基础上，选择确定浮选原则流程。不同的原则流程会有不同的药剂制度。一般来说，下面几条经验可供参考。

① 先易后难。即先浮选易浮的矿物，后浮选难浮的矿物。要抑制可浮性差的，或抑制易被抑制的矿物，不要抑制可浮性好或难被抑制的矿物。例如，铅锌硫化矿石，主要有用矿物为方铅矿和闪锌矿，方铅矿的可浮性比闪锌矿好，抑制方铅矿很难，但抑制闪锌矿很容易，因此，可先抑制闪锌矿，浮选方铅矿。

② 浮少抑多。当两种矿物可浮性相似时，应考虑先浮出量少的矿物，抑制量多的矿物，经常易于得到较好的指标。例如，铜铅锌硫多金属矿石，主要有用矿物组成为黄铜矿、方铅矿、闪锌矿和黄铁矿。黄铜矿和方铅矿的可浮性都很好，经常先将这两种矿物同时浮出得到铜-铅混合精矿。铜-铅混合精矿的分离可考虑两种方案：抑铅浮铜或抑铜浮铅。

③ 浮高抑低。浮选价值高的矿物，抑制价值低的矿物，比较易于达到浮选的目的。例如，铅锌硫化铁矿石或铜锌硫化铁矿石，选完铅或铜以后剩下的有用矿物主要是闪锌矿和黄铁矿。从可浮性上分析，未活化的闪锌矿的可浮性不比黄铁矿好。实践上总是先选闪锌矿后选黄铁矿。其原因一方面是由于闪锌矿活化后它的可浮性明显得到提高，另一方面是因为闪锌矿的价值比黄铁矿高，闪锌矿在矿石中的含量经常比硫化铁低。

浮选精矿质量要求高的矿物，抑制精矿质量要求低的矿物。例如，含钼黄铜矿矿石的浮选，由于辉钼矿与黄铜矿都有很好的可浮性，经常先得到铜钼混合精矿。铜钼混合精矿的分离实践上大多选择采用抑铜浮钼的方案。其原因除了钼的价值比铜高，钼的品位比铜低之外，对钼精矿有很高的质量要求也是一个重要原因。如果反过来采用抑钼浮铜的方案，那么混合精矿中夹杂的脉石全部进入到钼精矿中，钼精矿质量很难达到要求。

选定浮选原则流程后，对不同的浮选循环如铅循环、锌循环、硫循环等逐一分别选择药剂方案。确定加药种类时既要参考处理类似矿石选厂的实践经验，又要对矿石性质及浮选处理可能的方案做分析。选择药剂的顺序依次为：先选捕收剂，再选调整剂（抑制、活化、pH 值、分散等），最后选起泡剂。

17 浮选药剂如何进行配制？

浮选药剂在使用前进行合理的配制，对提高药效有重要作用。配制方法主要根据药剂的性质决定，常见的有下列几种方法。

① 原液添加。有些药剂在水中的溶解度很小，难以配成真溶液或稳定的乳浊液，如松醇油、甲酚黑药、煤油等，可不必配成溶液，而是直接将原液按用量添加。

② 配成水溶液。大多数溶于水的药剂都采取此法，一般配成

5%～20%或者更稀一些的水溶液添加。溶液不宜配得太稀，太稀体积过大；但也不宜太浓，浓度太大对用量少的药剂很难正确控制用量，也不便输送。

③ 乳化法。脂肪酸类捕收剂及柴油经过乳化，可以增加其在矿浆中的弥散度，提高功效。常用的乳化法是：强烈机械搅拌，通入蒸汽或用超声波，若加入乳化剂效果更好。如塔尔油与柴油在水中可加乳化剂烷基芳基磺酸盐，许多表面活性物质都可以作为乳化剂。

④ 皂化法。脂肪酸类捕收剂常用此法配制，如铁矿石浮选时，常采用氧化石蜡皂与塔尔油作捕收剂。为提高其水溶性，可配入10%左右的碳酸钠，使塔尔油皂化，并用热水加温配成热的皂液添加。再如油酸，其水溶性差，但与碳酸钠作用生成油酸钠后，水溶性变好。

⑤ 配成悬浊液或乳浊液。如石灰可加水磨成石灰乳后使用。

⑥ 酸化法。在使用阳离子捕收剂（胺类）时，由于水溶性差，必须加盐酸或醋酸进行酸化处理，配成胺盐，才能溶于水中使用。

⑦ 加溶剂配制。有些不溶或者难溶于水的药剂，可将其溶于特殊的溶剂中后添加。例如，把油酸溶入煤油中再添加，可以增强在矿浆中的弥散性，还可以加强油酸的捕收作用。白药可以溶于邻甲苯胺中再使用。

⑧气溶胶法。这是强化药剂作用的药剂配制新方法，其实质是使用一种喷雾装置，将药剂在空气介质中雾化后，直接加到浮选槽内，故也称为“气胶浮选法”。这种方法不但改善了矿物的浮选，而且药耗显著下降，我国试验用气溶胶法加药证明，药剂用量可降低30%～50%。

⑨ 电化学处理法。即在溶液中通以直流电对浮选药剂进行电化学作用。该法可改变药剂的本身状态、溶液的pH值以及氧化还原电位值。从而提高药剂最有活化作用组分的浓度值，提高形成胶

粒的临界浓度，提高难溶药剂在水中的分散程度。

在生产现场，为了配制方便，可在配药槽上刻上标示容积的刻度尺，把称好的已知药量的药剂放入槽内，加水至刻度标示的与浓度相符的位置，搅拌至完全溶解，即可使用。药剂浓度是否达到标准，可用密度计测定。

18 如何合理选择加药地点、加药顺序和加药方式?

为保证药剂能发挥最佳效能，应根据矿石性质、药剂性质及工艺要求合理地选择加药地点、加药顺序和加药方式。

(1) 加药地点

加药地点的选择与药剂的用途和性质有关，通常是先加调整剂，可加到球磨机中，一方面可使抑制剂和捕收剂在适宜的矿浆中发挥作用，另一方面可以消除某些对浮选有害的“难免离子”。抑制剂应加在捕收剂之前，通常也加到球磨机中，让抑制剂及早地与被抑制矿物产生的新鲜表面作用。活化剂常加到搅拌槽中，在槽中与矿浆搅拌一段时间，促使和被活化的矿物作用。捕收剂和起泡剂加到搅拌槽或浮选机中，而难溶的捕收剂（如甲酚黑药、白药、煤油等）亦常加入磨矿机中，这是为了促使其分散，增加与矿物的作用时间。

(2) 加药顺序

常见的加药顺序视情况而定，浮选原矿时：pH 调整剂→抑制剂→捕收剂→起泡剂。浮选被抑制的矿物时：活化剂→捕收剂→起泡剂。

(3) 加药方式

加药方式一般有两种，一种是一次性添加，一种是分批添加。

一次性添加是在粗选作业前，将药剂集中一次加完。这样添加的药剂浓度高，添加起来方便。一般对于易溶于水的、不致被泡沫带走且在矿浆中不易反应而失效的药剂，常采用一次性加药，如石灰、苏打等。

分批加药是沿着粗、精、扫的作业线分成几批几次添加。一般在浮选前加入总量的60%～70%，其余的分几批加入适当地点。对下列情况，应采用分批添加：

① 易氧化、易分解、易起反应变质的药剂，如黄药、二氧化硫气体等；

② 难溶于水，易被泡沫带走的药剂，如油酸、脂肪胺类捕收剂；

③ 用量要求严格的药剂，如硫化钠，如果局部用量过量，将会起反作用。

浮选厂根据上述原则设计好的加药地点和药剂添加量，在生产操作中是不允许轻易变动的。但在浮选作业线较长的现场，如果碰到浮选机“跑槽”、“沉槽”、精矿质量变坏或金属大量进入尾矿等紧急情况时，允许根据情况在适当的地点临时加入一些药剂以尽快减少损失。但要及时分析出不正常的原因，尽快调整，使生产情况转入正常。

19 什么是矿物临界pH值?

矿物在采用不同浮选药剂进行浮选时，都存在着一个“浮”与“不浮”的临界pH值，如图5-2所示，因为矿浆的pH值往往直接或间接影响矿物的可浮性。但是临界pH值是随浮选条件而改变的，如果使用不同的捕收剂或改变其浓度，此时矿物的临界pH值也将发生变化。所以说任何一种矿物的浮选，在一定的浮选条件下，存在着一个比较适宜的pH值，只有在适宜的矿浆pH值的条件下，才能取得较好的选别指标。控制临界pH值是控制浮选工艺过程的重要措施之一。

20 矿浆pH值对浮选有何影响?

矿浆的pH值具有十分重要的意义，几乎在浮选过程中，矿浆pH

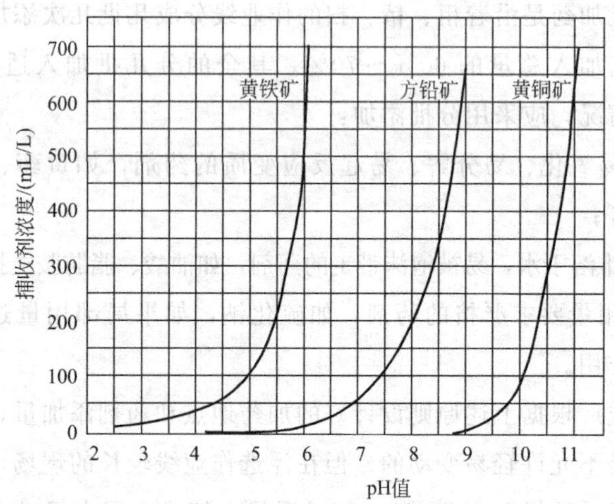

图 5-2 矿物临界 pH 值与二乙基二硫化磷酸盐浓度之间的关系

值影响到浮选的各个方面。常见硫化矿浮选适宜 pH 值见表 5-2。

表 5-2 常见硫化矿浮选 pH 值（以粗选为准）

矿石类型	铜矿	铜硫铁矿	铜钼矿	铜镍矿	铜钴矿	铅锌矿	铜铅锌矿
粗选 pH 值	9.5～11.8	9.0～11.5	10～11.5	7.8～9.5	10～11	7.1～12	7.2～12

pH 值的影响主要体现在以下几个方面。

① pH 值对矿物表面电性的影响。对某些氧化矿和硅酸盐矿物，矿浆的 pH 值对其表面电性有着明显的影响，从而影响它们的浮选性质。例如，针铁矿在不同的 pH 值条件下，表现出不同的电性，当 pH＝6.7 时，针铁矿表面不荷电；pH＜6.7 时，针铁矿表面荷正电，需用阴离子捕收剂捕收；pH＞6.7 时，针铁矿表面荷负电，需用阳离子捕收剂进行捕收。

② pH 值对矿物可浮性的影响。就绝大部分矿物而言，在用各自的捕收剂浮选时，它们的可浮性将受到矿浆 pH 值的直接影响。每种矿物在一定的药剂条件下，都有浮与不浮的临界 pH 值，矿浆

的pH值小于临界pH值时，矿物能上浮；大于临界pH值，矿物就不能上浮。例如，用乙基黄药浮选黄铁矿时，在pH值大于11时，黄铁矿受到抑制不上浮。

③ pH值对捕收剂在溶液中的存在状态的影响。有的捕收剂，在不同的pH值条件下，以不同的状态存在。例如十二胺，当矿浆的pH>10.65时，主要以分子状态存在，而矿浆的pH<10.65时，则主要以阳离子状态存在。

另外，当捕收剂主要以离子的形式与矿物表面作用时，捕收剂在矿浆中有效离子的多少在很大程度上依赖矿浆的pH值。例如，黄药和油酸，主要是以阴离子与矿物作用。而只有矿浆保持碱性，才能使这两种药剂主要以阴离子状态存在。

④ pH值对氧化矿和硅酸盐矿物表面羟基化的影响。氧化矿物和硅酸盐矿物表面的阳离子能水解成羟基络合物，羟基络合物的生成与质量分数大小受矿浆pH值严格控制，并且对矿物的浮选直接产生影响。例如，当用油酸浮选软锰矿时，在pH=8.5时，能获得最高回收率。

21 浮选精矿怎样进行脱药?

为了提高混合精矿的分离效果，在混合精矿分离前往往需要进行脱药。一方面要脱去混合精矿表面的捕收剂膜，另一方面脱去矿浆中过剩的药剂。脱药的方法可以分为三类。

① 机械脱药法。此法包括再磨、浓缩、擦洗、过滤洗涤及多次精选。混合精矿再磨主要是使混合精矿中的连生体单体解离，同时也可以脱除一部分药剂；混合精矿浓缩时可以通过脱水带去水中的药剂，浓缩可以用浓缩机，也可以用水力旋流器；擦洗法是在浓浆强力搅拌时，靠矿粒之间的摩擦脱除部分药剂，但容易泥化的矿物不宜采用此法；过滤洗涤法是将混合精矿浓缩过滤，并在过滤机

上喷水洗涤，然后将滤饼重新调浆浮选，这是机械脱药法中最彻底的一种，但其工艺复杂、比较麻烦，耗费大，很少采用；多次精选既是混合精矿提高品位的过程，又是一个脱药过程，一般精选过程中，矿浆质量分数一次比一次低，因此能通过解吸除去一部分药剂，但效果是很有限的。

② 解吸法。一种是硫化钠解吸法，另一种是活性炭解吸法。硫化钠能解吸硫化矿混合精矿的捕收剂膜，脱药比较彻底，但因硫化钠用量大，脱药后必须浓缩过滤，除去剩余的硫化钠，否则，硫化矿会受到硫化钠的抑制。活性炭解吸法可以吸附矿浆中的过剩药剂，并促使药剂从矿物表面解吸。此法不如硫化钠法彻底，但使用方便。

③ 加温法及焙烧法。加温法在混合精矿的分离中已经广泛采用，在铜钼混合精矿的分离中曾采用焙烧法。这两种方法成本较高。

22 常见的调浆方法有哪些?

① 常规调浆。常规调浆就是在搅拌槽内让全部矿浆与药剂充分地混合作用一定时间。常用的搅拌槽有螺旋桨式搅拌槽和高效搅拌槽。

② 分级调浆。分级调浆是根据不同粒级要求不同的调浆条件，将矿浆分成粗细不同粒级分别调浆，再集中浮选。分级粒度应通过试验来确定。

③ 充气调浆。充气调浆是在不添加药剂前，预先充气（又称渗氧）调浆，利用矿石表面氧化程度差异，扩大矿物间可浮性差别，改善分离效果。主要见于某些硫化矿的浮选。对于含铜硫化矿的充气调浆实践证明，加药以前充气调浆 30min，矿石中的磁黄铁矿和黄铁矿受到氧化，而黄铜矿仍保持原有的可浮性，甚至受到一

定活化。但过分充气搅拌也不利，因为过分充气黄铜矿也会受到氧化，降低其可浮性；毒砂与黄铁矿的分离，也常采用充气调浆，使易氧化的毒砂表面氧化，达到浮选分离的目的。

23 什么是“二次富集作用”，怎样有效地利用“二次富集作用”？

在浮选机上部的矿化泡沫层中，常常混杂有一些脉石矿粒和连生体矿粒。这些矿粒大部分（主要是脉石矿粒）是由大量的矿化气泡在上浮过程中夹带上来的。另外少部分（主要是连生体）是由于表面固着了捕收剂，形成较弱的疏水性，附着于气泡而进入泡沫层的。由于这些矿粒与气泡附着得不牢固，当泡沫层中的水（这些水有一部分是由于泡沫层中的气泡破灭而形成的）向下流时，它们中的大部分会重新被冲回到矿浆中。另外，泡沫层中的气泡在被刮出浮选机之前，有一部分会破灭，使泡沫层整个气-液界面减少。气泡上原来负荷的矿粒发生重新排列，疏水性强的矿粒仍附着在气泡上，疏水性弱的脉石矿粒或连生体矿粒会被向下的水流带回矿浆，这就使泡沫产品的品位再一次提高，这种作用被称为“二次富集作用”。

二次富集作用，使疏水性强者附着于气泡，弱者被流动的水带入矿浆。因而浮选泡沫层中上部的质量恒高于下层。为了有效地利用二次富集作用，可以适当加大泡沫层的厚度和延长泡沫层在浮选槽中停留的时间（即减慢刮泡速度）。如果泡沫发黏，泡沫层中的水就难以沿气泡间的间隙向下流，二次富集作用减弱。在这种情况下，可在精选槽的泡沫层上喷水淋洗，增加泡沫层中的流水量，以强化二次富集作用。但喷水不宜过强，水量不宜过大，并适当增加起泡剂用量，以免回收率降低。

24 浮选生产过程中调泡的主要原则是什么?

在浮选生产过程中的主要调泡原则：

① 只能刮泡，不得刮浆；

② 泡应活跃，每刮一板即向前流动补齐，不能有死泡；

③ 泡沫应调节分出层次，粗选、精选、扫选有区别；

④ 过程必须稳定，在调节某一作业浮选槽内的矿浆液面高度时，应注意其对后续作业的影响；

⑤ 泡沫不能发黏，否则分选性下降，出现发黏现象时应减少捕收剂和起泡剂用量；

⑥ 经常淘洗精矿、尾矿，了解精矿品位和回收率，精矿品位过高则减捕收剂、尾矿品位过高则加捕收剂，以提高总回收率；

⑦ 精矿品位过高还可通过增加精选泡沫刮量来调节，一般是增加浮选机的风量，称为拉泡，反之则称为压泡；

⑧ 尾矿品位过高还可通过加大整个浮选过程的泡沫刮量来调节，称为拉泡。

25 浮选厂如何利用回水?

选矿厂尽可能利用回水，无论是从环境保护，还是从节省药剂和工业用水的观点来看，都是十分必要的。

对磁选厂和重选厂来说，由于回水未受到药剂污染，回水的利用比较容易，回水利用率也高。对于浮选厂，由于回水中含有多种浮选药剂，因此使用时必须考虑回水对浮选过程的影响，如使用不当，会影响浮选效果，但如合理使用，不仅不会对浮选过程产生不良影响，而且还会节省浮选药剂。实践证明，浮选单金属矿石时，回水利用比较简单，如铜镍硫浮选时，回水可以全部使用，可以降低药剂的用量，黄药可降低 23%。

选别多金属矿石时，回水的利用比较复杂。当处理多金属硫化矿时，如果采用的流程是先混合浮选，然后混合精矿分离，混合精矿脱水所得的水，可以返回到混合浮选的前部。如果流程比较复杂，则最好是同一回路的废水再返回同一回路，这样废水中所含的药剂种类与原回路相同，不会产生不良影响。

回水使用前往往要进行处理。如果回水中含有较多的细泥，会给浮选带来不良影响，因此在使用前要消除掉。采用的方法可以是自然沉降法，也可以加凝聚剂（如石灰）使细泥沉降，使细泥含量一般不超过0.2～0.3g/L。如果回水的pH值不合乎要求，必要时也要进行处理。

第二节　浮选流程

26 什么是浮选流程？流程问题包括哪些内容？

浮选流程一般定义为矿石浮选时，矿浆经过各个浮选作业的总称。不同类型矿石，应用不同的流程处理，因此流程也反映了被处理矿石的工艺特性，故常称为浮选工艺流程。实践表明，浮选流程是重要的工艺因素之一，它对选别指标有很大影响。合理的工艺流程应保证能获得最佳的选别指标和最低的生产成本。

流程问题主要包括如下内容。

① 浮选原则流程（又称骨干流程）。只指出处理各种矿石的原则方案，其中包括段数、循环（又称回路）和矿物的浮选顺序。

② 流程内部结构。除了包含原则流程的内容外，还详细地表达了各段磨矿分级次数，每个循环粗选、精选、扫选次数，中矿处理方式等内容。

③ 流程表示方法。各个国家采用的表示方法也不一样，常见的有三类：机械联系图、线式流程图和流程的速记法。

27 浮选流程的段数分为哪几种类型？如何选择？

段数是指磨矿与浮选相结合的数目。浮选段数的选择主要取决于有用矿物的浸染特性。可分为一段磨浮流程和阶段磨浮流程。

（1）一段磨浮流程

如果经一次磨矿后浮选，任何浮选产物无需再磨，则称为一段磨浮流程，见图 5-3。一段流程适用于有用矿物嵌布较均匀，相对较粗且不易泥化的矿石。有时，当细粒均匀浸染矿石经过两次连续磨矿而浮选产物不用再磨，这样的流程仍属一段浮选流程。为与阶段磨浮流程相区别，也可叫做两磨一选流程，见图 5-4。

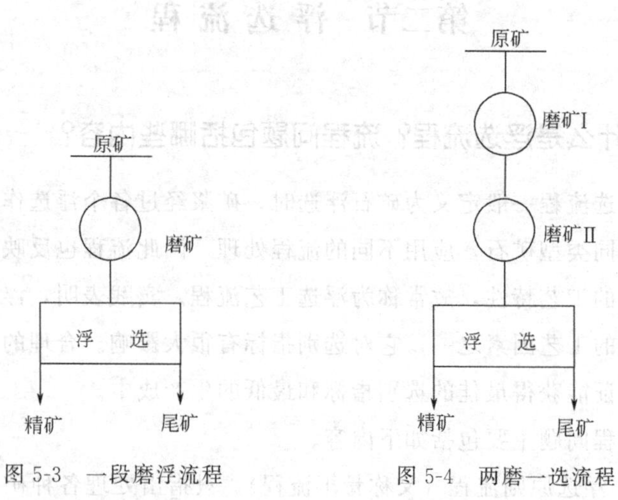

图 5-3　一段磨浮流程　　图 5-4　两磨一选流程

（2）阶段磨浮流程

由于矿石嵌布不均匀，如果某个浮选产物需经再磨再选一次，则称两段磨浮流程。依此类推，可有多段磨浮流程。两段以上的磨浮流程统称阶段磨浮流程。常用的阶段磨浮流程是两段磨浮流程，其可能方案有三种：精矿再磨流程、中矿再磨流程、尾矿再磨流程，分别见图 5-5（a）、图 5-5（b）、图 5-5（c）。

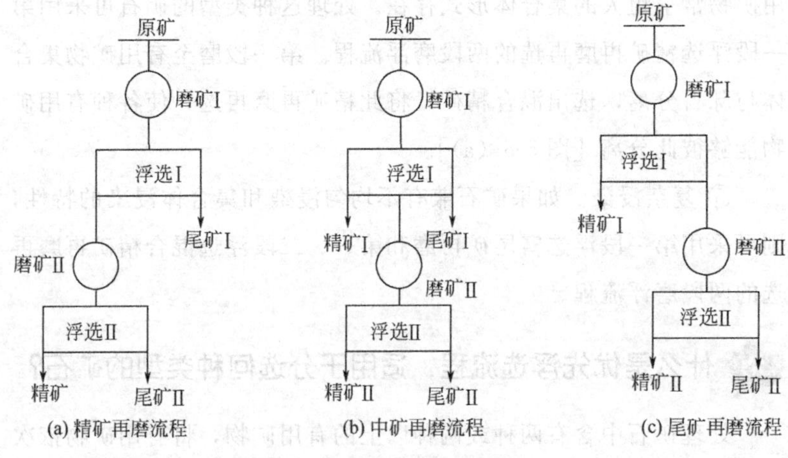

(a) 精矿再磨流程　(b) 中矿再磨流程　(c) 尾矿再磨流程

图 5-5　两段磨浮流程

段数的选择原则是根据矿石集中浸染嵌布类型。

① 粗粒均匀浸染。有用矿物结晶粒度比较粗而且均匀，将矿石磨至可以浮选的粒度上限（如重金属硫化矿为 0.3mm）时，有用矿物基本上能单体分离。采用一段磨浮流程在粗磨之后浮选，即可得到合格精矿和废弃尾矿（图 5-3）。

② 细粒均匀浸染。有用矿物结晶粒度细而均匀，通常需要磨至−0.074mm 以下才能使有用矿物基本达到单体分离。处理这种类型的矿石，当浸染粒度细而均匀时可采用两磨一选的一段磨浮流程（图 5-4）；当浸染粒度细而不太均匀、达到单体分离的粒度范围较宽时，也可采用将第一段浮选中矿再磨再选的两段磨浮流程。

③ 不均匀浸染。有用矿物呈粗、中、细粒存在的不均匀浸染，这种矿石在实践中比较多见。处理这种矿石的合理流程应当是中矿或尾矿再磨再选的两段磨浮流程。显然，能在粗磨之下首先使粗粒部分单体分离，选得部分合格精矿。对呈连生体的中矿或富尾矿可再磨再选［图 5-5 的（b）、（c）］。

④ 集合体浸染。在有些多金属硫化矿中，细粒浸染的几种有

用矿物常呈粗大的集合体形式存在。处理这种类型的矿石可采用第一段浮选精矿再磨再选的两段磨浮流程。第一段磨至有用矿物集合体与脉石分离，选出混合精矿。将此精矿再磨再选，使各种有用矿物能够彼此分离［图 5-5（a)］。

⑤ 复杂浸染。如果矿石兼有不均匀浸染和集合体浸染的特性，则可采用第一段浮选富尾矿再磨和第一、二段浮选混合精矿再磨再选的两段磨浮流程。

28 什么是优先浮选流程，适用于分选何种类型的矿石?

处理矿石中含有两种或两种以上的有用矿物，将有用矿物依次选出为单一精矿，这种流程称为优先浮选，如图 5-6 所示。该流程一般适用于下列情况：

① 有用矿物嵌布粒度较粗；

② 矿石中有用矿物含量较高；

③ 如果用其他浮选流程虽可获得较高的回收率，但不能得到高质量的精矿等。该流程可以适应矿石品位的变化，具有较高的灵

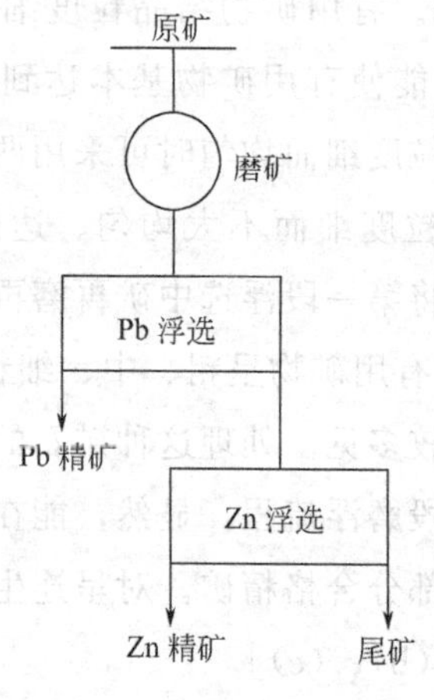

图 5-6 优先浮选流程

活性，对原矿品位较高的原生硫化矿比较适合，如我国的西林、凡口、乐昌铅锌矿选厂的浮选流程，瑞典莱斯瓦尔（Laisvall）铅锌矿选厂的浮选流程均属此类。

29 什么是混合浮选流程，适用于分选何种类型的矿石?

混合浮选流程是多金属硫化矿浮选中常用的流程，先混合浮出全部有用矿物，然后再逐次将它们分离，如图5-7所示。这种流程适合于有用矿物品位比较低（脉石含量较多）和有用矿物呈集合体嵌布的多金属矿石。

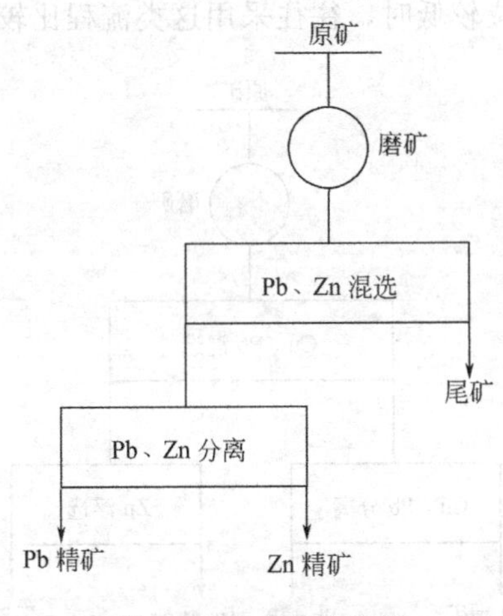

图5-7　混合浮选流程

这种流程的优点是，它可以在粗磨条件下，浮选后就能丢弃大量的脉石，使进入后续作业的矿量大为减少，尤其是降低了后续的磨矿作业费用。这就减少了设备投资，降低了电耗并节省了药剂用量及基建投资。

这种流程的缺点是，由于混合精矿表面都粘有捕收剂，且矿浆中留存着过剩的捕收剂，会给下一步分离带来困难。可见混合精矿浮选分离中，关键应解决好混合精矿的脱药问题。对于有用矿物品位比较高，并呈粗粒嵌布的多金属矿石，不宜采用混合浮选，宜采用优先浮选。

30 什么是部分混合优先浮选流程，适用于分选何种类型的矿石？

是在优先浮选和混合浮选工艺优点的基础上，紧密结合矿石特性，采用的浮选新工艺。先浮选矿石中某几种有用矿物，抑制其他矿物，然后活化并浮选被抑制的其他矿物，先浮选出的混合精矿再浮选，得到合格精矿，如图 5-8 所示。当原矿中铜钼、铜铅、铜锌、铅锌之一品位较低时，往往采用这类流程比较经济。

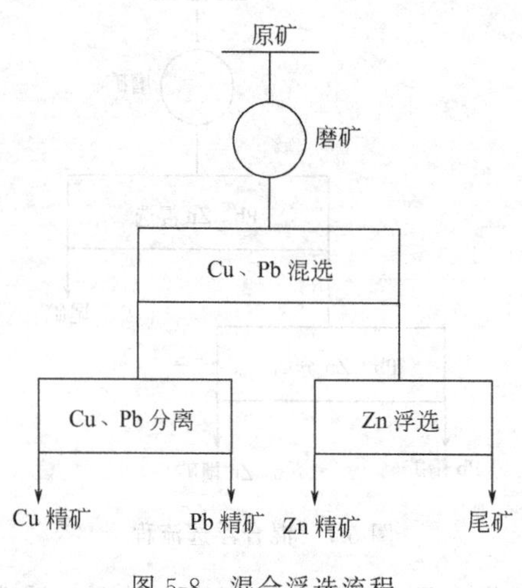

图 5-8　混合浮选流程

31 什么是等可浮流程，适用于分选何种类型的矿石？

等可浮流程不是完全按矿物的种类来划分浮选顺序的。它是按矿物可浮性的等同性或相似性将欲回收的矿物分成易浮和难浮的两部分，按先易后难的顺序浮出后再分离。即使是同一种矿物，如果可浮性存在较大差异，也应分批浮出。

这种流程适合于处理同一种矿物，包括易浮和难浮两部分的复杂多金属硫化矿石。例如，某硫化矿石，有用矿物如方铅矿、闪锌矿、黄铁矿，其中，闪锌矿中有较易浮的和较难浮的两种，这种矿石则可采用等可浮流程，流程如图 5-9 所示。易浮的闪锌矿与方铅矿一起浮，难浮的闪锌矿与黄铁矿一起浮，然后再分离。等可浮流程与混合浮选相比，优点是可降低药剂用量，消除过剩药剂对浮选的影响，有利于提高选别指标。缺点是比混合浮选多用设备。

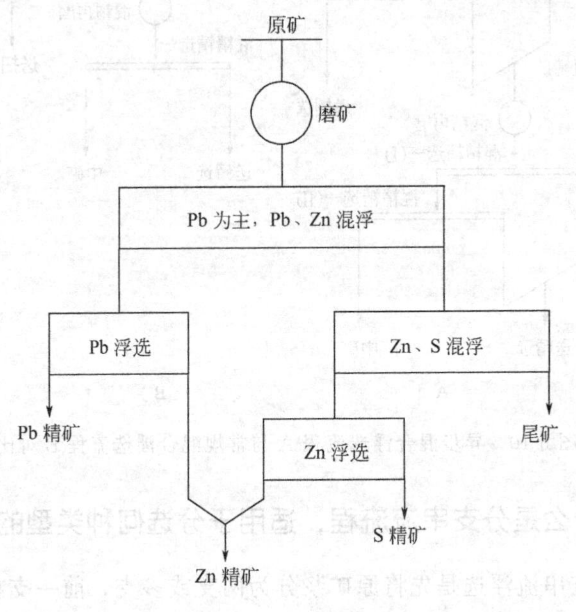

图 5-9 等可浮流程

32 什么是异步浮选流程，适用于分选何种类型的矿石？

异步浮选流程适合用于原矿以铅为主、含硫较少的矿物浮选。铅是银的主要载体矿物，第一步以选细铅为主不用强抑制剂，先回收细铅银，第二步再回收粗铅银，可以保证较高的铅、银回收率；

铅锌异步混合浮选流程，该流程的第一步不使用调整剂，但尽量使闪锌矿、黄铁矿少进入泡沫产品，而在混合精选的第二步选时选用高 pH，并加入硫酸铜活化闪锌矿，从而抑制了黄铁矿，实现以锌为主的第二步铅锌混合浮选，该流程可以最大限度地回收铅、锌、银矿物。异步浮选流程与常规流程的对比如图 5-10 所示。

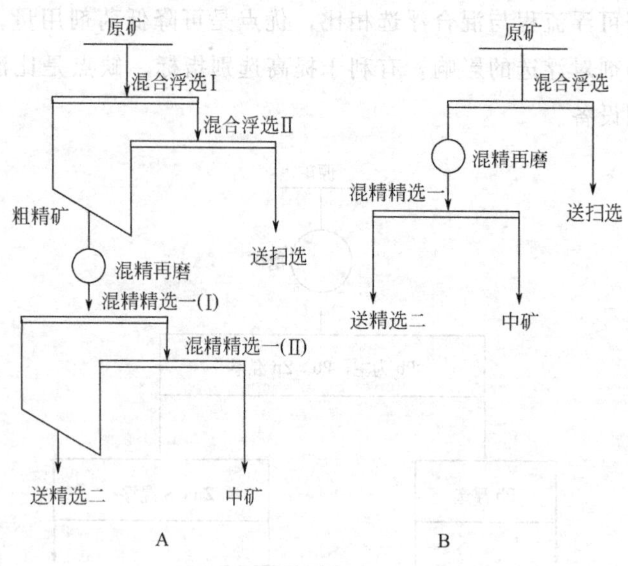

图 5-10　异步混合浮选流程 A 与常规混合浮选流程 B 对比

33 什么是分支串流流程，适用于分选何种类型的矿石？

分支串流浮选是先将原矿浆分为两支或多支，前一支粗选的泡沫与后一支的原矿浆合并粗选，然后又适当地“串联”起来，并配以相应的药方，如图 5 11 所示。该流程与常规浮选流程相比，具有降低浮选药剂消耗、提高分选指标、减少精选作业、节省电耗的优点。但它只适用于具有两个以上浮选系列的选矿厂，对于只有一个系列的选矿厂则无法实施。例如水口山铅锌矿将锌、硫混合浮选系统改为分支串流浮选，即把入选矿浆分为两支，在一排浮选机上

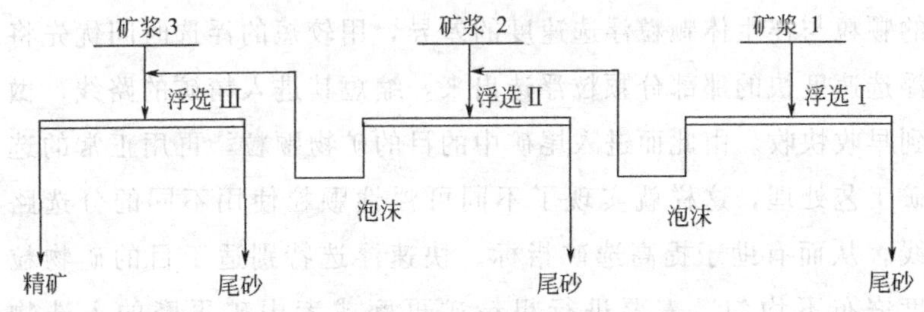

图 5-11　分支串流流程

实现，取消了中矿再磨作业，使得铅、锌回收率分别提高了 2.25%和 1.13%，降低了药剂消耗，简化了流程，稳定了操作。

34 什么是闪速浮选流程，适用于分选何种类型的矿石？

闪速浮选是在磨矿回路中加入单槽浮选的工艺。它具有粗粒度、高浓度、短时间等特点，可将已在磨矿中单体解离的有用矿物快速浮出作为精矿，避免其重新进入磨矿回路产生过磨泥化，实现“能收早收”的选矿原则，达到提高选矿回收率的效果。总之，闪速浮选机对实际矿石的浮选是有益的，尤其对嵌布粒度不均匀的含贵金属的有色金属硫化矿。闪速浮选一般采用专用的闪速浮选机。

闪速浮选在国内外矿山的选矿工艺中均有应用。湖南湘西金矿沃溪选厂对金在球磨-分级回路中的分布进行了分析研究，发现金在回路中的富集和过粉碎现象明显。为此，进行了球磨—分级回路中加入单槽浮选机闪速浮选。试验结果表明，其选别效果显著，可提高金的选矿回收率 2.3%左右。鸡笼山金矿利用引进的一台 SK-15 闪速浮选机进行工业试验，试验结果表明：用闪速浮选，在铜回收率相当的情况下，金回收率提高 5.13%。

35 什么是快速浮选流程，适用于分选何种类型的矿石？

快速浮选就是根据目的矿物的不同颗粒，特别是已单体解离的颗粒与连生体颗粒浮选速度的差异，用较短的浮选时间优先将浮选速度快的那部分颗粒浮选出来，缩短其进入精矿的路线，做到早收快收。由此而进入尾矿中的目的矿物颗粒，再用正常的选矿工艺处理，这样就实现了不同可浮性颗粒使用不同的分选路线，从而有助于提高选矿指标。快速浮选特别适于目的矿物粒度嵌布不均匀、需要进行粗精矿再磨或者中矿再磨的入选物料。广东凡口铅锌矿高碱原生电位快速浮选工艺流程如图 5-12 所示。

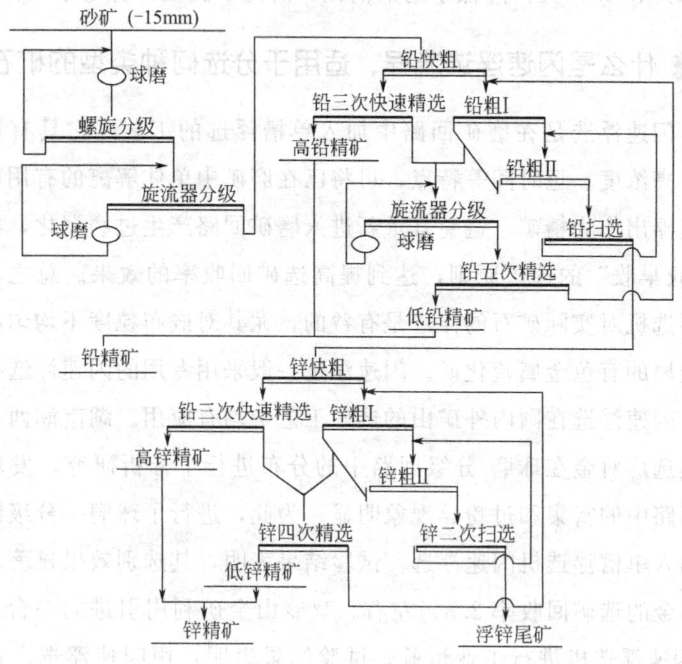

图 5-12 广东凡口铅锌矿高碱原生电位快速浮选工艺流程

36 什么是浮选流程的内部结构？

流程内部结构，除了包含原则流程的内容外，还详细表达了各段的磨矿分级次数，每个循环的粗选、精选、扫选次数，中矿处理方式等内容。

37 什么情况下进行扫选或精选?

当原矿品位较高，矿物可浮性较差，而对精矿质量的要求又不很高时，就应加强扫选，以保证有足够高的回收率。精选作业应少，甚至不精选。

当原矿品位较低，而对精矿的质量要求又很高时，如辉钼矿浮选，就要加强精选。

38 中矿处理的主要方法是什么?

浮选的最终产品是精矿和尾矿。但在浮选过程中总要产出一些中间产品，即精选的尾矿和扫选的精矿，习惯上称为中矿。中矿处理方法根据其中连生体含量、有用矿物的可浮性以及对精矿质量的要求而定。中矿处理的原则是返回至品位、性质接近的作业。

常见的处理方案有以下四种：

(1) 返回浮选流程中适当的地点

① 顺序返回。这是最常见的方法，此法可用于处理主要由单体解离的矿粒组成的中矿，即后一作业的中矿返回到前一作业，如图 5-13 所示，当中矿中矿物已单体解离，矿物可浮性一般，又强调回收率时用。这种情况下中矿经受再选的机会较少，可以避免损失。

② 中矿合一返回。若中矿可浮性较好，对精矿要求又高时，必须增加中矿再选次数，可采用该法，即将中矿合并后返回到前部适当的作业中去，如图 5-14 所示。中矿合并以后，往往需浓缩，再进行返回。

中矿的返回形式往往是多种多样的，有时中矿返回地点由试验

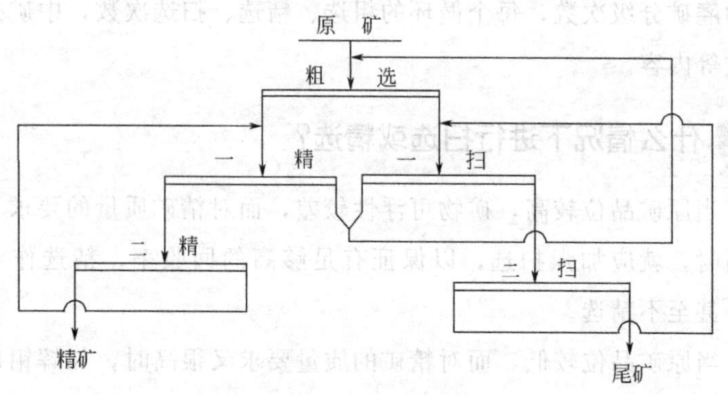

图 5-13 中矿顺序返回流程

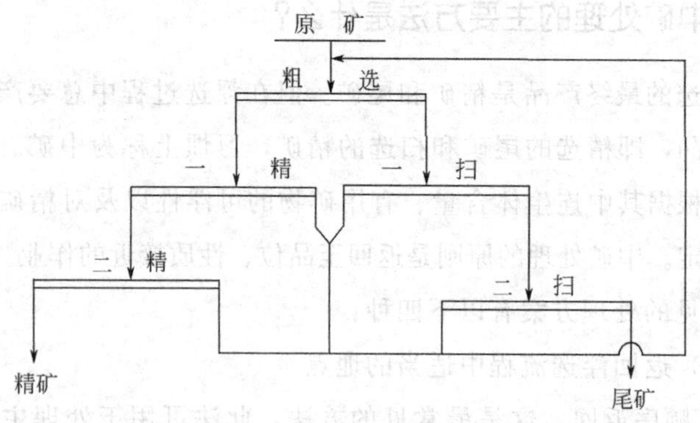

图 5-14 中矿集中返回流程

来决定。中矿返回的一般规律是，中矿应返回到矿物组成和可浮性及品位相近的作业中去。

（2）中矿再磨

对于连生体较多的中矿，需要再磨。再磨可单独进行，也可返回到第一段磨矿。当中矿中还有部分单体解离的矿粒时，可将其返回分级作业。当中矿表面需要机械擦洗时，也可返回磨机。

（3）中矿单独浮选

有时中矿虽不呈连生体，但它的性质比较特殊，如浸染复杂、难浮矿粒多、含泥多等，可浮性与原矿差别大时，返回前面的作业都不太合适。在这种情况下，可将中矿单独浮选。

（4）其他方法处理

如果中矿用浮选法单独处理效果不好，可采用化学选矿方法来处理。

浮选工艺实践

第一节　黑色金属矿石的浮选

1 铁矿石的反浮选工艺是什么？

铁矿石的反浮选工艺是指抑制有铁矿物浮选杂质矿物的浮选工艺，根据分选矿物的种类分类，可分为磁铁矿的反浮选和赤铁矿的反浮选，按选用的捕收剂种类的不同分类，可分为阴离子反浮选和阳离子反浮选。

从我国铁矿石总体情况来看，具有储量大、品质差的特点。反浮选基本上都是以入选的物料中含有较少的脉石矿物为选别对象，且都利用矿物可选性差异最大的方面，使二者在全工艺流程中都较好地发挥作用。

(1) 阴离子捕收剂反浮选工艺

主要用来处理石英类脉石矿物，用钙离子活化石英后，用脂肪酸类捕收剂进行浮选，槽中产物是铁精矿。用淀粉（玉米淀粉、木薯淀粉、橡子淀粉和栗子淀粉等）、磺化木素和糊精等抑制铁矿物。单用氢氧化钠或它与碳酸钠混用，调整 pH 值到 11 以上。石英因表面电性关系，只有用多价金属阳离子活化以后，才能用脂肪酸类捕收。尽管镁离子活化能力比钙离子强，但常用钙盐活化，用得最多的是氧化钙，其次是氯化钙。

近年来，主要用磁选-阴离子反浮选工艺。该工艺包括弱磁选-阴离子反浮选工艺和弱磁选-高梯度强磁选-阴离子反浮选工艺。前者主要用于选别磁铁矿矿石，后者主要用于选别赤铁矿-磁铁矿混合型铁矿石和弱磁性铁矿石。我国主要有以尖山铁矿选矿厂为代表的磁铁矿选矿和以齐大山选矿厂为代表的赤铁矿-磁铁矿混合型铁矿石。在选别各项技术指标取得了较大提高的同时，也产生了巨大的经济效益，推进了我国铁矿石选矿的进步。尖山铁矿选矿厂在全铁品位31.72%的原矿，经过三阶段磨矿、弱磁选-磁选柱-阴离子反浮选后，得到全铁品位69.26%、SiO_2 含量3.5%、回收率为82.18%的铁精矿，其工艺流程如图6-1所示。齐大山选矿厂在原矿品位为27.61%的条件下，经过阶段磨矿，粗细分选，重选-弱磁选高梯度强磁选-阴离子反浮选工艺，得到精矿品位67.79%、回收率81.11%的铁精矿，其工艺流程见图6-2。

（2）阳离子捕收剂反浮选工艺

此法适用于高品位、成分较复杂的含铁矿石的浮选。浮选时用水玻璃、单宁和磺化木素等抑制铁矿物。胺类捕收剂用来浮选石英脉石，其中以醚胺最好，脂肪胺次之。在pH值为8～9时，抑制效果最好。作为铁矿物的抑制剂还可用各种类型的淀粉（玉米淀粉、木薯淀粉、马铃薯淀粉、高粱淀粉和栗子淀粉等）。此法的优点是：

① 可以粗磨矿，用阴离子捕收剂浮选铁矿物时需细磨，而阳离子反浮选时只要磨到单体解离，胺类捕收剂就能很好地把石英等浮起；

② 回收率较高，在铁矿中含磁铁矿时，用阴离子捕收剂浮选时，磁铁矿易损失于尾矿中，但用此法磁铁矿可一并回收；

③ 可提高精矿质量，用阴离子捕收剂，含铁硅酸盐大量浮起，与石英一并进入尾矿，故精矿品位较高；

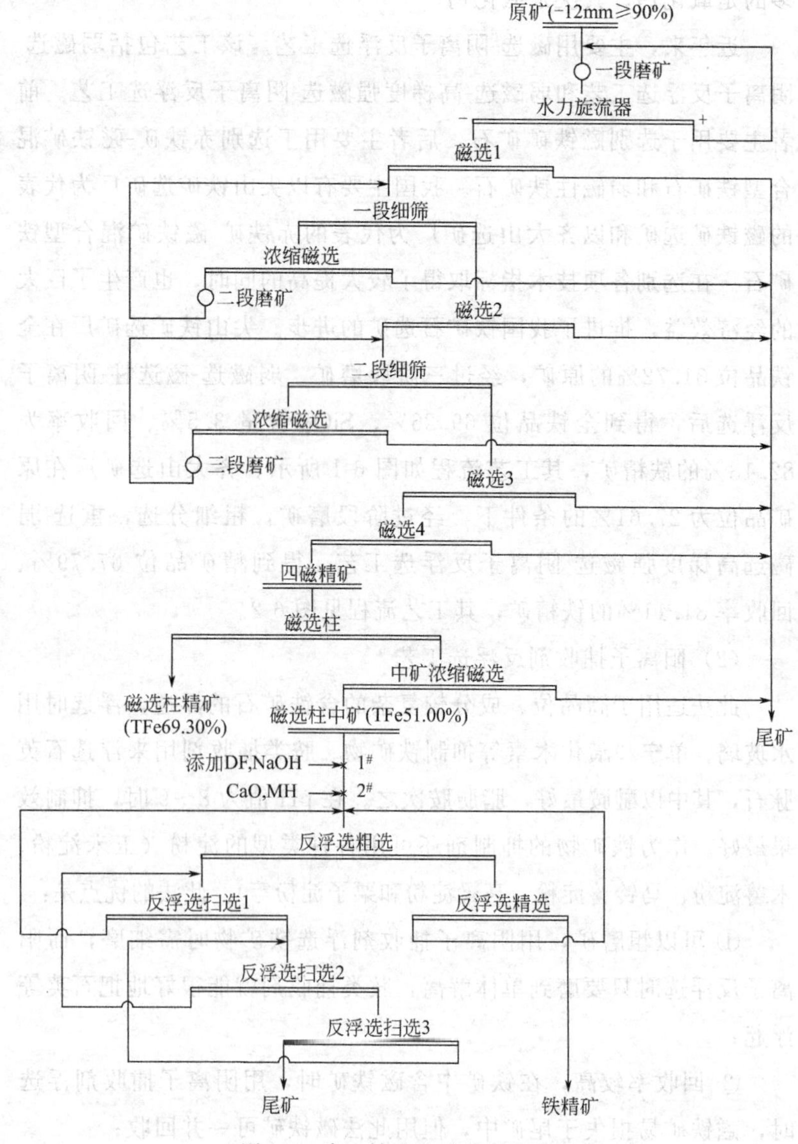

图 6-1 尖山铁矿选矿厂工艺流程

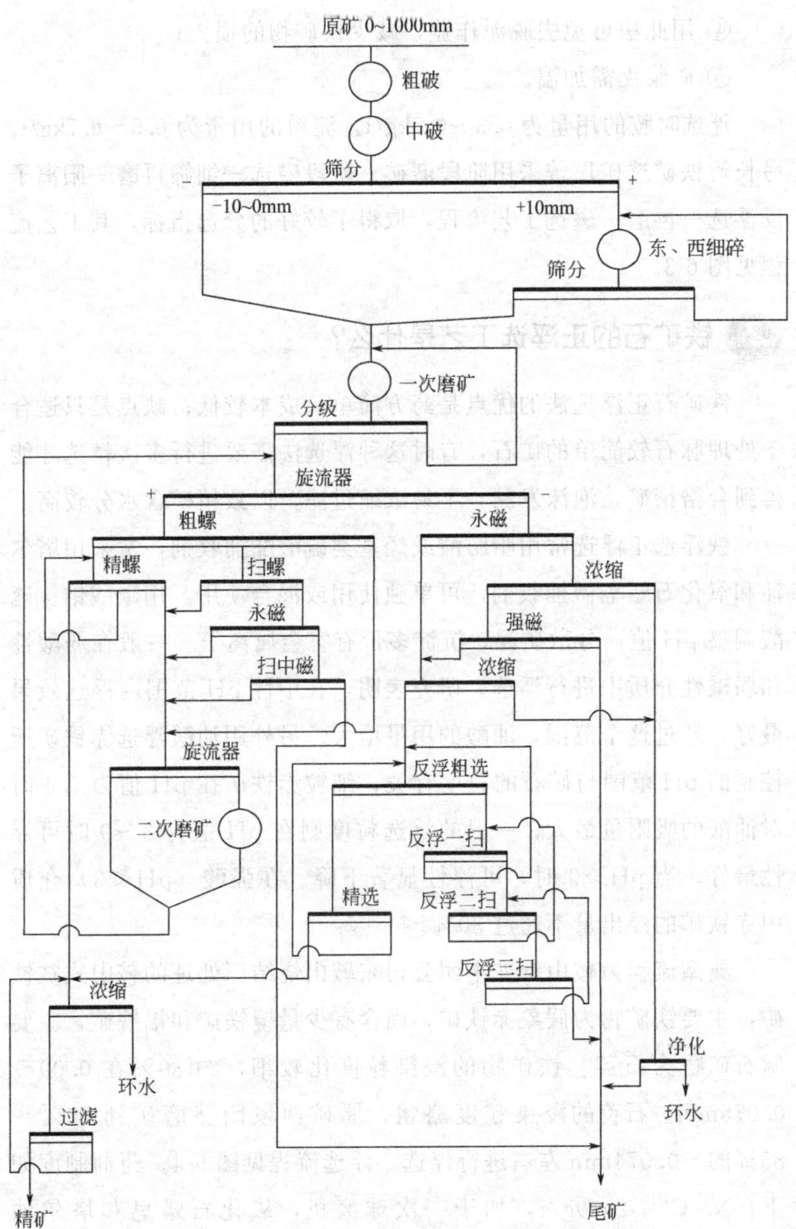

图 6-2　齐大山选矿厂工艺流程

④ 用此法可免去脱泥作业，减少铁矿物的损失；

⑤ 矿浆无需加温。

浮选时胺的用量为0.3～0.5kg/t，淀粉的用量为0.5～0.7kg/t。弓长岭铁矿选矿厂曾采用阶段磨矿、阶段磁选—细筛再磨—阳离子反浮选—再磨—磁选工艺流程，取得了较好的分选指标，其工艺流程见图6-3。

2 铁矿石的正浮选工艺是什么？

铁矿石正浮选法的优点是药方简单，成本较低；缺点是只适合于处理脉石较简单的矿石，有时这种浮选法需要进行多次精选才能得到合格精矿，泡沫发黏，不易浓缩过滤，以致精矿含水分较高。

铁浮选正浮选常用脂肪酸或烃基类硫酸酯捕收剂，常采用塔尔油和氧化石蜡皂做捕收剂，可单独使用或混合使用。用碳酸钠、硫酸调整pH值，分散矿泥，沉淀多价有害金属离子。一般在弱酸性和弱碱性介质中进行浮选。研究表明，在中性pH范围内浮选效果最好，超过这个范围，油酸的用量增大。另外用油酸浮选赤铁矿所控制的pH范围与矿石的粒度有关，细粒赤铁矿在pH值为7.4时对油酸的吸附量最大；一般的浮选粒度则在pH值为3～9时可浮性最好，当pH＞9时，可浮性显著下降。在强酸（pH＜3）介质中赤铁矿的浮出量不超过30%。

典型流程为鞍山钢铁集团公司东鞍山烧结厂处理的鞍山式贫铁矿，主要铁矿物为假象赤铁矿，尚含有少量镜铁矿和褐铁矿，主要脉石矿物为石英。铁矿物的浸染粒度比较细，约80%在0.09～0.075mm。石英的浸染粒度略粗，原矿两段闭路磨矿到80%～85%的−0.074mm左右进行浮选。浮选流程见图6-4。药剂制度如下：Na_2CO_3 2000g/t，加于一次球磨机，氧化石蜡皂和塔尔油（皂：油＝3：1～4：1）700～800g/t，加入粗选前搅拌槽，配药

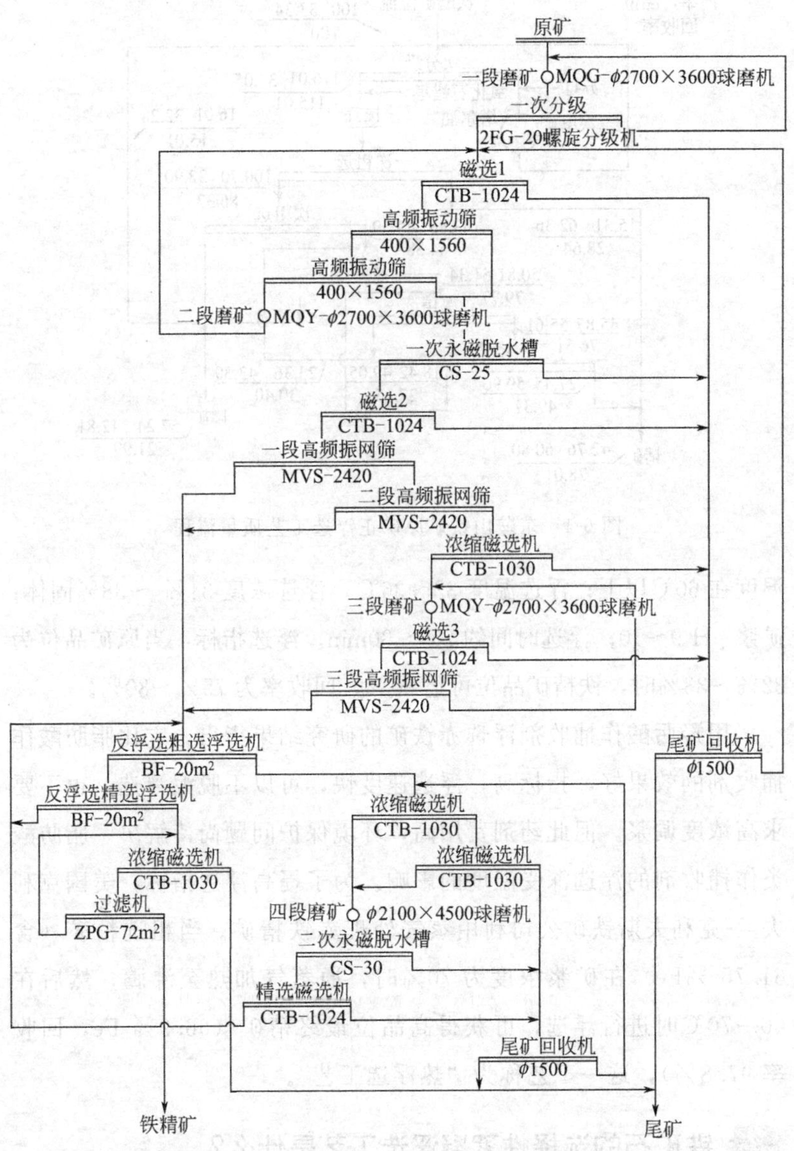

图 6-3 弓长岭提质降硅工艺流程（单位：mm）

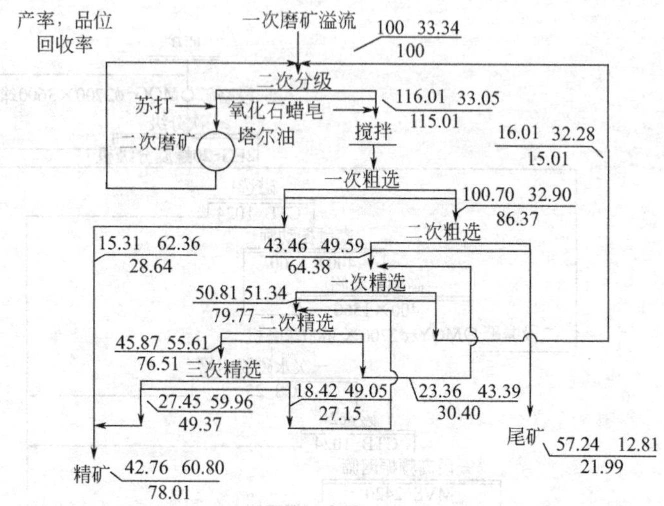

图 6-4 东鞍山铁矿原矿正浮选工艺质量流程

温度在 60℃以上；浮选温度 32～36℃，浮选浓度 34％ ～38％固体；矿浆 pH 9～10；浮选时间约 25 ～30min。浮选指标：当原矿品位为 32％～33％时，铁精矿品位可达 60％，回收率为 75％～80％。

用羟肟酸作捕收剂浮选赤铁矿的研究结果指出，它比脂肪酸作捕收剂的效果好，指标高，浮选速度快，可以不脱泥浮选，也不要求高浓度调浆。但此药剂费用高，环境保护问题尚待解决。脂肪酸类作捕收剂的浮选深受温度的影响。为了提高浮选指标，美国克利夫兰-克利夫斯铁矿公司利用蒸气处理赤铁精矿。当粗选精矿（含 61.75 ％Fe）在矿浆浓度为 70％时，通蒸气加热至沸腾，然后在 60～70℃时进行浮选，可获得高品位最终精矿（66.9％ Fe，回收率 97.8％），这一工艺称为“热浮选工艺”。

3 铁矿石的选择性絮凝浮选工艺是什么？

选择性絮凝浮选适用于处理微粒和细粒嵌布的高硅铁矿石，其过程是先向矿浆中加入分散剂，如氢氧化钠、水玻璃和六偏磷酸钠等。然后加入对铁矿物有选择性的絮凝剂，如木薯淀粉、玉米淀粉、腐殖酸钠和水解的聚丙烯酸胺等。该法的絮凝作用是首先使细粒铁矿物形成絮凝团下沉，然后通过浓缩脱除部分分散悬浮的脉石矿泥，这一过程可以进行几次，而得到铁的粗精矿。这种粗精矿往往达不到质量要求，要进一步进行反浮选以提高铁精矿的品位。反浮选时首先在矿浆中加入铁矿物的抑制剂，然后用阳离子捕收剂或阴离子捕收剂进行反浮选。当用阴离子捕收剂进行反浮选时，还要加入 Ca^{2+} 作石英的活化剂，并将矿浆的 pH 值调整到 11 左右。经过反浮选后，槽中产物为铁精矿，泡沫产物为尾矿。一般需要多次扫选。该方法在美国蒂尔登铁矿应用。

美国蒂尔登选矿厂矿石中主要的含铁矿物是假象赤铁矿和赤铁矿。铁矿物嵌布粒度平均为 0.01～0.025mm。脉石矿物除石英外，还含有少量的钙、镁、铝矿物。原矿含铁 35%，含硅 45%。采用选择性絮凝阳离子反浮选工艺，其生产流程如图 6-5 所示。蒂尔登选矿厂用水玻璃和氢氧化钠为矿泥的分散剂并将矿浆 pH 值调至 10～11，加入玉米淀粉，搅拌后的矿浆进入浓密机进行选择性絮凝脱泥。在浓密机中石英矿泥呈溢流排出，浓密机的沉砂便是絮凝精矿。当浓密机的给矿含铁 35%～38%时，排出的溢流含铁 12%～14%，沉砂含铁 44%，浓度为 45%～60%，沉砂再经矿浆分配器进入搅拌槽，然后加入玉米淀粉作抑制剂，用胺类捕收剂进行脉石矿物的反浮选。最终精矿含铁 65%，含石英 5%，铁的回收率为 70%左右。

4 铁矿石浮选脱硫的方法及工艺是什么？

铁精矿中含硫高，将直接影响炼铁、炼钢的质量，对高炉生产也有危害。铁矿石中的硫一般是黄铁矿和磁黄铁矿，脱硫也就是除

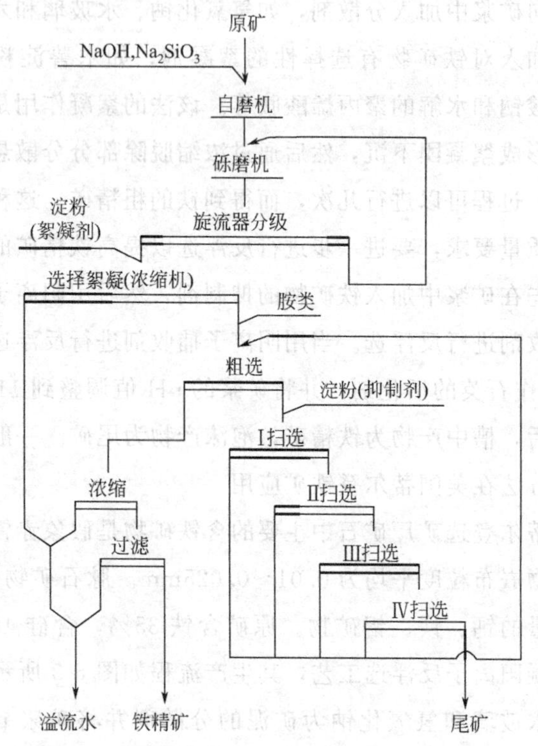

图 6-5 蒂尔登选矿厂选择絮凝浮选工艺流程

去矿石中的黄铁矿和磁黄铁矿。由于磁黄铁矿具有一定的磁性，易夹杂于磁选铁精矿中，所以，是造成铁精矿含硫高的主要原因。脱硫一般采用浮选硫化矿的浮选药剂。我国金山店铁矿属高硫低磷原生磁铁矿。磁选铁精矿中因存在少量的单体黄铁矿和黄铁矿-磁铁矿连生体，粒度一般为 0.005～0.1mm，是导致铁精矿含硫较高的原因。通过对该铁精矿进行反浮选脱硫试验，用丁黄药与 2 号油组合的简单药剂制度，经一次反浮选脱硫，就可使铁精矿硫含量从 0.22%降低至 0.04%，铁精矿脱硫效果十分明显。其工艺流程见图 6-6。

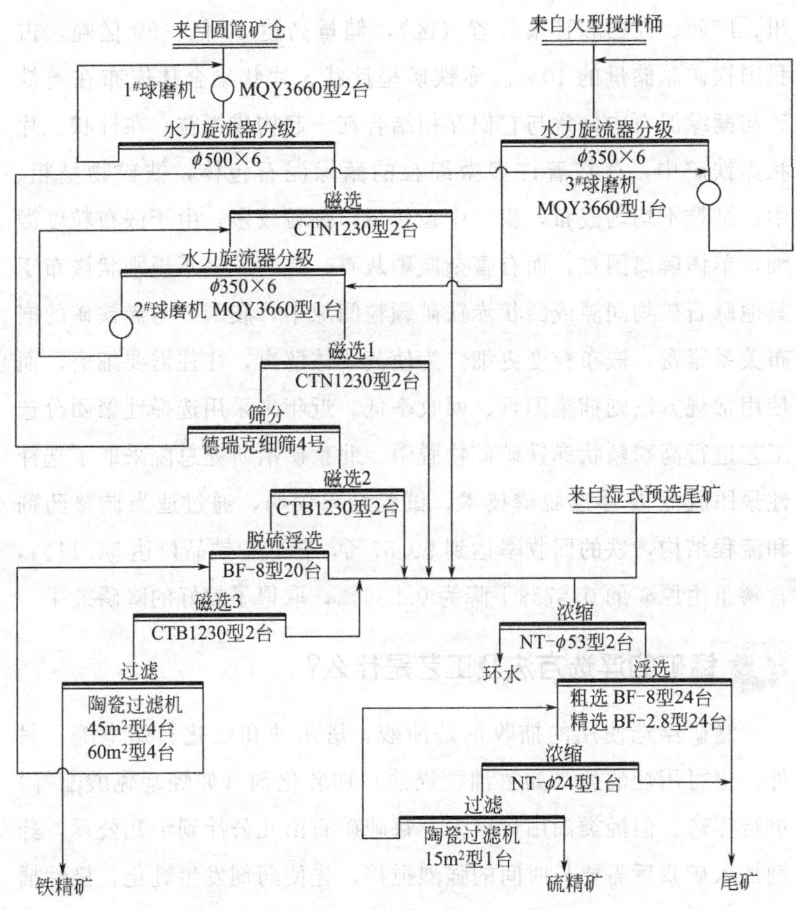

图 6-6 金山店铁矿选矿厂工艺流程

5 铁矿石脱磷的浮选方法及工艺是什么?

铁矿石中磷也是有害元素，对于高磷磁铁矿来说，反浮选脱磷也是最主要的脱磷方法。梅山铁矿与马鞍山矿山研究院采用浮选（脱硫）—磁选—反浮选（脱磷）工艺流程处理梅山高磷磁铁矿取得了较好的工业试验指标，可将磷降至0.125%以下。

难选高磷鲕状赤铁矿主要分布在湖北、湖南、云南、四川、贵州、广西、江西和甘肃等省（区），储量高达30亿～50亿吨，占我国铁矿总储量的10%。赤铁矿呈针状、片状集合体嵌布在菱铁矿与鲕绿泥石中，常与它们互相结合在一起构成鲕粒；在针状、片状赤铁矿中，存在着许多微细粒的鲕绿泥石包体，铁矿物呈粗、中、细粒不均匀嵌布，粗、中粒较少，细粒较多，由于嵌布粒度微细，单体解离困难，而有害杂质磷灰石、焦磷矿呈不规则状嵌布于其他脉石矿物间隙或鲕状赤铁矿颗粒间隙中，胶磷矿与赤铁矿的嵌布关系紧密，嵌布粒度更细。为使其单体解离，往往需要细磨，而使用常规方法则捕集困难、回收率低。近年来采用选择性聚团分选工艺进行高磷鲕状赤铁矿矿物脱磷。北京矿冶研究总院采取了选择性聚团脱泥-反浮选脱磷技术。试验结果表明，通过适当调整药剂和流程结构，铁的回收率达到90.57%，精矿中铁品位达54.11%，含磷量由原矿的0.57%下降为0.236%，取得了较好的降磷效果。

6 锰矿的浮选方法及工艺是什么?

锰矿浮选使用的捕收剂是油酸、塔尔油和氧化石蜡皂等。另外，也可用烃油类（如重油、煤油）加乳化剂（如烃基硫酸酯等）进行浮选。但烃类油用量很大，每吨矿石由几公斤到十几公斤，药剂加入矿浆后需要长时间的强烈搅拌，先使药剂发生乳化，极性捕收剂在矿物表面固着，然后又被覆上一层油膜，这时锰矿才絮凝成集合体，与大量微细气泡一起上浮，这就是“乳化浮选”。

锰矿浮选最适宜的pH值为7～9。为了调整矿浆、分散矿泥和抑制脉石，常加少量的碳酸钠和水玻璃、单宁及磷酸盐，但不能过量，过量对锰矿物有抑制作用。SO_2及其他还原剂对锰矿物有活化作用。用塔尔油浮选锰矿，分两种情况：如果锰矿中的脉石是碳酸盐如方解石，则用糊精先在碱性介质中抑制锰矿，浮选方解石，然后在酸性矿浆中，用塔尔油作捕收剂浮选锰矿；如果脉石是石英等，就可以直接在酸性矿浆中浮选锰矿。

含锰矿物分两类：一类是氧化物，一类是碳酸盐。重要锰矿物的可浮性如下。

① 菱锰矿是锰矿中较易浮的一种矿物。用油酸作捕收剂效果最好。浮选最适宜的pH值为8～9。介质调整剂常用碳酸钠。抑制石英类脉石可用水玻璃，但碱性过高或水玻璃用量过大，对菱锰矿都有抑制作用。如果菱锰矿与硫化矿物及硅酸盐矿物共生，先浮选硫化物，然后用脂肪酸浮选菱锰矿得锰精矿。菱锰矿精矿经焙烧后，可提高产品中的锰含量。

对于以菱锰矿为主的多金属锰矿石，为了综合利用，可采用优先浮选或混合-优先浮选流程选出硫化矿物，分别得到有关的硫化矿物精矿，然后对硫化矿物的浮选尾矿加脂肪酸等药剂浮出菱锰矿精矿。

菱锰矿与其他氧化锰（包括氢氧化锰）矿物共生时，可用脂肪酸与碳酸钠等进行混合浮选得混合锰精矿，也可用优先浮选，即先用少量捕收剂浮选菱锰矿，然后再加捕收剂浮选氧化锰矿物，分别获得菱锰矿和氧化锰精矿。

② 软锰矿比菱锰矿难浮，糊精和柠檬酸是氧化锰矿的抑制剂。草酸对它有活化作用。试验证明，在氧化锰矿浮选时，用油酸捕收，在pH=6.5的条件下，水锰矿和褐锰矿较易浮，而软锰矿及硬锰矿最难浮。只有使用草酸和水玻璃分散矿泥时，才能得到较满意的结果。有矿泥存在时，浮选效果较差。将原矿脱泥，如脱除$-10\mu m$的矿泥，可以改善浮选指标。

7 钛矿的浮选方法及工艺是什么？

常见的含钛矿物有钛铁矿、金红石、钙钛矿和榍石。钛铁矿（$FeTiO_3$）和金红石（TiO_2）用羧酸及胺类捕收剂都能浮游。但用羧酸类捕收时，脉石矿物不易浮游，故羧酸类用得较多。工业上常用的药剂有油酸、纸浆废液、塔尔油和环烷酸及其皂，而且常用煤油为辅助捕收剂。用羧酸捕收钛铁矿和金红石浮选时，pH 值在 6～8，两种矿物的浮游都比较好。在 pH<5 的酸性介质中，吸附与钛铁矿表面的油酸容易洗脱，洗涤后钛铁矿的可浮性显著下降，先用硫酸洗涤矿物表面，可以提高它们的可浮性，降低捕收剂的用量。

钛铁矿的选矿是以选铁后磁选尾矿为原料，选矿方法的选择首先决定于选铁时的磨矿细度，当选铁的磨矿细度为 0.15～0.2mm 时，直接采用浮选法分选钛铁矿，例如芬兰奥坦麦基和前苏联的库辛。也可粗细分级—粗粒重选电选—细粒浮选，如攀钢（集团）公司选钛厂，其工艺流程见图 6-7。为了改善浮选工艺，现采用选择

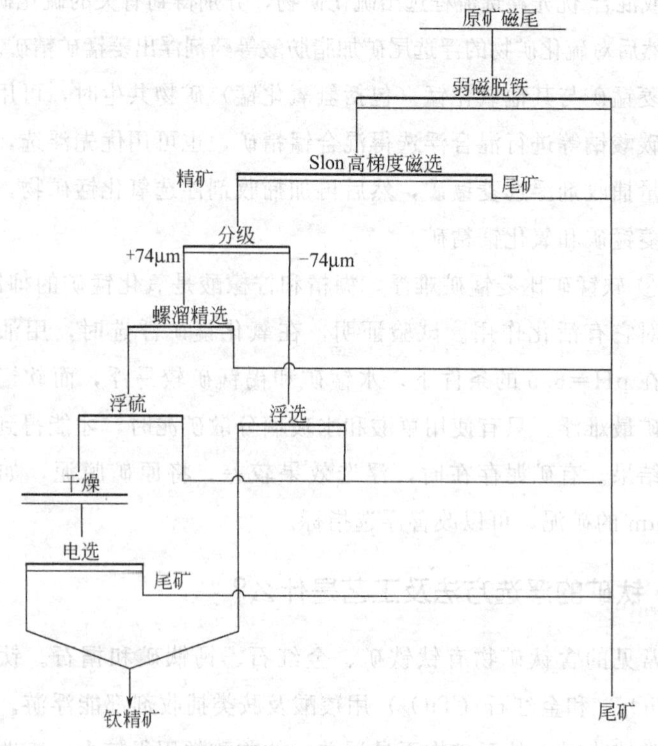

图 6-7　攀钢（集团）公司选钛厂工艺流程

性絮凝浮选、载体浮选、团聚浮选和微泡浮选等，来加强细粒钛铁矿的选别。进行钛铁矿浮选之前，先要用浮选法分选出硫化矿物，然后再浮选钛铁矿。硫化矿物浮选采用常规浮选药剂制度，即用黄药为捕收剂，2 号油为起泡剂，硫酸或硫酸铜为活化剂。

钙钛矿可以先用硫酸处理，经冲洗后用油酸或其他脂肪酸浮游。苏打和水玻璃可以抑制它，而铬酸盐和重铬酸盐可以活化它。当矿石中方解石多时，会使酸洗的耗酸量增大。为了减少酸的用量，在浮钙铁矿之前可以先浮方解石。

榍石可以用煤油乳化的油酸捕收，可以被水玻璃抑制。其可浮性较其他含钛矿物差。更比磷灰石等碱土金属盐类矿物差，如果伴生的磷灰石多可以先浮磷灰石。

第二节 有色金属和贵金属矿石的浮选

8 硫化矿常用的捕收剂、活化剂和抑制剂是什么?

① 硫化矿捕收剂的特点是分子内部通常具有二价硫原子组成的亲固基，同时疏水基分子量较小，对硫化矿物有捕收作用，而对脉石矿物如石英和方解石无捕收作用。所以用这类捕收剂浮选硫化矿时，易将石英和方解石等脉石分离除去。硫化矿捕收剂中的某些种能溶于水，电离出含有硫原子的阴离子，这种阴离子对硫化矿有捕收作用，属阴离子捕收剂，如黄药、黑药等。另几种是在水中不能电离的极性油类化合物，它们是黄药、黑药、硫氮类药剂的衍生物。一般来说，它们的捕收能力弱于黄药，但选择性较好，如双黄药、黄原酸酯、硫氨酯、双黑药、黑药酯等。

② 硫化矿常用的活化剂有硫酸铜（活化闪锌矿、黄铁矿）、硝酸铅（活化辉锑矿）以及硫酸等。

③ 硫化矿的抑制剂主要有石灰（抑制黄铁矿、磁黄铁矿等）、氰化钠（抑制闪锌矿、黄铁矿，用量大时抑制黄铜矿）、硫酸锌（抑制闪锌矿）、二氧化硫、亚硫酸或硫代硫酸盐（抑制闪锌矿、黄铁矿、方铅矿）、硫化钠（铜钼分离抑制硫化铜及其他硫化矿）、重铬酸盐（抑制方铅矿、重晶石）等。

9 硫化铜常用的捕收剂、活化剂和抑制剂是什么？

① 黄铜矿（$CuFeS_2$）。通常为原生矿，偶尔亦呈次生状态。黄铜矿不易受氧化，在中性及弱碱性介质中能较长时间保持天然可浮性，但在pH值大于10的强碱性介质中，表面形成氢氧化铁薄膜，其天然可浮性下降。

浮选黄铜矿最常用的捕收剂是黄药和黑药。在较宽pH范围（3～12）内黄铜矿易为黄药类捕收剂全部浮出。吸附产物是黄原酸铜和双黄药同时并存，属化学吸附。近年来，也用硫氮类及硫胺酯类捕收剂。在国外，有人用异硫脲盐、丁黄烯酯等取代黄药浮选黄铜矿。黄铜矿在碱性介质中，易受氰化物及氧化剂的作用而受到抑制。例如，在铜铅分离时，常用氰化物抑制黄铜矿；铜钼分离时，使用氧化剂使黄铜矿受抑制的方法，已得到广泛应用。有时用铜盐（如硫酸铜）活化被抑制的黄铜矿。

② 辉铜矿（Cu_2S）。是最常见的次生硫化铜矿物，性脆容易过粉碎泥化。辉铜矿比黄铜矿易氧化，氧化以后，有较多的铜离子进入矿浆，这些铜离子的存在，会活化其他矿物，或者消耗药剂，造成分选困难。在各种铜矿物中，辉铜矿的可浮性最好。黄药和黑药为其良好的捕收剂，当用乙基黄药、乙基黑药和乙基双黑药为捕收剂时，在pH值为1～13范围，辉铜矿能全部浮出。

辉铜矿的抑制剂是Na_2SO_3、$Na_2S_2O_3$、$K_3Fe(CN)_6$和$K_4Fe(CN)_6$。大量的Na_2S对辉铜矿也有抑制作用。氰化物对辉铜矿的抑制作用较弱，这是因为辉铜矿表面铜离子不断溶解且与氰化物作用，因而使氰化物失效。只有不断加入氰化物，才能达到抑制的目的。辉铜矿对碱（OH^-）的作用不敏感，在用乙黄药作捕收剂时，在高 pH 值下仍能浮选，这是因为乙黄原酸亚铜比氢氧化铜更稳定。因此常将碱与其他抑制剂（如氰化物、硫化钠、硫化铵等）联合使用抑制辉铜矿。

③ 斑铜矿（Cu_5FeS_4）、铜蓝（CuS）。斑铜矿有原生、次生两种。斑铜矿的表面性质及可浮性，介于辉铜矿和黄铜矿之间。用黄药作捕收剂时，在酸性及弱碱性介质中均可浮，当 pH＞10 以后，其可浮性下降。在强酸性介质中，其可浮性也显著变坏。容易受氰化物抑制。斑铜矿较黄铜矿易氧化，捕收剂用量较黄铜矿要多，加入硫化钠或少量硫酸，可以改善其可浮性。铜蓝的可浮性与辉铜矿相似。

10 硫化铁常用的捕收剂、活化剂和抑制剂是什么？

① 黄铁矿（FeS_2）。在硫化矿中分布很广，几乎各类矿床中都有。由于黄铁矿是制硫酸的主要原料，所以习惯上常把黄铁矿精矿称为硫精矿。

黄铁矿在酸性、中性及弱碱性矿浆中都可以用黄药作捕收剂。经过酸（硫酸、盐酸）处理的黄铁矿可浮性很好（用黄药时，pH＝4.5 最好）。在 pH＝7～8 的弱碱性矿浆中，用黄药捕收也是工业上经济有效的方法。对黄铁矿的捕收力，黑药比黄药弱。黄铁矿的抑制剂是氰化物和石灰。黄铜矿、闪锌矿与黄铁矿的分离，主要是用石灰作黄铁矿抑制剂。被抑制的黄铁矿，可用硫酸降低 pH 值进行活化，也可用碳酸钠或二氧化碳活化。活化时常加硫酸铜。

② 磁黄铁矿（Fe_5S_6～$F_{16}S_{17}$）。磁黄铁矿含硫量一般比黄铁矿低。容易氧化和泥化，是比较难浮的硫化铁矿物。在碱性和弱酸

性矿浆中浮磁黄铁矿，要先用Cu^{2+}活化，或用少量硫化钠活化，再用高级黄药捕收。磁黄铁矿的抑制剂有石灰、氰化物和碳酸钠等。在特殊情况下，可用高锰酸钾，如毒砂或镍黄铁矿与磁黄铁矿分离时，可用高锰酸钾抑制磁黄铁矿，而用硫酸铜或硫化钠活化毒砂、镍黄铁矿。磁黄铁矿的活化剂，还有硫酸铜加硫化钠、氟硅酸钠和草酸等。我国的硅卡岩型铜矿中，含硫矿物有很大一部分是磁黄铁矿。

磁黄铁矿在矿浆中氧化时，会消耗矿浆中的氧，而矿浆中的氧对硫化矿的浮选是很重要的。矿石中有磁黄铁矿时，用黄药浮选其他硫化矿，在氧与磁黄铁矿反应之前，其他硫化矿不浮，而且只有矿浆中剩余有氧，使其他硫化矿表面部分氧化，才能使它们浮游。因此，矿石中有磁黄铁矿的硫化矿浮选时，矿浆搅拌充气调节显得十分重要。

③ 白铁矿（FeS_2）。化学成分与黄铁矿相同，但结晶不同。黄铁矿为等轴晶系，白铁矿是斜方晶系。白铁矿可浮性与黄铁矿相似，但比黄铁矿好。几种硫化铁矿用黄药捕收的可浮性顺序是：白铁矿＞黄铁矿＞磁黄铁矿。

11 方铅矿和闪锌矿常用的捕收剂、活化剂和抑制剂是什么？

① 方铅矿（PbS）。立方晶体结晶，一般晶体比较完整。在方铅矿中，常含有银、铜、铁、锑、铋、砷、铂等杂质。浮选方铅矿最常用的捕收剂是黄药和黑药。研究表明，在广泛 pH 条件下，方铅矿易被乙黄药浮起。黄药在方铅矿表面发生化学吸附，吸附产物是黄原酸铅。白药和乙硫氮对方铅矿也有选择捕收作用。方铅矿浮选最适宜的 pH 值为 7～8，一般用碳酸钠或石灰调节，石灰对方铅矿有一定抑制作用。重铬酸盐或铬酸盐是方铅矿特效抑制剂，被

重铬酸盐抑制过的方铅矿，要用盐酸或在酸性介质中，用氯化钠处理才能活化。硫化钠对方铅矿有强烈抑制作用，这是由于硫化铅的溶度积远小于黄原酸铅；另外，S^{2-}还能从矿物表面解吸已吸附的X^{-}。氰化物对方铅矿几乎无抑制作用。只有某些受铁污染或变质的方铅矿，用氰化物抑制才能奏效。

③ 闪锌矿（ZnS）。根据其含杂质不同，闪锌矿有许多变种。外观颜色差别也很大，一般为褐色，也有黑色的（铁闪锌矿），甚至有无色的。黄药是闪锌矿浮选的捕收剂，用短链黄药直接浮选闪锌矿，多数情况下不浮或有较低回收率，只有含5～6个碳的高级黄药在pH值不高时可获得较高回收率。但经Cu^{2+}活化后的闪锌矿可用低级黄药浮选。黄药在闪锌矿上吸附产物是黄原酸锌吸附层。除黄药外，黑药也是闪锌矿的捕收剂。

许多金属离子如Cu^{2+}、Hg^{+}、Ag^{+}、Pb^{2+}、Cd^{2+}等均对闪锌矿有活化作用，但最常用的是硫酸铜。Cu^{2+}活化闪锌矿的反应随矿浆pH值而变。酸性介质活化最好，碱性虽发生浮选，但指标不如酸性；中性介质出现了比不加Cu^{2+}浮选更差的现象。这是由于黄药与铜离子反应生成黄原酸盐，消耗了黄药，导致闪锌矿受抑。闪锌矿往往自发活化，其原因是含有铜杂质，或在磨矿过程中，被矿浆中的Cu^{2+}活化。这是造成闪锌矿与其他矿物分离难的原因之一。闪锌矿的抑制剂有硫酸锌，它是比较弱的抑制剂。对于浮选活度大，或经过活化的闪锌矿，用氰化物与硫酸锌混合作抑制剂。此外，还有硫化钠、亚硫酸盐和硫代硫酸盐等。近年来，还有人采用SO_2作闪锌矿抑制剂。

12 辉钼矿常用的捕收剂、活化剂和抑制剂是什么？

辉钼矿（MoS_2）是最易浮的硫化物，表面具有较好的天然可浮性，但表面如果长期受到氧的作用被氧化，则疏水性和可浮性都会降低。用氢氧化钾溶液洗涤，可以去掉这表面氧化物对可浮性的影响。

辉钼矿的可浮性与石墨及其他非极性矿物的浮选性质类似，用非极性油，如煤油、变压器油和中性油作捕收剂可以很好地浮选，为了提高油类捕收剂的作用，可将其乳化。国外有专利报道，辉钼矿的有效捕收剂还有戊黄烯酯。起泡剂可用松油、甲基异丁基甲醇（MIBC）等。调整剂广泛使用水玻璃、碳酸钠和氢氧化钠。抑制剂常用淀粉与糊精。

辉钼矿的可浮性极好，较大的鳞片也能浮起，但是辉钼矿质软，且易在脉石矿粒表面附着，因而易造成有用矿物的过粉碎并降低精矿质量。为此，往往在粗磨条件下进行浮选，然后将粗精矿或中矿再磨并进行多次精选。对含泥量大的矿石，加适当的水玻璃即可改善精矿质量。辉钼矿精矿对品位和杂质含量要求较高，通常都采用7～8次甚至更多次的精洗流程。

13 锑、砷、铋、汞、钴硫化矿常用的捕收剂、活化剂和抑制剂是什么？

① 辉锑矿（Sb_2S_3）的浮选性质与雄黄（AsS)、雌黄（As_2S_3）类似，属于天然可浮性较好的矿物，但这种天然可浮性仅在pH值小于5时才出现，pH值大于5时需添加捕收剂，pH值大于7则被抑制，需要金属离子活化。辉锑矿浮选常用的捕收剂为黄药类，并以丁黄药效果为好，丁铵黑药、硫氮类捕收剂也对其有较好的选择捕收作用。以黄药为捕收剂时，需要用重金属离子活化，常用的有Pb^{2+}或Cu^{2+}。活化辉锑矿的pH范围是4～7.4。没有活化的辉锑矿，可用中性油作捕收剂，其中页岩焦油和煤泥加工产物油比较有效。氰化物是辉锑矿的有效抑制剂。被Pb^{2+}活化后的辉锑矿能被重铬酸钾抑制，另外，辉锑矿也可以在由氢氧化钠或碳酸钠和硫化

钠造成的强碱性（pH＞11）介质中受到强烈抑制。

② 含砷硫化矿。含砷硫化矿主要有毒砂（As_2S_3），还有雄黄（AsS）和雌黄（As_2S_3）。毒砂和其他硫化矿一样，浮选的捕收剂为硫代化合物类。毒砂在弱酸性介质中可浮性很好，pH 值大于 7 时可浮性降低。金属离子（如 Cu^{2+}）对毒砂浮选有强烈活化作用，经 Cu^{2+} 活化后的毒砂表面具有与铜矿物相似的可浮性。石灰是最常用的毒砂抑制剂。石灰一方面可提高矿浆 pH 值，使之呈强碱性，同时它还可以促进矿物表面溶解和氧化。但石灰用量要仔细控制，若过量还会抑制其他硫化矿。当单用石灰抑制效果受到限制时，可以配合其他抑制剂，如氰化钠、硫酸锌和 SO_2 等。研究证明，由石灰-SO_2-$[Zn(CN)_2]^-$ 络合物组成的组合药剂，对毒砂抑制最有效。当原矿中含大量次生铜矿物时，毒砂被 Cu^{2+} 活化后可浮性较高时，可采用石灰与硫化钠共用。从而消除金属离子的活化作用。

氧化是抑制毒砂的重要方法之一。利用充气氧化、长时间搅拌或添加各种氧化剂可强烈抑制毒砂的可浮性。常用的氧化剂有漂白粉、高锰酸钾、重铬酸钾、二氧化锰等。此外硫代硫酸钠、亚硫酸钠、亚硫酸等也可用作毒砂抑制剂。除无机试剂外，还有糊精（或淀粉）、丹宁（烤胶）、木质素磺酸盐、黄腐酸、聚丙烯酰胺以及它们与无机试剂的组合使用。

雄黄用重金属活化后，可用黄药浮选。中性油可浮选未经活化的雄黄。糊精是雄黄的抑制剂。雌黄的可浮性比毒砂和雄黄差，如乙黄药用量为 190～750g/t，其回收率不能保证超过 45％。用黄药捕收时，硫酸铜是活化剂，用量 500g/t 左右，用量过多或过少，都会使结果变坏。页岩焦油对雌黄有较强的捕收作用，用量大致为 500g/t。

③ 辉铋矿（Bi_2S_3）是产铋的主要矿物。辉铋矿一般与辉钼矿

共生。硫化铋和自然铋易被黄药和黑药捕收，还可用烃油类浮选。辉铋矿不受氰化物抑制，与硫化铁、铜、砷等矿物分离时，可用氰化物抑制其他硫化矿浮铋。辉铋矿与方铅矿不易分离，一般在冶炼过程中再使之分离。辉铋矿与辉钼矿分离时硫化钠作铋的抑制剂。由于辉钼矿和辉铋矿的可浮性相近，故生产中常将它们选为混合精矿，然后再进行分离。如某钨钼铋矿，先加煤油和乙硫氮作捕收剂全浮硫化矿，混合硫化矿精矿经活性炭解吸脱药后，加氰化物和硫酸锌抑制其他硫化矿，浮出钼和铋。钼铋混合精矿分离时，加硫化钠作铋的抑制剂，用煤油浮钼。

④ 辰砂（HgS）是主要的硫化汞矿物。可浮性较好，一般在pH值为4～8.5的范围内用黄药与松醇油类捕收剂捕收，石灰和氰化物几乎不抑制辰砂。在生产实践中，有时加硫酸铜或硝酸铅作活化剂。调节矿浆pH值时通常用硫酸、氢氧化钠、碳酸钠和石灰等。硫酸除了调整pH值外，还有净化矿物表面和凝聚矿泥的作用。石灰用量适当时，可降低尾矿中汞的损失，但过量的石灰则会使浮选恶化。品位较高的汞矿石，可以直接冶炼。浮选一般只处理那些低品位的矿石。目前已处理原矿品位为0.08%左右的矿石。作为药用的朱砂，不但要求品位高（HgS>96%），而且不能污染，故不用浮选，一般用重选法选出。

⑤ 钴的矿物大部分以砷化物、硫化物或硫砷化物的形态存在，含钴的硫化矿物主要有辉砷钴矿（CoAsS）、硫钴矿（Co_3S_4）、硫铜钴矿（CuCoS）等。钴矿物的可浮性，介于硫化铜、铅矿物与硫化锌、铁矿物之间，而与黄铁矿、毒砂接近。钴常以黄铁矿的类质同象杂质存在，或以硫化钴矿物细粒分散在黄铁矿中，这种黄铁矿称为钴黄铁矿，常为钴的回收对象，其含钴量一般为千分之几，因此得到的精矿较贫。钴黄铁矿的浮选方法与黄铁矿基本相同。含钴硫铁矿先用于制取硫酸，制酸所余烧渣再综合回收钴。

14 铜硫矿的浮选工艺及分离方法是什么?

铜硫矿是我国主要的铜矿类型之一。铜硫矿有致密块状含铜黄铁矿和浸染状含铜黄铁矿两种。前者黄铁矿的含量高，后者黄铁矿的含量低。对含铜黄铁矿来说，主要有以下三种分选方法。

① 优先浮选。一般是先浮铜，然后再浮硫。致密块状含铜黄铁矿，矿石中黄铁矿的含量相当高，常采用高碱度（游离 CaO 含量≥600～800g/m^3）、高黄药用量的方法浮铜抑制黄铁矿。其尾矿中主要是黄铁矿，脉石很少，所以尾矿便是硫精矿。对于浸染状铜硫矿石，采用优先浮选流程，浮铜后的尾矿要再浮硫，为了降低浮硫时硫酸的消耗及保证安全操作，浮铜时，尽量采用低碱度的工艺条件。

② 混合-分离浮选。对于原矿含硫较低、铜矿物易浮的铜硫矿石选用这种流程较有利。铜硫矿物先在弱碱性矿浆中进行混合浮选，混合精矿再加石灰在高碱性矿浆中进行铜硫分离。

③ 部分优先混合-分离浮选。部分优先混合-分离浮选是以选择性好的 Z-200 等作为部分优先浮铜作业的捕收剂，先浮出易浮的铜矿物，得到部分合格的铜精矿，然后再进行铜硫混合浮选，所得的铜硫混合精矿使用浮铜抑硫的分离浮选。这种分离流程，避免了高石灰用量下对易浮铜矿物的抑制，也不需消耗大量硫酸活化黄铁矿。生产实践表明，这种流程结构合理，操作稳定，指标好，具有尽早回收目的矿物的特点。

对铜硫矿石无论采用哪一种流程，都存在一个铜硫分离的问题，分离的原则一般是浮铜抑硫，即抑制黄铁矿。常用以下三种方法进行铜硫分离。

① 石灰法。用石灰抑制黄铁矿是铜硫分离的常用方法。采用石灰法进行铜硫分离时，矿浆的 pH 值或矿浆中的游离 CaO 含量

能明显地影响分离效果。一般的规律是，处理含黄铁矿量多的致密块矿时，需加大量石灰，使矿浆中的游离 CaO 含量达到 800g/t 左右才能抑制黄铁矿。对含黄铁矿少的浸染矿，用石灰控制矿浆 pH 值在 9～12 就能浮铜抑硫。有时为了避免石灰用量过大造成“跑槽”和精矿难以处理的弊端，可补加少量氰化物或者选用对黄铁矿捕收力弱的酯类捕收剂。

② 石灰＋亚硫酸盐法。这种方法是广泛使用的无氰抑制黄铁矿的方法。对于原矿含硫高或含硫虽然不高，但含泥高，或黄铁矿活性较大不易被石灰抑制的铜硫矿石，可采用石灰加亚硫酸盐抑制黄铁矿进行铜硫分离的方法。此法的关键是要根据矿石性质控制合适的矿浆 pH 值及亚硫酸盐（或 SO_2）的用量，并注意适当加强充气搅拌。有的实验研究指出：在 pH＝6.5～7 的弱酸性介质中，采用石灰加亚硫酸盐法抑制黄铁矿较有效。石灰加亚硫酸盐法与石灰法比较，具有操作稳定、铜的指标好、硫酸等活化剂用量低的优点。

③ 石灰＋氰化物法。对于浮游活性大的黄铁矿，用石灰加氰化物法抑制是有效的，但由于氰化物有毒，会污染环境，故人们力图用石灰加亚硫酸法取代它。

在铜硫分离浮选中，采用选择性好的捕收剂，不仅可以减少抑制剂和活化剂用量，而且操作稳定。

15 铜钼矿的浮选工艺及分离方法是什么？

以铜为主伴生有钼的铜钼矿常呈斑岩铜矿床存在于自然界，产于斑岩铜矿中的铜约占世界铜储量的三分之二。我国江西德兴铜矿就是一个特大型斑岩铜矿。斑岩铜矿中的铜矿物，多数为黄铜矿，其次为辉铜矿，其他铜矿物较少。钼矿物一般为辉钼矿。斑岩铜矿不仅是铜的重要资源，也是钼的重要来源，还常常赋存有铼、金、银等稀贵元素。

当矿石中钼品位很高时采用先浮钼后浮铜工艺。但铜钼选矿大都采用粗精矿再磨再选的阶段选别流程，即在粗磨的条件下进行铜钼混合粗选，所得粗精矿再磨后，进一步精选。典型流程如图 6-8 所示。铜钼混合浮选时，尽量地把钼选入铜精矿中。当钼含量太低，浮选无法分离或可分离而不经济时，则选矿厂只产铜钼混合精

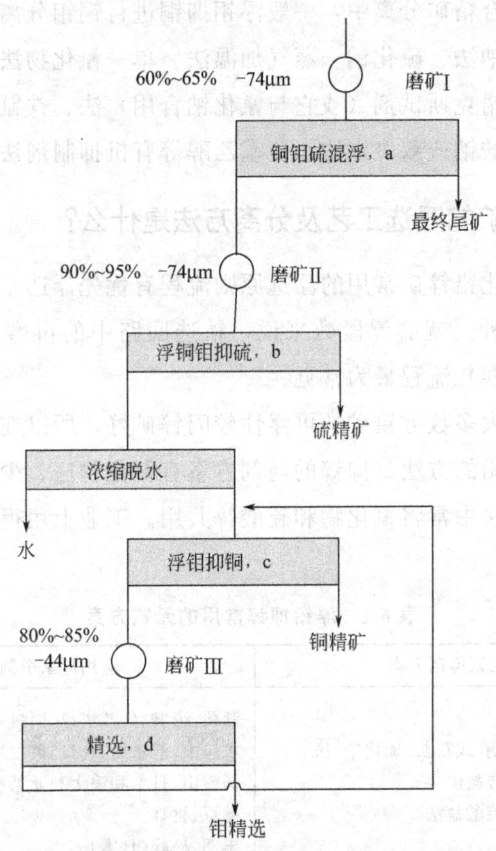

图 6-8 斑岩铜矿浮选典型原则流程

a—一粗一精二扫；b—一粗二精二扫；c—一粗三精一扫；

d—八次精选中矿集中返回

矿。浮选辉钼矿最好的pH值为8.5，一般视矿石中黄铁矿的含量及抑制它的需要，pH值可在8.5～12的范围内调节。铜钼混选的捕收剂，最常用的是黄药，用黑药、Z-200、煤油等作辅助捕收剂。使用煤油时，应注意它与起泡剂的比例，以保持最佳的泡沫状态。国外多数厂用甲基异丁基甲醇（MIBC）作起泡剂，也有用松醇油的。国内主要是用松醇油作起泡剂。

铜钼混合精矿分离中，一般浮钼抑铜进行铜钼分离，其抑制剂方案有硫化钠法、硫化钠＋蒸气加温法、单一氰化物法、氰化物＋硫化钠法、诺克斯试剂（或它与氰化钠合用）法、铁氰及亚铁氰化物法、次氯酸钠或双氧水法、巯基乙醇等有机抑制剂法。

16 铅锌矿的浮选工艺及分离方法是什么?

处理硫化铅锌矿常用的浮选原则流程有优先浮选、混合浮选和等可浮选三种。就磨浮段数来说，精选回路中的再磨（粗精矿再磨、中矿再磨）流程最为常见。

由于绝大多数方铅矿的可浮性较闪锌矿好，所以在铅锌分离时常用抑锌浮铅的方法。抑锌的药剂方案有氰化物法、少氰法和无氰法。氰化物法中常将氰化物和硫酸锌共用。工业上用得较多的无氰法见表6-1。

表6-1 浮铅抑锌常用的无氰方案

无氰抑制方案	应用厂家举例
硫酸锌法	泗顶、诸暨、代蓝塔拉、丙村
硫酸锌＋碳酸钠(或石灰、硫化钠)法	水口山、清水塘、凡口、黄沙坪
硫酸锌＋亚硫酸盐法	栖霞山、日本和澳大利亚某些选厂
硫酸锌＋硫代硫酸盐法	赫章、桃林
二氧化硫法	丰羽、松峰(日本)
氢氧化钠法(pH＝9.5,黑药)	梅根(德国)
高锰酸钾法	克拉辛斯(前苏联)

近年来推荐硫酸法抑铅浮锌。它是将铅锌混合精矿在30℃条件下，用17% H_2SO_4 溶液酸化，搅拌7～10min，使方铅矿表面受到硫酸的氧化作用变成硫酸铅而被抑制，闪锌矿经酸洗后表面清洁，再用硫酸铜活化更易浮游。浮铅常将黑药与黄药混用或单用选择性好的乙硫氮作捕收剂，由于石灰对方铅矿有抑制作用，当矿石中黄铁矿少时，浮铅用碳酸钠作pH调整剂较有利。原矿中黄铁矿含量较高时，则用石灰作pH调整剂反而较好，因为石灰能抑制伴生的黄铁矿，对浮铅有利。当闪锌矿中有易浮的与难浮的两部分时，为了节省药剂，改善铅锌分离指标，可采用以铅为主的铅锌等浮流程。

17 锌硫分离的主要方法是什么？

锌硫分离有抑硫浮锌和抑锌浮硫两种方案，最常用的是浮锌抑硫法。锌硫分离常用的抑制剂方案如下。

① 石灰或石灰加少量氰化物法。这是最常用的抑硫药剂方案，石灰的用量按原矿或混合精矿中硫化铁矿物的含量和可浮性来调节。有的选厂矿石含硫高，易浮，为了避免石灰用量过大而引起操作不稳定，补加少量氰化物（5～10g/t），抑硫效果得以显著改善，而锌的回收率不受影响。

② 加温法。将锌硫混合精矿充蒸气加温至45～60℃，同时充气搅拌，黄铁矿表面氧化可浮性下降，而闪锌矿在此条件下仍保持其可浮性，不加任何药剂，可以分离锌硫。如果在加温时，补加一定量的石灰，分离效果更好。此法对浮游活性大的黄铁矿的抑制作用比石灰法强。

③ 二氧化硫＋蒸气加温法。这是抑锌浮硫的方法，用二氧化硫气体处理锌硫混合精矿，控制pH值在4.5～5.0，然后通入蒸气加温到80℃，用黄药捕收黄铁矿，粗选pH值在5.0～5.3。准确控制pH值和温度是此法的关键。这种方法常用于黄铁矿浮游活

性大的锌硫混合精矿分离或锌精矿脱硫。

18 铜铅矿的浮选工艺及主要分离方法是什么?

黄铜矿常呈细粒浸染或乳浊状固溶体存在于闪锌矿中，不易单体解离，即使达到了单体解离，这样微小的颗粒（常在 0.005mm 以下）分离也很困难；更普遍的是闪锌矿受矿石中共生铜矿物（特别是次生硫化铜矿物）中铜离子的活化，使闪锌矿不同程度地显示出类似于铜矿物的可浮性；有的闪锌矿其可浮性比黄铜矿还好。因此硫化铜锌矿的分选是比较困难的。硫化铜锌矿浮选的原则流程：常用的有优先浮选、部分优先（易浮铜矿物）混合（难浮铜和锌矿物）分离浮选、部分混合浮选、等可浮浮选等，其中部分优先混合分离浮选和等可浮浮选流程更能适应铜或锌矿物本身可浮性差异大的矿石。就磨浮段数来说，对于致密共生难以分离的铜锌矿石多采用混合精矿再磨、粗精矿再磨或中矿再磨的阶段磨浮流程。

铜铅混合精矿的分离是难度较大的一个课题。在分离之前都要用活性炭和硫化钠等脱药，最好是脱药后脱水重新调浆再分离。分离的流程方案有浮铜抑铅和浮铅抑铜两种，视矿石（或混合精矿）中铜铅含量比例、矿物可浮性差异以及药剂来源和使用情况而定，特别是要根据获得的最终指标来决定。一般常用浮铜抑铅方案。分离的方案有无氰法和有氰法两种。常用的铜铅分离方法如表 6-2 所示。表 6-2 中所列举的抑制剂方案实质上可归纳为三种方法：氰化物法、重铬酸盐法和亚硫酸及其盐法，各法中都或多或少配用了其他化合物。用氰化物法抑铜（或重铬酸盐法抑铅）进行铜铅分离，分离效果好，操作稳定，但两者都有毒。当今使用亚硫酸及其盐法者较多。亚硫酸对黄铜矿、斑铜矿和辉铜矿不具抑制作用，由于它能清洗铜矿物表面，故具有活化铜矿物的作用，亚硫酸及其盐与硫化钠或与淀粉等配用抑铅浮铜，有利于提高分选效果和稳定性。

表 6-2 常用的铜铅分离抑制剂方案

分离方法	抑制剂方案	适用情况及特点
浮铜抑铅	(1) SO_2+Na_2S	适用于黄铁矿含量高、泥多、次生硫化铜高的矿 控制 pH＝5.5，蒸气加温至 60～70℃
	(2) SO_2+Na_2S	严格控制两者用量，pH＝4.5～5
	(3) SO_2＋淀粉	控制 pH＝5.5 对 Cu^{2+} 活化的方铅矿有效
	(4) $Na_2S_2O_3+H_2SO_4+FeSO_4$	对被 Cu^{2+} 活化的方铅矿有效
	(5) $Na_2S_2O_3+FeCl_3$	适用于未被活化的方铅矿
	(6) $Na_2S_2O_3+Zn_2S_2O_3+K_2Cr_2O_7$	pH＝5.5，加温 50℃
	(7) SO_2＋蒸气加温＋$K_2Cr_2O_7$	适用于未被活化的方铅矿
	(8) $K_2Cr_2O_7$	抑制方铅矿效果比 SO_2＋蒸气加温法好
	(10) $Na_2Si_2O_3$＋CMC	以黄铁矿为主，方铅矿未被 Cu^{2+} 活化
浮铅抑铜	(1) $NaCN+ZnSO_4$	抑制原生铜矿石的铜矿物
	(2) $NaCN+Na_2S$	抑制原生铜矿为主的铜矿物
	(3) $K_3Fe(CN)_6$	抑制次生铜矿物

19 铜铅锌硫多金属硫化矿的分离方法是什么?

① 采用铜铅混选-混精铜铅分离-尾矿选锌工艺流程。采用铜铅优先浮选、水玻璃＋亚硫酸钠＋羧甲基纤维素组合抑制剂进行铜铅分离、铜铅混合浮选尾矿用硫酸铜活化后浮选锌矿物。

② 铜铅混浮-铜铅分离-混浮尾矿抑硫浮锌的浮选工艺。混合浮选以乙硫氮＋苯胺黑药为捕收剂、$ZnSO_4+Na_2SO_3$ 为抑制剂，并控制矿浆 pH＝11.5 左右，实现了铜铅矿物与锌硫矿物的分离；使用水玻璃、亚硫酸钠和羧甲基纤维素组合抑制剂，成功地实现了铜铅分离。

③ 铜铅锌等可浮-依次优先浮选流程。

20 铜镍矿的浮选工艺及分离的主要方法是什么？

硫化铜镍矿石中，含镍矿物主要有镍黄铁矿、针硫镍矿、红镍矿、含镍磁黄铁矿。镍矿物的浮选，要求在酸性、中性或弱碱性介质中进行。捕收剂用高级黄药，如丁黄药或戊黄药。含镍磁黄铁矿比其他镍矿物难浮，最好的浮选介质是弱酸性或酸性，而且浮选速度很慢。在石灰造成的碱性介质中，以上镍矿物都能受到抑制，但被抑制的程度不同，最容易抑制的是含镍磁黄铁矿，如pH值在8.2～8.5时，针硫镍矿仍能浮，而含镍磁黄铁矿则受到抑制。铜镍矿石中的铜矿物，一般为黄铜矿。铜镍矿中常含有贵金属，如铂、钯等，应注意回收。

在矿石中铜含量比镍高，矿物共生关系比较简单的情况下，可以考虑采用优先浮选。其优点是可以直接得到铜精矿和镍精矿；缺点是浮铜时被抑制过的镍矿物不易活化，镍的回收率较低，故此法少用。铜镍混合浮选是目前较通用的方案。其优点是，镍的回收率较优先浮选高，同时浮选设备也较优先浮选省。铜镍混合浮选，与铜硫混合浮选相似。对于矿石中含镍磁铁矿较多的矿石，有两种处理方案：一种是如前所述，采用磁选分出一部分含镍磁黄铁矿，然后再浮选；另一种方案是，先浮黄铜矿和镍黄铁矿，然后再浮含镍磁黄铁矿。浮选含镍磁黄铁矿时，可用硫酸铜活化。对一些蚀变较强的难选硫化镍矿，用气体处理矿浆，将pH值降到5～6，实践证明是有效的。

铜镍混合精矿分离，都是抑镍浮铜。加拿大林湖选厂的石灰加氢化物法；芬兰科托蓝蒂选矿厂采用石灰加糊精法，流程见图6-9，铜镍混合浮选时，硫酸（6.4kg/t）调整pH值和抑制硅酸盐脉石，乙黄药（60g/t）作捕收剂，粗松油（290g/t）作起泡剂，铜镍分离时用石灰（1kg/t）加糊精（25g/t）抑制镍矿物。

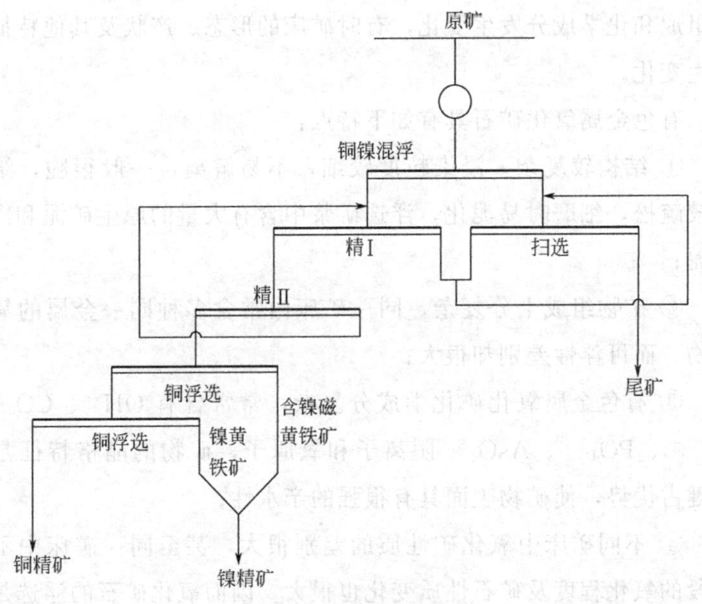

图 6-9 芬兰科托蓝蒂铜镍浮选流程

前苏联聚尔斯克选厂采用石灰蒸气加温法，由于矿物组成比较复杂，所以铜镍混合精矿用一般方法分离比较困难。该厂采用石灰+蒸气加温法，在加石灰的同时，通入蒸气。矿浆加温，可加速捕收剂从镍矿物和磁黄铁矿表面解吸，并在这些矿物表面形成比较稳定的氧化膜，以加强对它们的抑制作用。石灰用量，对于浸染矿，要求矿浆中的游离 CaO 含量 600～800g/m^3。蒸气加温时矿浆温度为 70℃，加温时间 12～15min，矿浆浓度 40%固体。矿浆加温以后，稀释到 32%左右固体，进行铜的“快速”浮选，尾矿为镍精矿。泡沫产品分级再磨后浮铜，得到铜精矿，尾矿为镍精矿。

21 有色金属氧化矿的矿石特点是什么？

自然界中硫化矿物受空气或水中氧及水中离子的作用生成氧化矿物，氧化过程通常发生在矿床的上部，在氧化带，不仅矿石的矿物组成和化学成分发生变化，有时矿床的形态、产状及其他特征也发生变化。

有色金属氧化矿石具有如下特点：

① 结构较复杂，浸染粒度较细，不易解离，一般很脆，结构比较疏松，细磨时易泥化，浮选矿浆中含有大量的原生矿泥和次生矿泥；

② 矿物组成十分复杂，同一矿床内常含多种同一金属的氧化矿物，而可浮性差别却很大；

③ 有色金属氧化矿化学成分复杂，常常含有 OH^-、$CO_3{}^{2-}$、$SO_4{}^{2-}$、$PO_4{}^{3-}$、$AsO_4{}^{3-}$ 阴离子和氧原子，矿物的晶格特征是离子键占优势，使矿物表面具有很强的亲水性；

④ 不同矿床中氧化矿性质的差别很大，甚至同一矿床中不同地段的氧化程度及矿石性质变化也很大。因而氧化矿石的浮选是较困难的。

22 氧化铜矿物及其混合矿石的分离方法是什么？

常见的主要氧化铜矿物有：孔雀石［$CuCO_3 \cdot Cu(OH)_2$，含铜 57.4%，密度 4g/cm^3，硬度 4］；蓝铜矿［石青，$2CuCO_3 \cdot Cu(OH)_2$，含铜 55.2%，密度 4g/cm^3，硬度 4］。其次有：硅孔雀石（$CuSiO_3 \cdot 2H_2O$，含铜 36.2%，密度 2～2.2g/cm^3，硬度 2～4）及赤铜矿（Cu_2O，含铜 88.8%，密度 5.8～6.2g/cm^3，硬度 3.5～4.0）。

脂肪酸类捕收剂对有色金属氧化矿物具有良好的捕收性，但因选择性差（特别当脉石是碳酸盐矿物时），精矿品位不易提高。黄药类捕收剂中仅高级黄药对有色金属氧化矿物有一定捕收作用。但未经硫化，直接用黄药浮选氧化铜矿时因成本高，在工业上未得到应用。实践上得到应用的方法如下。

① 硫化法。最为普遍，工艺简单，凡能进行硫化的氧化铜矿

均可用此法进行浮选。经硫化后的氧化矿具有硫化矿的性质，可用黄药进行浮选。孔雀石和蓝铜矿很容易用硫化钠硫化，而硅孔雀石和赤铜矿较难硫化。硫化时硫化钠用量可达1～2kg/t。因硫化钠等硫化剂本身易氧化，作用时间短，生成的硫化膜不稳固，强烈搅拌容易脱落，所以应分批添加，并不需预先搅拌，直接加入浮选机第一槽。硫化时，矿浆pH值越低，硫化越快。矿泥多，需分散时应加分散剂，通常用水玻璃。捕收剂一般用丁基黄药或同黑药混合使用。矿浆pH值通常保持9左右，过低时，可适量添加石灰。

② 有机酸浮选法。有机酸及其皂类可很好地浮选孔雀石及蓝铜矿。如脉石矿物不是碳酸盐类矿物时可用此法。否则，将使浮选失去选择性。当脉石中含有大量可浮的铁、锰矿物时，会产生同样的效果，使浮选指标变坏。用有机酸类捕收剂进行浮选时，通常还要添加碳酸钠、水玻璃、磷酸盐作脉石的抑制剂和矿浆调整剂。也有混合应用硫化法与有机酸浮选法的实例。先用硫化钠及黄药浮起硫化铜及部分氧化铜，然后再用有机酸类浮选残余的氧化铜。

③ 浸出-沉淀-浮选法。当采用硫化法和有机酸法都不能得到满意的效果时采用。该法利用氧化铜矿物比较容易溶解的特性，将氧化矿先用硫酸浸出，然后用铁粉置换，沉淀析出金属铜，再用浮选法浮出沉淀铜。该法首先应根据矿物嵌布粒度，将其磨到单体解离（－0.074mm占40％～80％），浸出液为0.5％～3％的稀硫酸溶液，酸的用量随矿石性质在2.3～45kg/t（原矿）变化。对于难浸出的矿石，可加温（45～70℃）浸出。浮选在酸性介质中进行，捕收剂用甲酚黑药或双黄药。未溶解的硫化铜矿物和沉淀金属铜一起上浮，进入浮选精矿。

④ 氨浸-硫化沉淀-浮选法。如矿石中含大量碱性脉石，使用酸浸耗量大、成本过高时采用。该法将矿石细磨后，加入硫黄粉，然后氨浸。浸出过程中，氧化铜矿中的铜离子与NH_3、CO_2

作用的同时，被硫离子沉淀，成为新的硫化铜颗粒，将氨蒸发回收，进行硫化铜的浮选。矿浆 pH＝6.5～7.5，用一般硫化铜矿的浮选药剂可得到良好指标。此法应注意氨的回收，否则会造成环境污染。

⑤ 离析-浮选法。实质是将粒度适当的矿石同2%～3%的煤粉、1%～2%的食盐混合，在700～800℃进行氯化还原焙烧，生成铜的氯化物，从矿石中挥发出来，在炉内被还原成金属铜，并吸附在煤粒上，再用浮选法与脉石分离。此法适用于处理难选的氧化铜矿，特别是含泥量较多、结合铜占总铜30%以上的难选氧化铜矿，及含大量硅孔雀石和赤铜矿的矿石。综合回收金、银及其他稀有金属时，离析法比浸出-浮选法优越。缺点是热能消耗大、成本较高。

⑥ 混合铜矿石的浮选。混合铜矿石的浮选流程应依据试验确定，可采用硫化后氧化矿物和硫化矿物同时浮选的流程，也可采用先选硫化矿物、尾矿硫化后再选氧化矿物的流程。同时浮选氧化铜矿物和硫化铜矿物的工艺条件和浮选氧化矿物的基本相同，但硫化钠和捕收剂用量应随矿石中氧化物含量的减少相应减少。

国外氧化铜矿石多采用硫化浮选法和酸浸-沉淀-浮选法。

23 氧化铅矿物及其混合矿石的分离方法是什么？

常见的氧化铅矿物主要有白铅矿（$PbCO_3$，密度 6.5g/cm^3，硬度 3)，硫酸铅矿（$PbSO_4$，密度 6.1～6.3 g/cm^3，硬度 3)，钼铅矿（$PbMoO_4$，密度 6.5～7.0 g/cm^3，硬度 2.5～3)，钒铅矿[$Pb_5(VO_4)_3Cl$，密度 6.66～7.10g/cm^3，硬度 2.5～3]，铬铅矿（$PdCrO_4$，密度 6.0g/cm^3，硬度，2.5～3）等。白铅矿、铅矾和钼铅矿用硫化钠、硫化钙、硫氢化钠等容易硫化。但铅矾硫化时需要较长的接触时间，而且硫化剂的用量也比较大。砷铅矿、铬铅矿、磷氯铅矿等难于硫化，其可浮性很差，在浮选时，大部分都会损失于尾矿中。氧化铅矿的浮选有硫化后浮选和直接浮选两类方法。

(1) 硫化后用黄药浮选法

这是最常用的方法，用此法值得注意的是硫化钠的添加方式。硫化钠集中添加，会造成矿浆pH值过高，使铅矿物受到抑制，所以硫化钠要分段添加。如用硫氢化钠代替硫化钠，或添加硫酸铜、硫酸铁、硫酸都能消除过量硫化剂的不良影响。矿泥吸收硫化剂，并沾污矿物表面，添加水玻璃、焦磷酸钠和羧甲基纤维素等，可以克服矿泥的一部分有害影响。有时需要脱泥，但这会引起金属的流失。

脉石中的石膏，在矿浆中会引起矿泥团聚，并同碳酸根离子发生作用，生成碳酸钙的沉淀，覆盖在矿物表面上，妨碍矿物的硫化和捕收剂的作用。消除石膏影响的办法如下：

① 用硫氢化钠代替硫化钠，或添加少量的硫酸，以降低矿浆的pH值，使碳酸根离子生成可溶的化合物，而不生成不溶的碳酸钙；

② 在矿浆中加入氯化铵或其他铵盐，以增加碳酸钙的溶解度，限制它在矿物表面上的沉淀。

(2) 脂肪酸加中性油浮选法

这种方法适用于难选铅矿物含量较高、脉石矿中石灰石和白云石很少或没有的矿石。用这种方法所得到的指标，往往比前一种方法低。但在某些白铅矿的选厂，可得到较好的指标。捕收剂用脂肪酸、重油、石油及煤油的氧化产品、环烷酸及其皂类和塔尔油等。

24 氧化锌矿物及其混合矿石的分离方法是什么？

主要的氧化锌矿物有菱锌矿（$ZnCO_3$，含锌52%，密度4.3g/cm^3，硬度5），红锌矿（ZnO，密度5.64～5.68 g/cm^3，硬度4～5），异

极矿（$H_2Zn_2SiO_5$，含锌 54%，密度 3.3～3.6g/cm^3，硬度 4.5～5.0），硅锌矿（Zn_2SiO_4，密度 3.89～4.18 g/cm^3，硬度 5.5）。其中最有价值的是菱锌矿。

氧化锌矿浮选，目前在工业上能够使用的方法有加温硫化后用黄药浮选和在常温下加硫化钠调浆用阳离子捕收剂浮选。

① 加温硫化浮选法。先脱去小于 0.01mm 的细泥，浓缩以后，再将矿浆加温到 50～70℃，然后用硫化钠硫化氧化锌，并加硫酸铜活化已被硫化的氧化锌矿，最后用长链黄药作主要捕收剂，柴油、焦油等作辅助捕收剂，松醇油作起泡剂，水玻璃作脉石抑制剂。加温浮选氧化锌矿的方法虽然有时能得到较好的工艺指标，但在生产过程中，常常因为各种因素控制不当而波动，如果原矿含大量氢氧化铁时效果更不好。

② 先硫化后胺浮选法。该法又称伯胺法。浮选前要加入硫化钠。此法适用于浮选锌的碳酸盐、硅酸盐及其他含锌的氧化矿物。胺类捕收剂的优点是在碱性介质中，对石英、碱土金属碳酸盐没有显著的捕收作用，而且在使用胺类作捕收剂时，剩余的硫化钠不仅不起抑制作用，而且对氧化锌矿物起活化作用。伯胺对氧化锌捕收能力很强，特别是含 12～18 个碳原子的伯胺，尤为显著，而仲胺、叔胺的捕收能力却很弱。

对多种常用抑制剂的试验证明，水玻璃能抑制铁质脉石和硅质脉石。六（四）聚偏磷酸钠可以抑制石英和白云石，将两者并用效果较好。用栲胶也可以抑制白云石等碳酸盐矿物。如氧化锌矿物以异极矿和硅锌矿为主，而脉石主要是绿泥石和绢云母时，则用磷酸盐作抑制剂，这种方法适于处理含铁高的物料，此处硫化钠的作用和它对氧化铅、铜矿物的作用不同，过量的硫化钠不易起抑制作用。因此对硫化钠、硫酸铜的用量调节要求不甚严格。

在使用阳离子捕收剂时，矿泥对浮选效果的影响比较突出。然而小于 0.01mm 细泥的含量在 15%以下时，加碳酸钠、水玻璃、羧甲基纤维素、木素磺酸盐、腐殖酸钠等可以消除其影响，不必脱泥。当小于 0.01mm 细泥含量超过 15%时，药剂消耗量急剧增加，则不脱泥在经济上不合理，在这种情况下，就要预先脱除部分细泥。同时，在脱泥时加入适量的硫化钠、硅酸钠等分散剂。它们在脱泥过程的主要作用是分散细泥，也可以消除部分有害的可溶性盐的影响。

25 含金矿石的主要分选方法是什么?

矿石中的粗粒金可以用混汞法和重选法回收，微细粒金（<0.001mm）常采用浸取的方法（氰化法和硫脲法）回收。由于浮选能有效地回收矿石中的中细粒金（0.001～0.07mm），因此，以浮选法为主，配合有混汞、重选或浸取的联合流程是处理脉金矿石的常用方法。当处理含金多金属矿石或回收多金属硫化矿中的伴生金时，金应回收到铜、铅等矿物的精矿中去，在冶炼过程中提取。常用的金矿浮选方法如下。

① 浮选＋浮选精矿氰化浸取。这是处理含金石英脉和含金黄铁矿石英脉金矿最常用的方法。一般都用黄药类作捕收剂，松醇油作起泡剂，在弱碱性矿浆中浮选得金精矿（或含金硫化物精矿）。然后将浮选精矿进行氰化浸出，金被氰化物溶解变为金氰络合物形式进入溶液，再用锌粉置换（或用吸附法处理）得金泥，最后将金泥火法冶炼得到纯金。

② 浮选＋浮选精矿硫脲浸取。对于含砷含硫高或含碳泥质高的脉金矿石，可用浮选法获得含金硫化物精矿，然后将浮选精矿用硫脲浸取回收金的方法，用硫脲浸取不但具有溶浸速度快、毒性小、工艺简单、操作方便等优点，而且在处理含砷、硫高或含碳质、泥质高的金精矿时，还具有浸出率高，药剂、材料消耗低的特点。

③ 混汞＋浮选。此法适用于粗细不均匀嵌布的脉金矿，在磨

矿回路中先用混汞法回收粗粒金，然后用浮选法回收细粒金。目前有一种处理低品位金矿石的方法——混汞浮选法，即是将矿石中金的混汞和浮选在同一作业中进行。采用混汞浮选法比直接浮选法金的回收率可提高5%～8%。

④ 负载串流浮选＋尾矿氰化。某地合金氧化铁帽矿石，风化程度较深，绝大部分矿物被浸蚀，铁污染严重，次生矿物繁多。主要金属矿物有褐铁矿、锰矿物、次生钒铜铅矿、赤铜矿、铜蓝、辰砂、自然铜等。金矿物为自然金、金银矿。脉石为黏土矿物和石英等。矿石中自然金粒度细至−0.02mm，多嵌布于黏土矿物中，褐铁矿含金10g/t以上，原矿金品位为10～14g/t。该矿采用负载串流浮选，浮选尾矿再用氰化浸出及炭吸附的方法回收金。该矿采用负载串流浮选工艺处理含金氧化矿石，比常规浮选能提高金回收率20%以上，操作稳定，易于控制。同负载浮选相比，负载串流浮选具有如下优点：精矿品位、回收率高；载体矿物用量减少一半，降低了药剂用量以及可溶性次生铜矿中的含量，使浮选尾矿的氰化过程得到了改善。

⑤ 浮选＋精矿焙烧＋焙渣氰化。对于含砷含硫高的浮选精矿，不能直接氰化浸取时，可将浮选金精矿先进行氧化焙烧，除砷和硫。这样焙烧后的焙砂结构疏松，更有利于金银的浸出。

⑥ 细菌堆浸。也称生物堆浸，指在一定种类的细菌参与下的堆浸，细菌通过直接或间接作用与硫化矿物发生反应，金矿细菌堆浸主要处理金精矿。细菌氧化只能作为难浸金矿的预处理方法，细菌堆浸最有意义的是氧化铁硫杆菌和氧化硫杆菌。

26 含银矿石的主要浮选方法是什么？

银的工业矿物有：自然银（72%～100%Ag，相对密度10～11）、辉银矿（Ag_2S，相对密度7.2～7.3）、锑银矿（Ag_3Sb，相对密度6～6.2）、脆银矿（Ag_2SbS_3，相对密度6.2～6.3）、淡红

银矿（65.4%Ag，相对密度5.57～5.64）、深红银矿（Ag_3SbS_3，相对密度5.77～5.86）、角银矿（75.3%Ag，相对密度5.55）等。银的矿物虽然较多，但富集成单独的银矿床较少，通常多呈分散状态分布在多金属矿、铜矿及金矿中。在铅锌矿床中方铅矿含银特别丰富，每年产量约占全部银产量的50%，铜矿约占15%，金矿约占10%，只有约25%是从单独的银矿床中提取的。重要的含银矿物为含银方铅矿与其他含银硫化物（通常与闪锌矿及黄铁矿共生）。矿石中的脉石矿物主要为石英、方解石、重晶石、萤石及燧石等。

处理银矿石的方法有：

① 混汞法；

② 水冶，现在主要是氰化法（或与氰化焙烧结合），也有的经氯化焙烧后用 $Na_2S_2O_3$ 溶液浸出，也有的用硫脲法处理；

③ 浮选得银精矿（送冶炼）；

④ 重选的银精矿；

⑤ 上述方法的联合。

如果矿石中含有复杂的硫化矿物，则常用浮选法处理。

浮选银矿物常用的捕收剂为黄药、黑药（现多用丁基铵黑药）、硫醇与噻唑等，起泡剂为松醇油等。实验研究表明，辉银矿可用乙黄药及甲酚黑药浮选；用石灰抑制黄铁矿对它的可浮性影响不大。深红银矿在中性介质中也可用低级硫代化合物捕收剂浮选，但易受石灰抑制。脆银矿与淡红银矿用戊黄药浮选较好，但石灰也有不良影响。此外，由于石灰还使矿泥（特别是滑石泥）凝聚，因而浮选银矿物时石灰通常是有害的，用 Na_2CO_3 调节矿浆 pH 值，则有利于铅和银的硫化物浮选。

浮选氧化矿石有时添加硫化钠，这时要注意严格控制用量，否则将降低银的回收率（从含银矿物表面排挤黄药）。如果含银铅锌矿石已被部分氧化，这时添加适量的硫化钠将有助于浮选的进行，但它会抑制银的硫化物如辉银矿等，所以应在浮出银的硫化物（辉银矿）后加入。当铅矾与白铅矿不用硫化钠硫化，这时可用巯基苯并噻唑进行浮选，加入磷酸铵还可促进铅矾的浮选。

矿石中含有闪锌矿时，加硫酸铜可有效地进行活化。如果有少量自然金存在，则应该用苏打黑药代替钠黑药。当精矿中含有多量不含银（与金）的黄铁矿时，则应降低捕收剂用量或加少量石灰加以控制。浮选银矿石可以选用下列几种混合捕收剂：

① 不同黑药的混用；

② 黑药、黄药与杂酚油混合使用；

③ 黑药与乙黄药混合等。其中以后两者应用较为普遍。

浮选银矿石的工艺流程可分为混合浮选与优先浮选，对于含少量（1%～5%）有色金属的矿石可采用混合浮选流程，反之则采用优先浮选流程。存在于铅、锌硫化矿石中的银矿物采用优先浮选流程较为适宜，它有利于提高含银精矿的指标，浮选所得含银铅精矿与含银锌精矿，前者价格高，冶炼厂提银过程简单，后者则相反。

此外，银矿物的过粉碎不利于有效回收，因此，在磨矿回路中安设单槽浮选机回收已解离的含银铅矿物较为合理。

27 铂矿石的主要浮选方法是什么？

铂族元素包括钌（Ru）、铑（Rh）、钯（Pd）、锇（Os）、铱（Ir）及铂（Pt），前三者分为一组属轻铂族，后三者分为一组属重铂族，其中以铂最为重要。铂矿物有：铁铂矿（Pt、Fe），含71%～79%Pt，其伴生元素有Ir、Rh、Pd、Cu、Ni；粗铂矿（Pt、Fe），含80%～88%Pt，其伴生元素与铁铂矿同；铱铂矿（Pt、Ir、Fe）及钯铂矿（Pt、Pd），其伴生元素为Au、Fe，此外还有砷铂矿（$PtAs_2$）等。铂族元素在矿石中呈自然合金以及与硫或砷成化合物的形态存在。硫化钯有时在硫化镍中形成固溶体。自然铂中有少量铁的矿物辉石（达 7%Fe）及含铁的铁铂矿（达 14%～20%Fe）。自然铂合金是较少见的。

浮选主要适于选别硫化铂矿石。在许多情况下含铂矿物是可以用浮选法回收的，其中最难回收的是含铁、铜（铁铂矿与铜铂矿）的自然矿物。有时在铜-镍浮选的粗选尾矿中可发现硫镍铂矿、锑钯矿、砷铂矿及一些其他矿物，为了回收这些含铂矿物，应该对铜-镍粗选排出的尾矿进行补充浮选，用以形成更加有效的条件使铂矿物进入到泡沫产物中。这些条件主要是：补加药剂及提高矿浆温度。铂矿物可以用重选法（溜槽、跳汰机等）从浮选尾矿中补充回收。

28 锡矿的浮选方法是什么？

目前已知含锡矿物有 16 种，锡的氧化矿物有锡石 SnO_2，它是回收的主要对象；锡的硫化物如黝锡矿（Cu_2FeSnS_4），也是有工业价值的矿物。由于锡石相对密度大（6.8～7.1），所以锡矿一般用重选的方法处理，但重选对细粒及矿泥部分回收率不高，故重选后的细粒锡矿采用浮选。另外重选的中矿、尾矿含锡尚高，也需要用浮选法回收。浮选的原料一般是小于 0.04mm 的重选中矿或尾矿，先脱除小于 0.01 mm 的矿泥。如果浮选的矿石是脉锡矿，往往伴生有铁、砷、锑、铅、铜、锌等金属的硫化矿物。此时，要用硫化矿物的活化剂先浮出硫化矿物，然后浮选锡石，以免硫化物污染锡石精矿。

锡石容易被各种脂肪酸及其皂类捕收。因此油酸、塔尔油、氧化石蜡皂、尼龙 1010 下脚、烷基硫酸盐、烷基磺酸盐、磺丁二酰胺等，都可以作为锡石的捕收剂。试验研究表明，用甲苯胂酸、苄基胂酸和苯乙烯膦酸浮选锡石，有时能得到更好的指标。

用油酸作捕收剂浮选锡石时，pH 值一般在 9.0～9.5。以甲苯胂酸作捕收剂浮选锡石时，粗选的 pH 值一般为 5～6，而精选的 pH 值可降至 2.5～4.0。调整矿浆 pH 值时，常采用氢氧化钠、碳酸钠和硫酸等药剂。

锡石浮选时，通常还要加入水玻璃抑制伴生的硅酸盐矿物，用六聚偏磷酸钠、羧甲基纤维素抑制钙镁矿物，加草酸抑制黑钨矿。

29 钽铌矿的浮选方法及工艺是什么?

含钽铌的工业矿物主要为钽铁矿和烧绿石，钽铌铁矿的通式为(Fe、Mn)[(Nb、Ta)O_3]$_2$，当含钽多时名为钽铁矿，含铌多时则名为铌铁矿。钽和铌的化学性质及原子（离子）半径相近，二者易于相互置换，所以在自然界钽和铌总是以类质同象混合物的形态存在，钽、铌也以类质同象杂质的形态存在于许多普通矿物中（如锡石、黑钨矿等）。

分选钽-铌矿石一般需联合采用各种选矿方法，其中重选是主要的选矿方法。重选所得的低品位粗精矿，再用重力浮选、浮选(除去硫化物和磷灰石等)、磁选和电选进行精选，有时还与化学选矿联合以获得合格精矿。某些钽铌矿物具有放射性，因而相应的矿石可用放射性拣选法进行预选。浮选法亦可用于处理细粒嵌布的矿石、或从重选尾矿以及矿泥中回收细粒的钽铌矿物。

用油酸作捕收剂，在 pH 值为 6～8 时，钽铌矿的浮游性最好，在酸性介质中钽铁矿和铌铁矿都被抑制，而石英、长石和白云石在任何 pH 值浮游性都不好。因此在 pH 值为 6～8 时，用油酸作捕收剂，很容易将钽铌矿与石英等脉石分离。

用 10%的酸（硫酸）处理钽铌矿后，它变得很容易浮游。随酸的用量增大，钽铌矿的可浮性增人，用硫酸效果比用盐酸好。用 1%的氢氟酸处理，活化程度与硫酸相似。用油酸作捕收剂，硫化钠的浓度为 10～20mg/L 时，就能抑制钽铌矿及部分脉石。用阳离子捕收剂时，硫化钠最初活化钽铌矿等一些矿物，但随着其用量的增加，钽铌矿的回收率将下降。用油酸捕收钽铌矿时，少量的硅氟酸钠，能使全部矿物抑制。

细粒的钽铌矿，常用浮选及联合流程处理。当原矿中有钽铌矿、烧绿石、方解石及磷灰石等时，可先浮出脉石矿物，然后再浮钽铌矿和烧绿石。脉石矿物浮选在碱性介质中进行，用水玻璃和硫酸铵作抑制剂，用油酸作捕收剂。浮选钽铌矿时，在酸性介质中，用烃基硫酸酯钠盐作捕收剂，或在中性介质中用油酸作捕收剂。

当原矿中有钽铌矿、云母、锂辉石及其他矿物时，需先脱泥，然后用阳离子捕收剂浮选云母。尾矿用碱处理后进行混合浮选，丢弃尾矿。精矿用酸处理后进行钽铌浮选，并加烃基硫酸钠盐，在酸性矿浆中进行精选和扫选。精矿为钽铌精矿，尾矿为锂辉石及其他矿物。

第三节　非金属矿的浮选

30 石墨的浮选方法是什么？

石墨是一种天然可浮性很好的矿物，用中性油即可捕收。工业上将石墨矿石分为鳞片状晶质石墨和土状隐晶质石墨两大类。鳞片状石墨呈鳞片状，原矿品位不高，一般为3%～5%，最高不超过20%～25%。这类石墨的可浮性很好，经浮选后，品位可达90%以上。鳞片状石墨性能优良，一般可用于制造高级碳素制品。土状石墨，石墨晶体细小，一般小于1μm，表面呈土状，缺乏光泽，工业性能比不上鳞片状石墨。这种石墨的原矿品位很高，一般在60%～80%，但可浮性很差，经浮选后，品位不会有明显的提高，因此品位小于65%的原矿，一般不开采，品位在65%～80%的，选别后可以利用。所以，对石墨矿石，不能只看其品位的高低，而应先弄清其类型，再决定采用何种分选方法。

石墨浮选中一般容易获得粗精矿，高质量的石墨精矿很难得到。这是因为石墨鳞片嵌布复杂且细，在磨矿时容易包裹或者污染其他脉石矿物，增加了脉石的疏水性，给分选带来困难。

晶质石墨一般是通过筛分或水力分级及时将已经解离的大块石墨分离出来，以免受到反复磨损。石墨浮选时要注意保护其大鳞片，即是指＋50 目、＋80 目和＋100 目的鳞片状石墨。因为大鳞片石墨用途较广，资源少，价值高。其措施是在选别时采用多次磨矿多次选别的流程，把每次磨矿得到的单体解离的石墨及时分出来，如将矿石一次磨到很细的粒度，就会破坏大鳞片。故一般为多段磨矿（4～5 段），多次选别（5～7 段）。多段流程有三种：精矿再磨、中矿再磨和尾矿再磨。鳞片石墨多采用精矿再磨流程，选矿回收率较低，一般 40％～50％，精矿品位 80％～90％。如我国的南墅石墨矿，采用一次粗选、一次扫选、四次磨矿、六次精选的流程，既保护了大鳞片不被破坏，又使精矿品位达 90％以上。

石墨浮选常用的药剂有：Na_2CO_3、水玻璃、煤油、2 号油、松醇油、石灰等。

石墨精矿对品质要求较高，普通鳞片状石墨要求品位在 89％以上，铅笔石墨品位要求在 89％～98％，电碳石墨要求品位达 99％。因此在石墨的浮选工艺中，为了达到高品位石墨精矿，精选次数一般比较多。

31 萤石的常见浮选工艺是什么？

萤石是非金属矿物中易浮的矿物之一。浮选常用脂肪酸类阴离子类捕收剂，此类药剂易于吸附于萤石表面，且不宜解吸。适宜的 pH 值为 8～10，提高矿浆温度能显著提高浮选效果。萤石的浮选方法因伴生矿物种类不同而略有不同。

对于石英-萤石型矿石，多采用一次磨矿粗选、粗精矿再磨、多次精选的工艺流程。其药剂制度常以碳酸钠为调整剂，调至碱性，以防止水中多价阳离子对石英的活化作用。用脂肪酸类作捕收剂时加少量的水玻璃抑制硅酸盐类脉石矿物。

对于碳酸盐-萤石型矿石，萤石和方解石全是含钙矿物，用脂肪酸类作捕收剂时均具有强烈的吸附作用。因此，萤石和方解石等碳酸盐矿物的分离是比较难的问题之一。生产中为提高萤石精矿的品位，必须在抑制剂方面寻求有效措施。含钙矿物的抑制剂有水玻璃、偏磷酸钠、木质素磺酸盐、糊精、单宁酸、草酸等，多以组合药剂形式加入浮选矿浆，如栲胶＋硅酸钠、硫酸＋硅酸钠（又称酸化水玻璃）、硫酸＋水玻璃等，对抑制方解石和硅酸盐矿物具有明显效果。

硫化矿-萤石型矿石，主要以含锌、铅矿物为主。萤石为伴生矿物，一般先用黄药类捕收剂浮选硫化矿，再用脂肪酸浮出萤石。浮出硫化矿后可按浮选萤石流程进行多次精选，以得到较高纯度的萤石精矿。

总之，浮选萤石采用以下条件为宜：温水浮选，水温60～80℃为佳；软化水；矿浆pH值为9.5左右；精选次数最少3次以上；调整剂可用氢氧化钠、碳酸钠；抑制剂为水玻璃、糊精、单宁酸等；捕收剂可用油酸、塔尔油、石油磺酸钠等。

32 蓝晶石的浮选方法是什么?

浮选是蓝晶石类矿物的主要选矿方法，但一般需要与其他方法联合选别才能达到工业指标要求。常采用重选脱泥后浮选或磁选后浮选。主要影响因素是磨矿细度、脱泥效果、药剂制度和矿浆pH值。

① 磨矿细度。对于晶粒较粗的蓝晶石类矿物，－200目级别含量一般占30％～40％；对于细粒嵌布型和混合型，－0.074mm

级别含量一般占70%～90%。

② 脱泥效果。由于矿泥质量小，比表面积大，影响浮选的选择性和消耗浮选药剂等，因此必须先将矿泥脱除。脱泥作业一般要进行2～3次，可在磨矿或擦洗之后采用螺旋分级机、滚筒筛、水力旋流器和水力分级机等分级脱泥设备。脱泥的粒度上限一般为20～30μm。

③ 药剂制度和矿浆pH值。浮选介质一般为酸性或中性和弱碱性。在酸性介质中浮选蓝晶石可采用石油磺酸钠作捕收剂，用量一般为500～1000g/t。其pH值可用硫酸调节，最佳pH值为1.5～4.5；在中性或弱碱性矿浆中，最佳pH值为6.0～8.0，捕收剂选用脂肪酸及其盐类，如油酸、氧化石蜡皂、癸酸等，抑制剂采用水玻璃、乳酸或蚁酸等。

33 硅灰石的浮选方法是什么？

浮选分离硅灰石与方解石、石英等矿物主要有两种工艺流程。

① 阴离子捕收剂反浮选方案。方解石为碳酸盐类矿物，硅灰石与石英同属硅酸盐类矿物，据此，根据两者表面电性差异，通过改变矿浆介质的pH值，采用调整剂抑制硅灰石，浮选分离出方解石；然后再浮选分离石英和硅灰石。一般用氧化石蜡皂作方解石的捕收剂，硅酸钠作硅灰石和石英的抑制剂。

② 阳离子捕收剂正浮选方案。此法主要是通过调节硅灰石与方解石矿物表面电性，使其带异号电位，从而用阳离子捕收剂通过静电吸附作用，优先浮出硅灰石，而方解石则作为尾矿留于浮选槽中。浮选作业分为两段：第一段用胺类捕收剂将硅灰石与硅酸盐矿物作为泡沫产品一起浮出，方解石则留于槽中；第二段用铵离子与阴离子混合捕收剂分选硅酸盐杂质，而硅灰石作为槽中产品回收。

34 锂矿物的浮选方法是什么?

有工业价值的锂矿物有 5 种，即锂辉石 $Li_2O \cdot Al_2O_3 \cdot 4SiO_2$ (8.1% Li_2O，相对密度 3.1～3.2)，锂云母 $(Li、K)_2(F、OH)_2Al_2(SiO_3)_3$ (5.9% Li_2O，相对密度 2.8～2.9)、锂磷铝石 $AlP_4 \cdot LiF$(10.1% Li_2O)、铁锂云母 $(K、Li)_3Fe(AlO) \cdot Al(F,OH)_2(SiO_4)_3$ (4.1% Li_2O，相对密度 2.9～3.2) 和透锂长石 $Li_2O \cdot Al_2O_3 \cdot 8SiO_2$ (4.9% Li_2O，相对密度 2.39～2.46)。其中最主要的是锂辉石，其次是锂云母和透锂长石。锂辉石常含少量的钠、铁、钙等。

锂矿石主要用浮选和手选法处理。手选仅用于从富矿中回收粗粒的锂矿物；浮选则是处理细粒嵌布锂矿石最重要的方法。热选(热裂法)、磁选和重选也可采用。下面介绍三种主要含锂矿物的可浮性。

① 锂辉石。表面洁净的锂辉石很容易用油酸及其皂类浮起，但其表面因风化污染，或在矿浆中被矿泥污染了，其可浮性变坏。另外，矿浆中一些溶盐的离子 (Cu^{2+}、Fe^{3+} 和 Al^{3+} 等) 不仅活化锂辉石，也活化脉石矿物，所以浮选前要脱泥并用碱处理。用氢氧化钠处理时，锂辉石的回收率随其用量的增加而提高，搅拌时间也相应缩短，搅拌强度提高，回收率也提高。

用十八胺和膦酸酯钠盐为捕收剂时，只在弱碱性或中性介质中锂辉石才能浮游。用油酸或环烷酸皂作捕收剂时，锂辉石在中性和碱性介质中，都能很好地浮游。用油酸作捕收剂，氟化钠和木质素磺酸盐为调整剂，氢氧化钠和碳酸钠调整 pH 值为 7～7.5 时，锂辉石的浮选效果最好。经过活化的锂辉石，用阴离子或阳离子捕收剂都能浮起。未经活化的锂辉石，在油酸用量很高时也难浮起。无论采用哪一种捕收剂，水玻璃、糊精和淀粉都是锂辉石的强烈的抑制剂，其中淀粉的选择性较好，糊精次之。它们先抑制锂辉石，后抑制脉石。但水玻璃的选择性较差，对锂辉石和脉石同时起抑制作用。

锂辉石的浮选粒度，一般在 0.15mm 以下。粒度为 0.2mm 时，浮选的回收率为 61%，0.3mm 时，浮选回收率为 22%。粗粒难浮是锂辉石浮选的特点之一。

② 锂云母。粗粒锂云母用手选、风选或摩擦分选富集，细粒的锂云母才用浮选法回收。锂云母的捕收剂以阳离子捕收剂最好，用十八胺时，在酸性和中性介质中都能很好地浮选锂云母。未经活化的锂云母不能被油酸捕收，用氢氟酸活化后，能得到较好的指标。

矿浆中的一些铁盐、铝盐、铅盐、硫化钠、淀粉及磷酸氢钠等均能抑制锂云母。锂的碳酸盐和硫酸盐能活化锂云母。用十八胺选别锂云母时，最好的活化剂是水玻璃和硫酸锂，而强的抑制剂是漂白粉、硫化钠和淀粉的混合物。铜、铝和铅的硝酸盐是锂云母的抑制剂，而铜和铝的硫酸盐却是锂云母的活化剂。

③ 透锂长石。用阴离子捕收剂如油酸、油酸钠、异辛基胂酸钠来浮选透锂长石，在任何 pH 值下均不浮游。用阳离子捕收剂，如用十八胺来浮选透锂长石，则其浮选性很好。用十八胺作捕收剂，矿浆 pH 值为 5.5～6.0 时，其回收率为 78%，而采用烷基胺盐在碱性介质（pH 值为 7.5～9.5）中浮选时，其回收率可提高到 90%～92%。

采用烷基胺盐为捕收剂时，氯化铁能强烈地抑制透锂长石，在酸性和碱性介质中，其抑制作用加强。氯化钙能活化透锂长石，在中性介质和碱性介质中（pH=9.2）能提高其回收率。在采用烷基胺盐时，透锂长石的抑制剂有硫化钠、硅酸钠、淀粉、丹宁、碳酸钠、氟硅酸钠及磷酸氢钠等。

35 白钨矿的浮选方法是什么？

白钨矿 $CaWO_4$，浮选时用脂肪酸及其皂类作捕收剂。pH 调整剂常用碳酸钠。用脂肪酸作捕收剂时，最适宜的 pH 值为 9～10。抑制剂可用水玻璃、糊精、淀粉等。白钨矿的可浮性虽好，但从经济观点着眼，对粗粒白钨矿仍常采用重选法回收。

细粒嵌布的白钨矿，一般用浮选，或先浮选得出低品位精矿后送水冶处理。白钨矿浮选常用油酸或油酸钠作捕收剂。浮选时，油酸与煤油混合使用可减少油酸的用量。常用水玻璃抑制硅酸盐和分散脉石矿泥。

白钨矿有时与硫化矿、辉钼矿、重晶石、萤石与方解石共生在一起，脉石矿物常常是石英等。在白钨矿的浮选中常常碰到白钨矿与这些矿物的分离问题。

① 白钨矿与硫化矿的分离，一般是先用黄药浮出硫化矿，然后在尾矿中用脂肪酸类捕收剂浮出白钨矿。如果在浮硫化矿时未浮尽，浮白钨矿时可加入少量的硫化矿的抑制剂（如氰化物）来抑制硫化矿。

② 白钨矿与辉钼矿的分离是先用煤油浮辉钼矿，再用油酸浮白钨矿。浮选白钨矿时，粗选精矿经浓缩，加入大量的水玻璃，并通蒸气加温到 90℃以上，搅拌 30～40min，过滤后调浆，在矿浆浓度为 16%～20%固体时，再经二次精选，便得白钨精矿。

③ 白钨矿与重晶石的分离。水玻璃对白钨矿和重晶石的抑制作用相近，所以单用水玻璃作抑制剂，不能很好地分离白钨矿和重晶石。一般是在酸性矿浆中先用烃基硫酸酯钠盐混合浮出白钨矿与重晶石，然后在强酸性介质（pH=2）中加入水玻璃对混合精矿进行分离，则白钨矿被抑制。再用烃基硫酸酯浮出重晶石，槽内产品即白钨矿。

有时也将粗精矿在300℃的温度下焙烧，然后稀释至液：固=5：7.1，用氯化钡作活化剂，浮选重晶石。槽内产品在pH值为5～6，矿浆浓度为液：固=5：1时加烃基硫酸钠和氯化钡再浮，所得尾矿为低品位白钨矿精矿，再送去水冶。

④ 白钨矿与萤石、方解石的分离，可采用常温搅拌法和高温搅拌法。常温搅拌法是将含有萤石和方解石的白钨矿粗精矿浓缩，加入水玻璃（10～20kg/t），在常温下搅拌14～16h，然后稀释矿浆进行浮选，则萤石和方解石被抑制，白钨矿仍上浮。这种方法由于搅拌时间太长，一般很少采用。

浓浆高温搅拌法又称为“彼得罗夫法”。先将矿浆浓缩到含固体60%～70%，加入水玻璃，加温到80℃，搅拌30～60min。然后再加水在常温下进行浮选，则方解石和萤石表面的捕收剂膜解吸脱落被抑制，而白钨矿仍然上浮。

⑤ 白钨矿与石英等硅酸盐矿物的分离，可用水玻璃抑制石英及硅酸盐矿物，用油酸浮白钨矿。

36 黑钨矿的浮选方法是什么？

常见的黑钨矿物有钨锰铁矿（Fe，Mn）WO_4，钨铁矿（$FeWO_4$）和钨锰矿（$MnWO_4$）。它们是类质同象矿物。这三种矿物的可浮性顺序为：钨锰矿＞钨锰铁矿＞钨铁矿。浮选黑钨矿常用的捕收剂有油酸、磺丁二酰胺、苯胂酸和膦酸。水杨氧肟酸也是浮黑钨矿很好的捕收剂。油酸的捕收力较强，但选择性较差。用油酸浮选黑钨矿的pH值与白钨矿相似，以碳酸钠作调整剂。用苯胂酸、膦酸类浮选黑钨矿，都在酸性介质中进行，使用调整剂是硫酸或盐酸。常用硝酸铅作活化剂。浮选黑钨矿的脉石抑制剂是：氟硅酸钠、水玻璃、水玻璃和硫酸铝的混合物（6：1）。重铬酸盐、硫酸与氟氢酸等。但是，黑钨矿本身可被大用量的草酸、氟硅酸钠

(4g/t 以上）和水玻璃等药剂抑制，所以必须严格控制有关抑制剂的用量。

黑钨矿易泥化，对于细粒黑钨矿一般采用以下工艺。

① 黑钨矿具有弱磁性，首先用湿式强磁选机预先富集，磁选精矿再用黄药类捕收剂浮出硫化矿物，然后用苄基胂酸作黑钨矿捕收剂，水玻璃、氟硅酸钠作脉石抑制剂浮出黑钨矿。该流程的特点是：10μm 以上的黑钨矿用湿式强磁选机预选，它对矿浆状况的变化（如品位、矿量、浓度及物料的粒度）适应性强，且选矿指标稳定。磁选粗精矿未经药剂作用，用捕收剂易于捕收，浮选指标好，处理的矿量只占原给矿量的5%～6%，药剂耗量少，工艺流程和设备简单、成本低，经济效益显著。但大部分硫化矿物和白钨矿损失于磁选尾矿中。

② 离心机-浮选流程。利用离心机进行钨细泥粗选具有下列特点：给料不分级入选，处理量大，10μm 的物料也能回收，且能丢弃大部分脉石，比浮选粗选成本低，与强磁选相比，不受脉石磁选限制。离心机精矿用浮选精选，精矿品位和回收率均有较大的提高。

③ 选择性絮凝。研究表明，用部分水解聚丙烯酰胺和磺化聚丙烯酰胺为絮凝剂，在适宜的 pH 值和药剂用量条件下，黑钨矿和萤石均产生一定的絮凝作用，黑钨矿的絮凝作用最强，萤石次之，而石英基本没有絮凝作用。选择性絮凝分离黑钨矿-石英人工混合矿效果较好，黑钨矿-萤石效果差。

④ 载体浮选。利用一种粗粒辅助物料在浮选中充当载体，通过添加适量的捕收剂使微细粒级的矿粒和载体同时疏水，利用疏水性的细粒有疏水性粗粒附着的趋势，使细粒选择性地覆盖在载体上，然后用气泡将载体连同细粒矿物一起浮出。据报道，对－5μm 粒级的黑钨矿加入＋10μm 不同粒级的黑钨矿做载体进行同类矿物

载体浮选实验表明（同类载体的机理是：疏水性颗粒在湍流状态下的相互碰撞与黏附），与同条件下常规浮选相比，可以提高$-5\mu m$细粒黑钨矿的浮选速率。

⑤ 剪切絮凝浮选。在捕收剂作用下，同时进行较强烈及长时间的搅拌，使矿浆在高度紊流状态下矿粒之间相互剪切、摩擦、水化膜减薄甚至破裂，使疏水化的粒子相互聚合，再用浮选（或沉淀）法分离。

37 锂辉石的浮选工艺是什么?

锂辉石的浮选有正浮选和反浮选两种方案。正浮选是在酸性介质中进行，所以又称“酸法”。它用油酸及其皂类作捕收剂，将锂辉石浮入泡沫产品中；反浮选是在碱性介质中进行，所以又称“碱法”。它用阳离子作捕收剂，浮出脉石矿物，槽内产品就是锂辉石精矿。

正浮选的方法是，向矿浆中加氢氧化钠进行搅拌、擦洗以除去表面的污染物，脱泥和洗矿后，按下面三种方法处理。

(1) 先浮云母，后浮锂辉石，最后浮长石

其步骤是：在弱酸性介质中，用阳离子浮云母；将浮选尾矿浓缩至50%固体，用油酸类捕收剂及醇类起泡剂调和后，稀释至17%固体，浮锂辉石；将浮完锂辉石的尾矿用氟氢酸处理后，再加阳离子捕收剂浮选长石。

(2) 先浮锂辉石，后浮云母，再浮长石

其步骤是：将矿浆浓缩至64%固体，加油酸、硫酸和起泡剂搅拌稀释至21%固体，浮锂辉石；锂辉石浮选尾矿中的云母，用阳离子捕收剂浮出；云母浮选尾矿加氟氢酸活化长石，并加阳离子捕收剂浮长石。

(3) 锂辉石和云母混合浮选，最后浮长石

其步骤是：在浓浆中加硫酸调和，然后加阴离子捕收剂，浮选

云母和锂辉石；混合精矿在酸性介质中搅拌，将云母和含铁矿物浮出，槽中产物便是锂辉石；混合浮选后的尾矿，加氟氢酸处理后，用阳离子捕收剂浮长石。

锂辉石的反浮选在碱性矿浆中进行，以糊精、淀粉等作为锂辉石的抑制剂，松醇油作起泡剂，用胺类阳离子捕收剂浮选石英、长石和云母等脉石矿物，槽内产品除去铁之后，就是锂辉石。

38 铍矿的浮选方法及工艺是什么?

有工业价值的铍矿物为：绿柱石 $Be_3Al_2(SiO_3)_6$（10%～14% BeO)、金绿宝石 $BeAl_2O_4$（19.8% BeO)、日光榴石（Be、Mn、Fe)$Si_2O_{12}S$(13.6%BeO)、羟硅铍石 $Be_4Si_2O_8H_2$(42.6%BeO)、硅铍石 $BeSiO_4$(45.5%BeO) 等。工业上用于生产铍及其化合物的矿物原料为羟硅铍石与绿柱石。其中绿柱石是最重要的铍矿物，它产于伟晶岩或片麻岩中，共生矿物除石英、长石、云母外，尚有电气石、石榴石、黄玉等。绿柱石的选矿方法有：浮选、粒浮选、手选、磁选和辐射分选等，手选和浮选是生产绿柱石精矿最重要的方法。

绿柱石的可浮性较好，用阴离子捕收剂和阳离子捕收剂均可浮起。用胺盐捕收时最适宜的矿浆 pH 值为 9～10.5；用阴离子捕收剂时，在弱酸性、中性和碱性介质中（pH 值为 6～8）用油酸均可较好浮游，在酸性介质中用磺化石油亦可浮起。用油酸作捕收剂时，水玻璃、硫酸和苏打的用量过大会抑制绿柱石的浮选。用 NaOH、Na_2S 或氢氟酸处理，然后洗涤，在中性或弱碱性介质中进行浮选，可显著提高绿柱石的可浮性。脱泥和水的软化也可改善绿柱石的浮选。氢氟酸对绿柱石的活化作用以用量 200g/t 为最佳，用量大于 500g/t，绿柱石则被强烈抑制。

浮选是处理低品位、细粒嵌布铍矿物的唯一方法。绿柱石常与云母、石英、长石等共生，如果没有选择性调整剂相配合，用阴离子或阳离子捕收剂就不可能实现绿柱石与共生矿物的有效分离。因此浮选前必须进行预处理，预处理的目的是清洗矿物表面，除去黏附在绿柱石表面的重金属盐，选择性地溶掉其表面的硅酸，使铍离子突出，增加其可浮性，并降低脉石矿物的可浮性。预处理的方法又可分酸法（采用硫酸、盐酸和氢氟酸等）和碱法（采用氢氧化钠、碳酸钠等）两种。

① 绿柱石的酸法浮选。酸法浮选分为混合浮选和优先浮选两种。混合浮选是矿浆经酸处理后，把绿柱石和长石都浮到泡沫产品中，然后再进行分离。其具体步骤是，矿石经粗磨后，用黄药浮选硫化矿，然后加入硫酸使介质呈酸性，用阳离子捕收剂烷基胺盐浮出云母，浮完云母以后加入氢氟酸活化长石和绿柱石，再加烷基胺盐浮出绿柱石和长石。混合粗精矿经洗涤（稀释-浓缩）脱药后加入碳酸钠，并用烷基胺盐浮选绿柱石，经多次精选后得绿柱石精矿。

如绿柱石矿中的长石含量较低，采用优先浮选。先浮云母再浮绿柱石。具体步骤是，经细磨的矿石，在硫酸介质（pH＝3）中用阳离子捕收剂浮出云母，将其尾矿进行浓缩，并用氢氟酸处理，洗去残余的酸和捕收剂，再用烷基胺盐浮选绿柱石，尾矿为长石和石英。绿柱石粗选精矿中，加入氢氟酸和阳离子捕收剂，再经多次精选，得绿柱石精矿。

② 绿柱石的碱法浮选。碱法浮选是将矿石磨矿后进行脱泥，脱除 10～20μm 的矿泥。然后用氢氧化钠或碳酸钠处理后洗矿，使矿浆呈弱碱性，再用油酸浮绿柱石，精选若干次后，得绿柱石精矿。此法适用于共生矿物比较简单的矿石。

39 锂辉石和绿柱石的浮选分离方法是什么？

锂辉石和绿柱石的浮游性相近，两者的浮选分离被公认为国际性的一大选矿难题。实现这一分离的关键是寻找有效的抑制剂，使其中一种矿物得到抑制，而对另一种矿物影响不大。

相关研究发现，在阴离子捕收剂浮选体系中，几种常用调整剂对锂辉石的抑制作用递增顺序为：氟化钠、木素磺酸盐、磷酸盐、碳酸盐、氟硅酸钠、硅酸钠、淀粉等。其中木素磺酸盐对锂辉石的抑制作用很微弱，而氟化钠基本不起抑制作用，反而可以增加其浮选速度。而对绿柱石浮选来说，上述调整剂的抑制作用有很大差别，在中性和弱碱性介质中，多量的氟化钠、木素磺酸盐、磷酸盐和碳酸盐等对其有强烈的抑制作用，而少量的淀粉、硅酸钠的抑制作用不明显，在强碱性介质中上述药剂对绿柱石的抑制作用普遍减弱，而对锂辉石的抑制作用普遍加强。早期对锂辉石与绿柱石浮选分离的研究即是基于上述调整剂对两种矿物的作用不同而展开的。工业生产中得到实际应用的工艺归纳起来有以下三种。

① 优先浮选部分锂辉石，然后锂辉石、绿柱石混选再分离。用 NaF、Na_2CO_3 作调整剂，用脂肪酸皂优先浮选部分锂辉石，然后添加 NaOH 和 Ca^{2+}，用脂肪酸皂混合浮选锂辉石-绿柱石，最后将锂辉石-绿柱石混合精矿用 Na_2CO_3、NaOH 和酸、碱性水玻璃加温处理后，浮选分离出绿柱石。

② 优先选绿柱石，然后再选锂辉石。先选易浮矿物，然后在 Na_2CO_3、Na_2S 和 NaOH 高碱介质中使锂辉石处于受抑制状态，用脂肪酸皂优先浮选绿柱石，绿柱石浮选尾矿经 NaOH 活化后，添加脂肪酸皂浮选锂辉石。

③ 优先选锂辉石，然后再选绿柱石。在 Na_2CO_3 和碱木素（或氟化钠和木素磺酸盐）长时间作用的低碱性介质中，绿柱石和脉石矿物受到抑制，用氧化石蜡皂、环烷酸皂和柴油浮选锂辉石。此后加 NaOH、Na_2S 和 $FeCl_3$ 活化绿柱石并抑制脉石矿物，用氧化石蜡皂和柴油浮选绿柱石。

40 云母矿的浮选分离方法是什么？

矿石经破碎、磨矿，使云母与脉石单体解离，在浮选药剂作用下，使云母成为泡沫产品而与脉石分离。目前有两种浮选工艺：一是在酸性介质中，用胺类捕收剂浮选云母，pH 值控制在 3.5 以下，浮选前需要脱泥，矿浆固体含量为 30%～45%；二是在碱性介质中用阴离子捕收剂进行浮选，pH 值在 8～10.5，入选前也需要脱泥。云母浮选工艺中需经过多次精选。

41 石英和长石的浮选分离方法是什么？

（1）氢氟酸法

氢氟酸法是石英-长石浮选分离的传统方法，是指用氢氟酸或氟化物作长石的活化剂，在强酸性介质中，用胺类等阳离子捕收剂优先浮选出长石的分离方法。氢氟酸法分离石英-长石的作用机理是：随着矿浆的 pH 值下降，矿浆体系中石英、长石表面的解离平衡被打破，H^+ 浓度提高，使解离平衡向负电性减小的方向移动；当 pH 值为 2～3 时，石英表面的动电位接近 0，由于 HF 对 Si—O 键的腐蚀，使得长石表面 Al^{3+} 突出而成为活性中心；同时，溶液中很快形成 $[SiF_6]^{2-}$ 络离子，其会与长石表面的 Al^{3+}、K^+、Na^+ 形成稳定的络合物，从而附于长石表面，使得长石表面形成一定的电负性；当阳离子捕收剂加入该体系时，会静电吸附于长石表面，从而使长石表面疏水而优先浮出。

（2）无氟有酸法

无氟有酸法是指在强酸性（一般为 H_2SO_4），即 pH 值为 2～3 的介质中，采用胺和石油磺酸盐作为阴阳离子混合捕收剂优先浮出长石。无氟有酸法分离石英-长石的作用机理是：当矿浆 pH 值为 2～3 时，其正处于石英的零电点附近，比长石达零电点时的 pH

值要大（长石的零电点为 1.5），故此时石英的表面不带电或带正电，而长石表面带负电，强酸性介质一方面会使长石表面的解离平衡往负电性降低的方向移动，另一方面，长石晶格中 Al^{3+} 区域的空隙配衡金属离子 K^+ 或 Na^+ 被溶于矿浆中，因而表面形成正电荷空洞。当阴、阳离子混合捕收剂加入该矿浆时，石英表面只会形成微弱的静电吸附和分子吸附；而在长石表面则会有活性 Al^{3+} 使阴离子捕收剂发生特性吸附，正电荷空洞对阳离子捕收剂有静电吸附和分子吸附作用。多种吸附互相促进、协同作用，使长石表面捕收剂吸附量比石英的大，从而使得长石优先浮出，与石英分离。

（3）无氟无酸法

是在无酸的条件下，仅利用阴阳离子混合捕收剂来浮选分离石英-长石的新工艺，即无氟无酸法。其又分为中性和碱性两种介质条件下浮选。相关文献的一些数据表明，十二烷基胺和其他长链的烷基胺都是石英的良好捕收剂，矿物的最佳浮选区是弱碱性范围，但此法未见工业应用。

42 硅灰石和透辉石的浮选分离方法是什么？

使用十二烷基盐酸胺为捕收剂、单宁酸为抑制剂，在 pH 值为 7.8～8.8 时对透辉石有强烈的抑制作用，而硅灰石则不被抑制，可较好地实现两种矿物分离。

43 菱镁矿的浮选分离方法是什么？

中国于 20 世纪 70 年代开始进行天然菱镁矿的浮选提纯研究，并已通过工业生成试验取得成果。研究结果表明，中国天然菱镁矿的浮选提纯有如下特点。

① 菱镁矿与脉石矿物嵌布粒度粗且易单体解离，适宜于粗磨。

② 采用胺类捕收剂反浮选硅，而后用脂肪酸类捕收剂正浮选

菱镁矿，可以获得较好的选别效果。

③ 对于含有大量滑石的菱镁矿石，可以综合回收。

④ 菱镁矿正浮选宜在碱性矿浆中进行，在一定的 pH 条件下，添加水玻璃和六偏磷酸钠可以选择性地部分抑制白云石等含钙矿物。

滑石属于非极性矿物，表面润湿性小，自然可浮性较好，与菱镁矿之间的分离比较容易，对薄膜状滑石只加起泡剂就可浮游，对于其他滑石在中性介质中，加入胺类捕收剂后也可浮出。但菱镁矿与白云石均为极性矿物，破碎后矿物表面呈离子键，亲水性强，不易浮，而且它们之间的可浮性差别很小，加上钙、铁与镁之间易成类质同象，故它们之间的分离是很困难的。目前菱镁矿的浮选一般是采用反浮选去滑石等硅酸盐矿物后，加有效抑制剂抑制其他脉石矿物，在碱性矿浆中，用脂肪酸类捕收剂浮选菱镁矿的反-正浮选。

天然菱镁矿浮选的一般原则流程见图 6-10 和图 6-11。

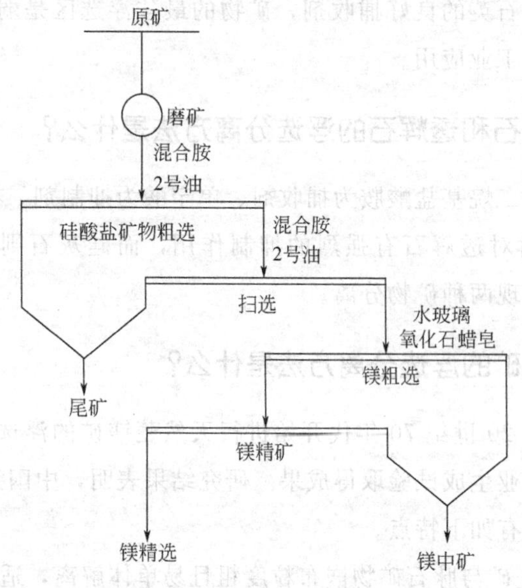

图 6-10　菱镁矿浮选原则流程

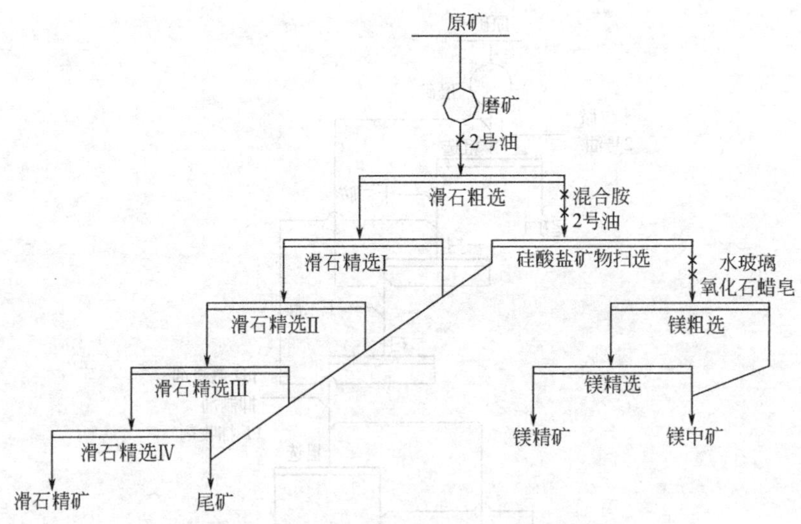

图 6-11 同时回收滑石的菱镁矿浮选流程

近年来，东北大学印万忠教授等人近年来在此基础上，不断创新，利用自行研制的 FL 捕收剂，采用反浮选脱硅-正浮选提镁的流程，实现了宽甸某高硅高钙菱镁矿的浮选提纯。试验室连续选矿试验流程如图 6-12 所示。当原矿 MgO 为 43.08%、SiO_2 为 2.29%、CaO 为 4.88%时，在上述适宜的工艺、药剂制度和操作条件下，可以获得 MgO 为 46.94%、SiO_2 为 0.30%、CaO 为 0.76%的菱镁矿精矿，MgO 的回收率为 76.02%。在试验室连续选矿试验基础上，进行了选矿厂设计，设计年产菱镁矿精矿 5 万吨。目前辽宁丹东镁宝镁业有限公司已在辽宁宽甸建成低品级菱镁矿浮选提纯厂，已于 2011 年 10 月投产。

44 磷灰石与含钙矿物的浮选分离方法是什么？

由于磷灰石与一些含钙的碳酸盐矿物同属含氧酸钙盐，因此，用脂肪酸类捕收剂进行分离时，它们的可浮性接近，给浮选分离造

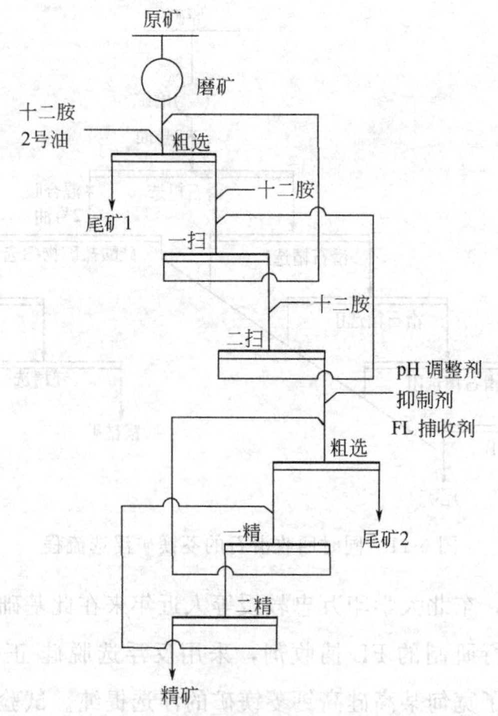

图 6-12 菱镁矿连续选矿试验流程

成了很大的困难。磷灰石的浮选主要就是与含钙矿物如方解石、白云石等矿物的分离，目前常用的浮选分离方法有以下三种。

① 用水玻璃和淀粉等抑制碳酸盐等脉石矿物，用脂肪酸类捕收剂（可用煤油作辅助捕收剂，浮选磷矿物），浮选时矿浆的 pH 值为 9～11，用碳酸钠和氢氧化钠调 pH 值。

② 加六偏磷酸钠抑制磷矿物，用脂肪酸先浮出碳酸盐脉石，然后再浮磷灰石。

③ 用有选择性的烃基硫酸酯作捕收剂，先浮出碳酸盐矿物，再用油酸浮磷灰石。

45 高岭土如何进行浮选除杂？

高岭土在造纸和陶瓷工业上用途广泛，通过浮选可以除去高岭土中的石英、铁、钛等杂质，其浮选方法有以下几种。

① 与石英分离。一般采用正浮选法，用十二胺、三乙醇胺、吡啶作高岭土的捕收剂，用木质素磺酸盐抑制石英等硅酸盐矿物，也可抑制铁矿物，pH 值控制在 3.0～3.1，矿浆浓度在 10%左右。这种方法的缺点是泡沫发黏，不易控制，需添加有效的分散剂。

② 与铁、钛矿物分离。一般采用反浮选法，用硫酸铵抑制高岭土，用脂肪酸类（或石油磺酸盐类）捕收剂捕收铁（Fe_2O_3）、钛（TiO_2）等杂质。如果铁、钛杂质粒度微细，则可采用载体反浮选法。载体可采用方解石粉（$CaCO_3$，－320 目），携带微细粒铁、钛杂质上浮。上浮的泡沫产品废弃，槽中产品为高岭土精矿。载体可重复使用 8～9 次。在适当的时候，把泡沫和载体分离，再重新利用。浮选时的 pH 值为 9.0。

③ 与黄铁矿分离。有时高岭土中的铁杂质是以黄铁矿形式存在，在这种情况下，用六偏磷酸钠作分散剂，用黄药作捕收剂，除去黄铁矿杂质。

第四节 煤泥的浮选

46 煤泥浮选的药剂制度是什么？

（1）药剂种类

煤泥浮选所需的药剂通常为捕收剂和起泡剂，少数加调整剂或兼具捕收和起泡性能的复合药剂。捕收剂主要是非极性烃类油，最广泛使用的是煤油和柴油。因加工方法不同，煤油或柴油性质有些不同。易浮煤可采用活性低的，难浮煤、细泥多时采用活性高的。起泡剂多为化工副产品，我国没有专门产品作起泡剂供煤泥浮选。这些副产品化学组成和性质差别大。极性基比例高的起泡剂具有较高的亲水性和较低的浮选活性；非极性基比例高的起泡剂具有较高的表面活性。起泡剂的选择对精煤质量有较大的影响，选择时应考虑煤泥中高灰细泥含量及浮选机的充气情况。当煤泥中精煤含量大，应选用起泡多、气泡小、寿命长的起泡剂，以利于粗粒在气泡上的固着和回收；当细粒含量高，应选用气泡大、性脆、寿命不太长的起泡剂，以加强二次富集作用，提高浮选的选择性。

（2）加药方式和地点

分为一点（集中）加药和多点加药。一点加药常将捕收剂和起泡剂同时加到搅拌桶中；多点加药则将药剂按比例分别加到搅拌桶和浮选槽中。采用何种方式与地点加药主要取决于煤泥性质。易浮煤常采用一点加药，难浮煤或浮选活性较高的药剂应采用多点加药，即将药剂总量的60%～70%加入搅拌桶中，其余加到浮选机的中矿箱或搅拌机构中。对于六室浮选机，可分2～4段添加：第一段加在搅拌桶中，第二段加在第二室中矿箱，以后每隔一室添加一次。但起泡剂不应在搅拌桶加入过多，以免造成前室泡沫过多。分批加药通常比一点加药的回收率高（尤其对粗粒级）、选择性好（尤其对细粒级）。对需用接触时间较长的药剂，应尽量加在搅拌桶中，反之则可考虑加在浮选机中。

（3）药剂消耗与油比

药剂消耗与药剂种类、煤泥表面性质、粒度组成及矿浆浓度等有关。我国选煤用的捕收剂（煤油或柴油）一般耗量在0.5～3kg/t煤泥，醇类起泡剂的耗量随种类不同而变化，一般在100～300g/t煤泥。通常变质程度低、氧化程度高、疏水性差的煤药剂耗量较大。粒度越细，矿浆浓度越低，耗量也越大。油比是指捕收剂和起泡剂用量的质量比，油比大小与煤泥的性质及流程有关，我国的油比常在5∶1～10∶1。疏水性强、可浮性好、细泥少、粒度较粗的煤泥可用小油比，甚至于1∶1，反之用大油比，可超过10∶1；直接浮选时油比可达20∶1。油比大，泡沫层对入料变化的缓冲性大，即反应不敏感，浮选过程比较稳定，因此，入料性质和浓度变化较大时应用大油比，但过大会浪费捕收剂。

47 煤泥粒度是如何影响浮选的?

煤泥浮选前通常经重（水）力分级作业控制其粒度上限（通常为0.5mm)，大于上限的粒度通常控制在重选作业。但有时水力分级作业会因负荷过大、面积不够、浓度过高等使颗粒沉降效率降低，使部分大于0.5mm的超粒进入浮选作业，造成粗粒煤泥的损失。通常可将浮选煤泥按粒度分为几个类型：

① 粗粒或超粒，指大于0.4mm的颗粒，灰分通常较低；

② 适宜的粒度，指0.4～0.074mm的粒度；

③ 细泥，指0.074～0.01mm的颗粒；

④ 超细粒或微粒，指小于0.01mm的颗粒。

实验室试验和工业生产均证实：

① 粒度越大回收率越低，只有在适宜粒度方可获得最大回收率，通常为0.074～0.5mm的粒度在不同浓度下均有最高的回收率，过粗或过细回收率均下降；

② 不同粒度具有不同浮选速度，通常前两室浮起的粒度较细，粗粒总在后几室浮起，各粒级浮选速度大致为160～200目＞＋200目＞120～160目＞60～120目＞－60目，在药量充足时，40～100目具有最快浮选速度，而药量不足时，细粒级首先浮起；

③ 不同粒级具有不同选择性，对浮选精煤污染最严重的是细

粒杂质，高灰粗粒物料对精煤污染较小，但易损失在尾煤中，故浮选时选择性随粒度减少而降低。通常浮选精煤灰分随粒度减少而增加，而尾煤灰分随粒度增加有时降低（跑粗时）。细粒杂质由于巨大的表面积，首先吸附大量药剂，占据大量气泡表面并覆盖粗颗粒表面，更加剧了粗粒的跑粗。这些高灰细泥对精煤的影响是随着浮选室从前到后逐室增加的，可使精煤灰分增加 2%～3%。

48 提高各粒级煤泥分选效果的措施都有哪些?

在浮游选煤的工艺中，提高粗、中粒级的浮选速度（即提高其精煤的可燃体回收率），改善细粒级和细泥的选择性（即提高其浮选完善指标），消除高灰分泥质影响，是带有方向性的任务。

(1) 对于粗、中粒级

提高粗、中粒级的精煤可燃体回收率，实质上就是减少它们在尾煤的损失。可采取以下措施。

① 改善浮选机的充气质量，形成的气泡直径要小，能均匀地分布在煤浆中，尤其是要充分利用微泡析出强化浮选的机理，有效产生气絮团和群泡形式的泡沫，实现最大程度的矿化。

② 在研制和开发新型浮选机时，既要考虑到在搅拌混合区能使粗颗粒处于悬浮状态、浮选剂和气泡充分分散的水力学特征，又要使气泡在升浮区流态稳定，保证矿化气泡徐徐平稳上升，尽量避免低灰分煤粒从气泡上脱落下来。

③ 采用浮选剂乳化或气溶胶添加方式，使粗、中粒级煤能与捕收剂充分接触，在其表面形成合适的油膜。

(2) 对于细粒级和细泥

提高细粒级和细泥的选择性，克服泥质的危害影响可采取以下措施。

① 采用合理的药剂制度。使用选择性好的捕收剂和起泡剂，

形成的矿化泡沫不发黏，易消泡，减少细泥夹带。

② 采用分段加药控制细粒级的浮选速度，延长它们的浮选时间。

③ 降低入浮煤浆浓度，减少高灰分泥质对泡沫的污染。

④ 采用中泥浮选流程。利用水力分级原理，预先将浮选入料中部分高灰分泥质脱除，从而改善入浮煤泥的可浮性。必要时，对泡沫层适当加水喷淋，强化二次富集作用，提高精煤质量（与此同时，泡沫含水量增大，会影响后续的脱水作业）。

⑤ 研制有效、价廉的黏土泥质抑制剂，消除或减缓它们的有害作用。

49 煤泥浮选浓度应如何选择?

选煤厂入浮浓度多为10%～15%，也有高达20%，低至4%。太高或太低都不正常。这是一般规律，但应注意以下方面。

① 入料可浮性好、灰分低、粒度较粗，可适当提高浮选浓度；工艺指标允许时，为降低药耗和提高处理量，应尽量提高浓度。

② 难浮煤、精煤质量要求高时，适当降低浓度。

③ 细泥含量高，精煤质量要求高，应降低浓度。

④ 粗选宜采用高浓度，精选宜采用低浓度。

⑤ 直接浮选工艺入浮浓度较低，在条件允许时应尽量提高入浮浓度以便更有利于分选，此时只要保证其煤浆处理量即可；浓缩浮选时浓度可槼高，但必须同时满足其煤浆处理量和干煤处理量。

50 什么是煤泥气溶胶浮选?

微小液滴分散在气体中所构成的体系称为气溶胶，也就是俗称的雾化。浮选剂雾化浮选（气溶胶浮选）的过程，实质上是将呈雾化状的浮选剂注入浮选系统的过程。

非极性油类捕收剂以雾化状加入浮选系统后，雾状气流在水中被分散成为气泡，这类气泡上裹有一层油膜，油膜将减弱其表面水化膜的牢固性和厚度，促进煤粒与气泡相互黏附，从而提高浮选速度。此外，经雾化的油滴直径比乳化后的油滴直径还小一些，因此经雾化的油滴具有更好的分散性。

常规浮选中浮选剂是通过导管添加到浮选机叶轮下方直接由叶轮搅拌将其分散的。浮选剂雾化浮选有两种加药方式。

① 定子孔加药方式。加药导管尖端插入叶轮上方的定子孔，由于叶轮旋转产生离心作用，空气经浮选机套筒被抽进叶轮，同时被吸进的浮选剂遇到速度较高的空气流，从而雾化，这种加药方式不需增加额外动力，而且效果良好。

② 喷嘴加药方式。有两根导管，其中一根通入压缩空气，另一根加入浮选剂，由于空气射流抽吸，浮选剂被弥散呈雾状后，由叶轮吸进。

对不同加药方式产生的油滴，用显微镜观测其直径，测定结果显示常规方式产生的油滴不仅直径大，而且互相兼并现象明显。实验室浮选试验表明，在较少的浮选剂单位用量和实施分段加药的条件下，浮选剂雾化浮选较常规浮选的速度要快得多，并且选择性也略优于后者。

51 如何评定煤泥浮选工艺效果?

直到现在国际标准化组织（ISO）也没有能够颁布一项评价选煤厂浮选工艺效果的国际标准。个别发达国家颁布本国使用的评价选煤厂工艺效果的标准，如德国工业标准 DIN22017 规定用 η_{NG} 作为判据评价选煤厂浮选工艺效果。

我国选煤科技人员从实际出发，以浮选的目的是最大限度地将可燃体富集于浮选精煤产品的同时，最大限度地将非可燃体排除到尾煤中为主导思想，提出了一些评价我国选煤厂浮选工艺效果的计算式，在此基础上我国于1988年颁布了MT/T 180—1988《选煤厂浮选工艺效果评定方法》煤炭行业推荐性标准。规定评价浮选工艺效果的判据有两个。

(1) 浮选精煤数量指数

《选煤厂浮选工艺效果评定方法》指出，用浮选精煤数量指数值作为评价不同选煤厂（或不同煤粉、煤泥煤样）浮选工艺效果的标准，其计算式为：

$$\eta_{if}=\gamma_{j}/\gamma_{j}'\times 100\%$$

式中 γ_{j}—— 浮选精煤产率，%；

γ_{j}'—— 精煤灰分相同时，标准浮选精煤产率，%。

标准浮选精煤产率 γ_{j}' 根据《选煤实验室分步释放浮选试验方法》试验结果绘制的浮选精煤产率灰分曲线确定。

(2) 浮选完善指标

对于相同性质的煤泥在不同工艺条件、操作条件或不同的生产时间时的浮选工艺效果的判据，MT/T 180—1988《选煤厂浮选工艺效果评定方法》的起草者们从实际情况出发，以浮选的目的是最大限度地将可燃体富集于浮选精煤的同时，也尽可能地降低非可燃体污染浮选精煤为指导原则，采纳了英国学者汉考克提出的用于评价矿物分选工艺效果的效率公式。即浮选完善指标：

$$\eta_{wf}=E_{j}-E_{w}\ (\%)$$

式中 E_{j}——浮选精煤的可燃体回收率，%；

E_{w}——浮选精煤的非可燃体混杂率，%。

因此，可以概括地认为煤中的灰分为非可燃体，灰分以外的物质为可燃体。所以，浮选精煤的可燃体回收率的定义是浮选精煤中的可燃体占浮选入料中可燃体的百分比。浮选精煤的非可燃体混杂率的定义是浮选精煤中的非可燃体占浮选入料中非可燃体的百分比。

52 选煤分步释放浮选试验是什么?

迄今为止，国内选煤工作者一直沿用煤粉（泥）浮沉试验结果作为浮选的理论参考指标，但人们都普遍认为这种方法存在不少弊病。

由于煤粉（泥）浮沉试验是基于不同灰分的煤具有不同密度的原理，而将煤粉（泥）经过离心力强化分层分为不同灰分的若干等级，这种原理完全不同于以煤炭和其他矿物杂质表面物理化学性质不同而实现分选的浮选法，尽管煤粉（泥）的浮沉组成与煤的可浮性和浮选工艺效果都有着十分密切的关系，但从根本上说浮沉试验结果是无法正确表征煤粉（泥）浮选的理论指标的。

分步释放浮选试验是利用煤与矿物杂质不同的表面物理化学性质，即不同的表面疏水性程度，在浮选过程中按疏水性程度从强到弱（即灰分从小到大）依次分成不同的若干产品，作为一种在目前技术条件下的浮选标准结果。本试验方法适用于粒度小于 0.5mm 的烟煤和无烟煤。

分布试验采用浮选机容积 1.5L，叶轮直径 60mm；捕集剂：正十二烷，化学纯，密度 0.748～0.751g/cm^3；起泡剂：甲基异丁基甲醇（MIBC），酸度（HAc%）0.04，密度 0.807g/cm^3；试验用自来水，煤浆温度（20±10)℃；煤浆浓度：（100±1）g/L；浮选机叶轮转速：（1800±10）r/min；刮泡器转速：30r/min；浮选机充气量：（0.15±0.01）m^3/(m^2 · min)。试验流程如图 6-13 所示。

53 什么是煤泥可比性浮选试验?

煤泥的可浮性，是指通过浮选提高煤泥质量的难易程度。通常采用选煤实验室可比性浮选试验和选煤实验室分布释放试验测定煤

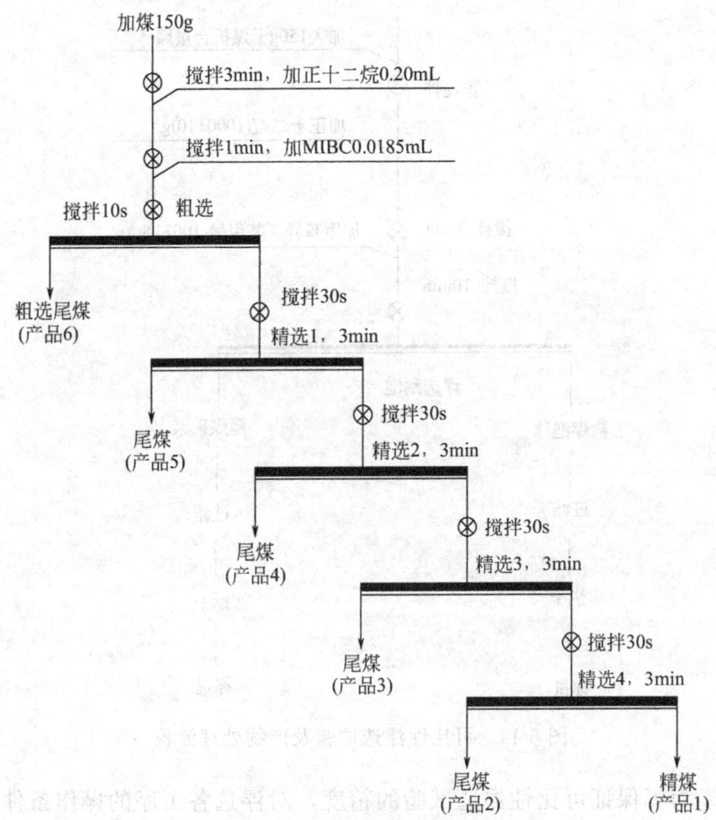

图 6-13　分步释放浮选试验流程

泥（粉）的可浮性。

我国 GB 4757—1984《选煤实验室单元浮选试验方法》规定选煤实验室可比件浮选试验的条件是：在 CFDM 型 1.5L 浮选机［叶轮直径 60mm，转速 1800r/min，充气量 $0.25m^3/(m^2 \cdot min)$］中进行，用水为（20±1）℃蒸馏水或者去离子水，矿浆浓度为（100±1）g/L，捕收剂正十二烷（1000±10）g/t，起泡剂甲基异丁基甲醇（MIBC）（100±1）g/t，刮泡速度每分钟 30 次，流程见图 6-14。

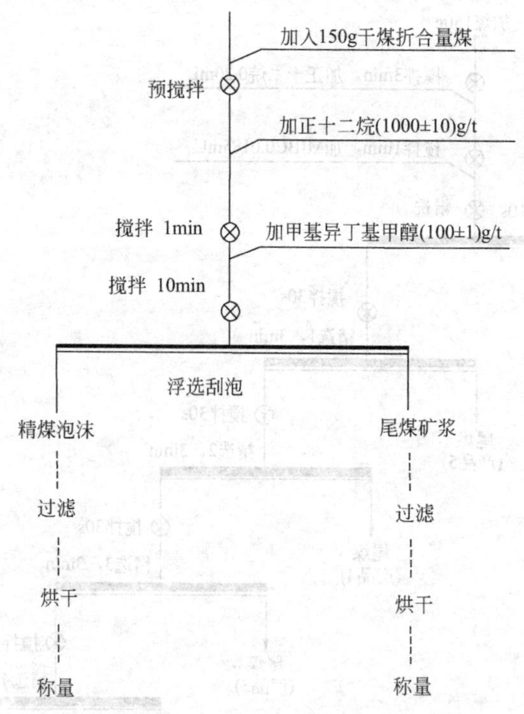

图 6-14 可比性浮选试验及产物处理流程

为了保证可比性浮选试验的精度，对浮选各工序的操作条件做了严格规定。

① 控制补水速度，刮泡期间保持矿浆液面稳定，刮泡深度适当（既不刮矿浆，也不积存泡沫），刮泡后期，应用洗瓶将浮选槽壁上的颗粒冲洗下去，使在造泡沫进入精煤中。

② 刮泡完毕，将尾矿排入专门容器，将黏附在刮板和浮选槽唇上的颗粒冲洗至精煤，黏附在浮选槽壁上的颗粒冲洗进尾煤。

③ 各道浮选操作时间要按照流程严格执行，误差不超过 2s。

④ 必须做重复试验。

⑤ 可比性浮选试验须负荷以下误差要求。

a. 精煤和尾煤产物质量与实际浮选入料质量相比，质量损失率不超过2%。

b. 产物加权平均的浮选入料灰分与浮选入料化验的灰分之差应符合以下规定：煤样灰分小于20%，相对误差不超过±5%，煤样灰分大于20%，绝对误差不超过±1%。

c. 两平行试验的精煤产率允许误差应小于或等于1.6%，精煤灰分允许误差：当精煤灰分小于或等于10%时，绝对误差小于或等于0.4%，当精煤灰分大于10%时，绝对误差小于或等于0.5%。

54 煤泥水原则流程都有哪几种?

浮选流程包含两项内容：浮选入料的准备流程即煤泥水原则流程和浮选流程（浮选流程内部结构）。

煤泥水原则流程是根据原料煤中煤泥性质和数量以及选煤厂厂型等具体情况，因地制宜地确定的。我国的煤泥水原则流程主要有以下几种类型。

(1) 浓缩浮选原则流程

煤泥水先经浓缩再进行浮选的原则流程称为浓缩浮选原则流程（见图6-15)。

重选过程产生的煤泥水经水力分级设备控制入浮粒度上限后，流入澄清浓缩设备，其溢流作为选煤厂循环用水，其底流浓度较高（常达300～400g/L)，输送到矿浆预处理装置后添加稀释水稀释至本厂浮选工艺要求的浓度后再进入浮选机。

该原则流程的主要特点如下。

① 进入矿浆预处理装置的煤浆浓度及粒度组成随重选作业的生产、开停机而有所波动。

② 煤泥水澄清浓缩设备一般容量很大，起到了重选作业和浮

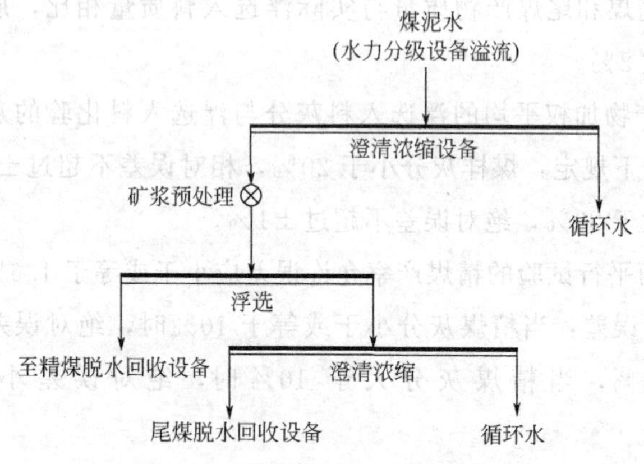

图 6-15 浓缩浮选原则流程

选作业之间的生产缓冲调节作用。但与此同时也产生了浮选生产滞后于重选生产的现象。

③ 当澄清浓缩设备的溢流浓度较高时，影响水力分级设备的粒度控制，使得浮选入料中粗粒含量增多，甚至还有数量可观的超大粒。

④ 澄清浓缩设备的溢流中携带细泥，容易引发高灰泥质积聚，造成恶性循环、连锁反应，严重影响选煤正常生产。

越来越多的选煤厂针对煤泥水澄清浓缩设备采用了浅度浓缩、大排底流的操作方法，即加大底流排放量，使其浓度与浮选精煤过滤机滤液混合后，已达入浮煤浆浓度的要求，不再添加稀释水。细泥能随大量的底流进入浮选作业及时分离，避免了积聚，从而在很大程度上克服了浓缩浮选煤泥水原则流程原先存在的弊病。

(2) 直接浮选原则流程

煤泥水不经浓缩，直接进行浮选的原则流程称为直接浮选原则流程（见图 6-16)。

重选过程产生的煤泥水经水力分级设备或机械分级设备控制入浮粒度上限后，不经浓缩就直接输送到浮选作业。浮选原煤水进入

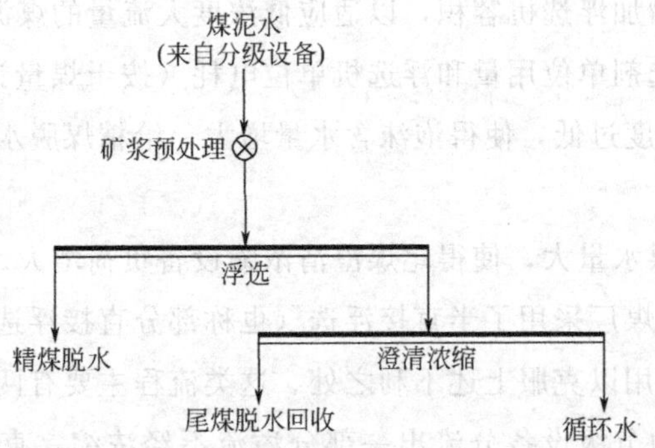

图 6-16　直接浮选原则流程

澄清浓缩设备，向其添加絮凝剂（凝聚剂）或设备有足够的沉淀面积，获得的清净溢流作为循环复用水。

该原则流程的主要优点如下。

① 消除了循环水中携带细泥的现象，可实现清水选煤，降低了重选分选下限，提高了精煤质量和产率。

② 浮选入料粒度组成均匀，粗粒含量少，基本杜绝超大粒。

③ 入浮煤浆浓度低，可改善细粒级和细泥的选择性。

④ 在全厂原料煤处理量均衡的前提下，浮选入料流量、入浮煤浆浓度和粒度组成基本稳定，为生产操作创造了良好条件。

⑤ 煤泥在水中浸泡时间大大缩短，减轻了氧化程度，避免了煤泥反复在洗水循环中大量泥化，从而改善了可浮性。

⑥ 实现了重选作业和浮选作业的同步生产。

采用跳汰-浮选联合工艺流程的选煤厂，它的入浮煤浆浓度与跳汰机的吨煤用水量和原料煤的煤泥含量有关，当吨煤用水量超过 $3m^3$、煤泥含量少于 15％时，将造成浮选入料流量过大，入浮煤浆浓度太稀。其不利之处主要有以下几点。

① 浮选机液面上不能形成稳定的、有一定厚度的泡沫层，给操作带来难度。

② 需增加浮选机容积，以适应低浓度大流量的煤泥水分选。

③ 浮选剂单位用量和浮选机单位电耗（按干煤量计算）增加。入浮煤浆浓度过低，使得泡沫含水量增大，给精煤脱水回收作业带来困难。

④ 尾煤水量大，使得尾煤澄清浓缩设备负荷增大。

有些选煤厂采用了半直接浮选（也称部分直接浮选）的煤泥水原则流程，用以克服上述不利之处。这类流程主要有两种形式。

① 水力分级设备分流出一部分溢流不经浓缩，直接作为浮选入料的稀释水，其余部分经浓缩后浮选。这样既可使入浮煤浆浓度不至过低，同时也减轻澄清浓缩设备的负荷，降低其溢流中携带细泥的数量。

② 在主、再选跳汰机分设水力分级设备的大型选煤厂，主选机的水力分级设备溢流直接去浮选，再选机的水力分级设备溢流作为循环水使用。

在不分设水力分级设备的中、小型选煤厂，将其溢流分流出一小部分作为循环水，大部分溢流直接去浮选。这样既可适当提高入浮煤浆浓度，又可减小入料流量。水力分级设备的溢流，只要分流合理，就能在低浓度洗水条件下跳汰选煤，同样能取得良好的分选效果。

采用三产品重介质旋流器选煤技术与直接浮选联合工艺流程，由于它每吨煤用水量不超过 $2m^3$，远远小于跳汰选煤的选煤厂的水量，不存在入浮煤浆浓度过低、入料流量过大的问题。但要在生产管理中随时控制好机械分级设备的粒度，避免超大粒进入浮选作业。

（3）脱泥浮选原则流程

众所周知，高灰分泥质会对浮选产生极其不利的影响。因此，当选煤厂原料煤中含有数量较多的、遇水浸泡易泥化的黏土类矿物形成的高灰分泥质时，可考虑采用脱泥浮选原则流程（见图 6-17）。所谓的脱泥浮选原则流程是煤泥水预先经过脱泥，然后再进行浮选的流程。

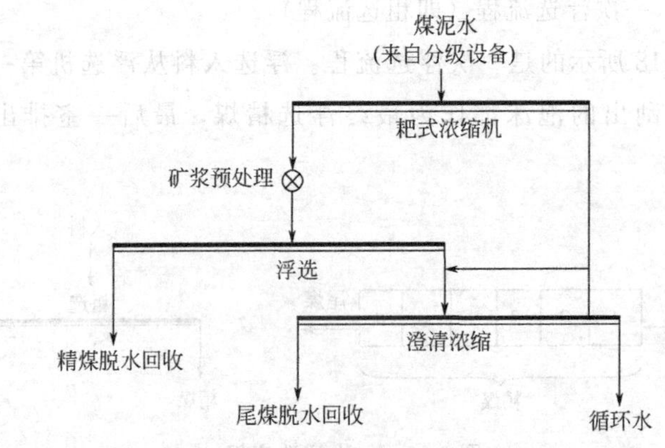

图 6-17　脱泥浮选原则流程

因为耙式浓缩机处理量大，调控能力强，运行平稳可靠，在生产系统中有较大的适应性和灵活性。所以通常采用它作为脱泥设备。

在分级设备受到粒度控制的重选作业的煤泥水，进入耙式浓缩机脱泥，其底流输送到浮选作业分选。该原则流程与浓缩浮选原则流程的不同之处是澄清浓缩设备的溢流不作为循环用水，携带有高灰分泥质的浓缩机溢流与尾煤水汇合一起进入尾煤澄清浓缩设备处理。添加絮凝剂（凝聚剂）后，获得的清净溢流作为重选作业循环用水。澄清浓缩设备的底流由尾煤脱水设备回收。

可通过调整耙式浓缩机的底流排放量，来控制其溢流量和脱泥量。如果入浮煤浆浓度较高时，可使用尾煤澄清浓缩设备的溢流水加以稀释。

需要指出的是，分级设备的分级粒度越细，分级精确度就越差。耙式浓缩机也是如此。在实际生产中，只能脱除部分泥质，煤泥的可浮性视脱泥量的多少而程度不等地得到改善。

55 选煤厂有哪些典型浮选流程?

(1) 一次浮选流程(即粗选流程)

图 6-18 所示的是一次浮选流程。浮选入料从浮选机第一室给入,各室刮出的泡沫都作为最终浮选精煤,最后一室排出的是尾煤。

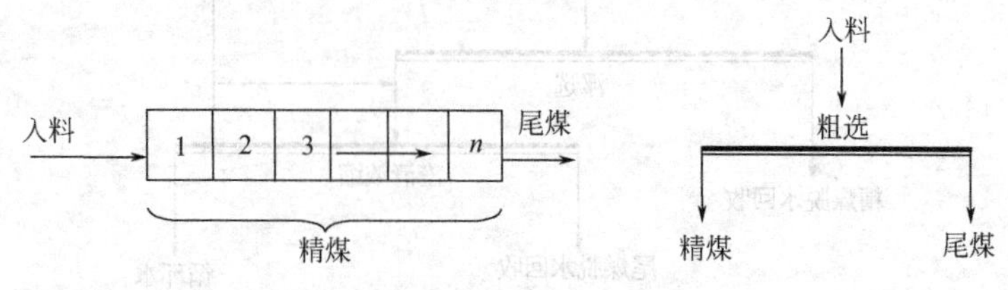

图 6-18 一次浮选流程

该流程的特点是流程结构简单、操作方便、处理量大、电能消耗少。该流程适用于分选极易浮、易浮和中等可浮的煤泥,或对精煤质量要求不太严格的煤泥。

(2) 三产物浮选流程

图 6-19 所示的是三产物浮选流程。将浮选机前几室灰分较低的泡沫作为精煤,后几室灰分较高的泡沫作为中煤。

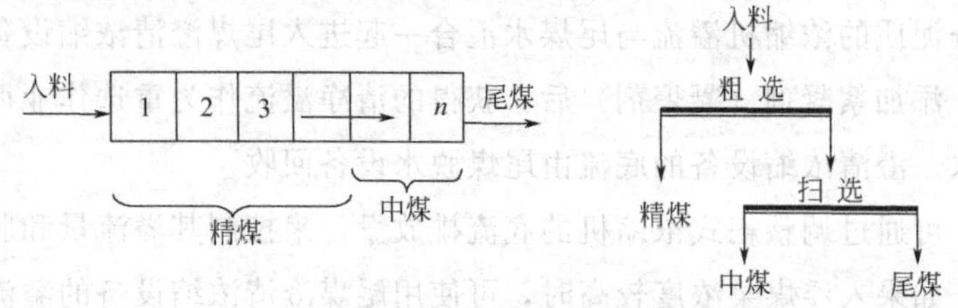

图 6-19 三产物浮选流程

该流程便于操作,可生产出灰分较低的精煤和可废弃的高灰分尾煤。由于生产出中煤,所以浮选精煤产率有所下降。当中煤基本上是煤和矸石的连生体的难浮煤或极难浮煤时，采用这样的流程才是合适的。但由于需要一套浮选中煤脱水回收设备和相适应的输送设施，使选煤厂的生产系统复杂化。

（3）中煤返回再选的浮选流程

图 6-20 所示为中煤返回再选的浮选流程。把浮选机后几室灰分较高的泡沫返回同一组浮选机的第二室或第三室再选，目的是提高浮选精煤产率。

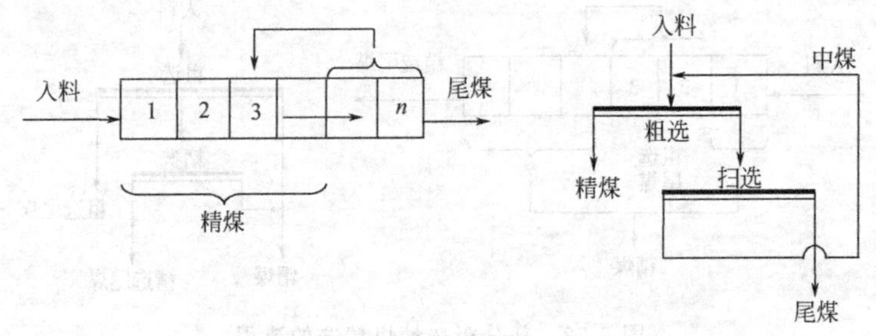

图 6-20　中煤返回再选的浮选流程

只有采用吸入式给料的浮选机才能实现这种流程。返回室数主要取决于中煤和返回室入料的灰分，两者相近时才是合理的。当中煤里的煤和矸石基本上是单体分离的难浮煤时，采用此流程才有意义。由于返回循环物料的存在，将明显降低浮选机的处理量。

（4）一次精选的浮选流程

图 6-21 所示的是粗选精煤全部精选的流程。该流程通常在吸入式入料的同一组浮选机里实现，即前室的泡沫引到后室再次分选。也可专设浮选机，粗选浮选机的泡沫再由精选浮选机进行分选。精煤的尾煤视其质量，确定与粗选尾煤合并或者与粗选入料合并。

当浮选机某些室的粗选精煤已达最终精煤合格指标时，也可采用如图 6-22 所示的部分粗选精煤精选的流程。

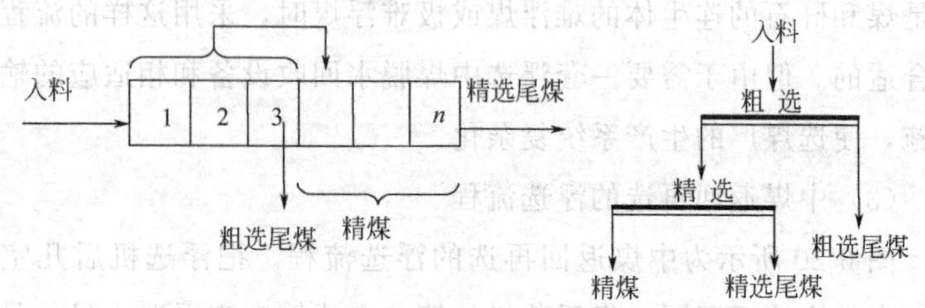

图 6-21 粗选精煤全部精选的流程

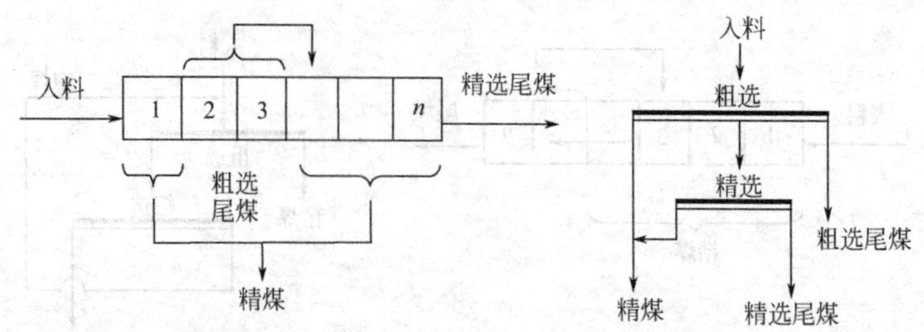

图 6-22 部分粗选精煤精选的流程

一般情况下，粗选的入浮煤浆浓度较高，粗选精煤用稀释水稀释到较低的浓度条件下再进行精选。通过一次精选，灰分可降低至2%。

精选流程结构复杂，浮选机的处理量低，电耗、稀释水耗量较高。只有当分选难浮或极难浮煤泥或生产低灰分精煤时才被采用。

[1] 牛福生，刘瑞芹，郑卫民，闫满志编．选矿知识600问．北京：冶金工业出版社，2008.

[2] 杨顺梁，林任英．选矿知识问答：第2版．北京：冶金工业出版社，2005.

[3] 张强．选矿概论：第2版．北京：冶金工业出版社，2005.

化学工业出版社矿业图书推荐

书号	书名	定价/元
15026	磁电选矿技术问答(即将出版)	
14741	铁矿选矿技术问答(即将出版)	
14517	浮游选矿技术问答	39
13102	磷化工固体废弃物安全环保堆存技术	68
12211	尾矿库建设与安全管理技术	58
12652	矿山电气安全	48
11711	铁矿石选矿与实践	46
11713	矿山电气设备使用与维护	49
11079	常见矿石分析手册	168
10313	金银选矿与提取技术	38
09944	选矿概论	32
10095	废钢铁回收与利用	58
07802	安全生产事故预防控制与案例评析	28
07838	矿物材料现代测试技术	32
04572	采矿技术入门	28
04094	矿山爆破与安全知识问答	18
04417	采矿实用技术丛书——矿床地下开采	28
04213	采矿实用技术丛书——矿床露天开采	20
04488	采矿实用技术丛书——矿井通风与防尘	28
04855	采矿实用技术丛书——矿山安全	25
05084	采矿实用技术丛书——矿山地压监测	25
04777	采矿实用技术丛书——矿山工程爆破	16
04730	采矿实用技术丛书——矿山机电设备使用与维修	36
04915	采矿实用技术丛书——矿山运输与提升	18
07775	长石矿物及其应用	58
04296	矿长和管理人员安全生产必读	28
04092	矿山工人安全生产必读	20
07538	矿物材料现代测试技术	32
04210	煤矿电工安全培训读本	22
04760	煤矿电工必读	28
05006	煤矿电工技术培训教程	33
04474	煤矿机电设备使用与维修	36
06039	选矿技术入门	28